EXLIBRIS

大家艺述

中国造园艺术

曹汛 著

北京出版集团公司
北京出版社

图书在版编目（CIP）数据

中国造园艺术／曹汛著. — 北京：北京出版社，
2019.11
（大家艺述）
ISBN 978-7-200-13522-0

Ⅰ. ①中… Ⅱ. ①曹… Ⅲ. ①古典园林—园林艺术—
中国 ②建筑师—生平事迹—中国—古代 Ⅳ.
①TU986.62 ②K826.16

中国版本图书馆 CIP 数据核字（2017）第 267050 号

策 划 人：王忠波
责任编辑：王忠波　孔伊南
特约编辑：黄　晓
装帧设计：吉　辰
责任印制：陈冬梅

·大家艺述·
中国造园艺术
ZHONGGUO ZAOYUAN YISHU
曹　汛　著

出　　　版　北京出版集团公司
　　　　　　北京出版社
地　　　址　北京北三环中路 6 号
邮政编码　100120
网　　　址　www.bph.com.cn
发　　　行　北京出版集团公司
印　　　刷　北京华联印刷有限公司
经　　　销　新华书店
开　　　本　880 毫米×1230 毫米　1/32 开本
印　　　张　12.375
字　　　数　196 千字
版　　　次　2019 年 11 月第 1 版
印　　　次　2019 年 11 月第 1 次印刷
书　　　号　ISBN 978-7-200-13522-0
定　　　价　88.00 元

如有印装质量问题，由本社负责调换
质量监督电话：010-58572393

目录

上　编

下　编

上编

中国造园艺术概说

　　造园艺术是中华文明的一朵奇葩，是中华优秀文化和精英艺术的一个顶峰，是中华民族文明开化风流儒雅的一个标志。中国造园艺术流布于世界，增光了中华民族的体面，提高了中华民族的声望。

　　希腊学者马塞里努斯（公元380年左右）在他的《历史》里描写中国人说："赛里斯人平和度日，性情安静沉默，不扰邻国。"中国人趋于平和宁静的心理气质，是大自然哺育的结果。中华大地的山明水秀，迷住了人们的心神，使之陶醉。中华民族在适应、协调和改造自然的过程中，造成了崇尚自然、亲和自然的思想文化潮流，以至于觉得他们和大自然是一体的，他们感觉到大自然血脉中所跳动的每一个脉搏，于是产生了"天人合一"的学说。孟子说"上下与天地同流"，庄子说"天地与我并生，而万物与我为一"，大诗人李白有"相看两不厌，唯有敬亭山"之名句，孟郊也曾高唱"荀含天地秀，皆是天地身"。老庄思想主张"归真返璞"，返回到大自然中去，人类原本就是大自然的一个组成部分。中国造园艺术最本质的特征，就是对大自然中的好山佳水，加以开发和整治建设，甚至于用人工手段，或在市郊清静的地段上，或在城里喧嚣的闹市中，模山范水，按着美的原则，再现一个充满着诗情画意的生活游息环境——自然山水园。造园艺术的最高准则，就是计成《园冶》所指出的"虽由人作，宛自天开"。中国人对造园艺术的追求，体现了这个民族崇尚平和谐调、朴素自然的生活方式，和淡泊宁静、文明高雅的思想气质。具有诗情画意的人工山水园，就是在人间大地上建造出一个理想的天堂。张岱《陶庵梦忆》记矶园，有二老人盘桓其中，一老叹道："竟是蓬莱阆苑了也！"一老哂之曰："个边那有这样！""林园无俗情"，人们生活在这种仙境一般的环境中，自然也就能够纯净气质、陶冶情操，不仅使生活高尚化，民族性格也能得到升华，以至于我们今天在说起中国造园艺术的时候，仍免不了要产生那么一种香生九窍，美动七情的感受。

国际园景建筑家联合会1954年维也纳大会上，英国造园家杰里科在致辞中说，世界造园史三大体系是中国、西亚和古希腊。从古希腊到欧洲文艺复兴，中间隔着一段中世纪的野蛮黑暗，古希腊体系发展成后来的欧洲系统，意大利的台地园，法国的几何形花园，和英国的自然风致园各有千秋。古代西亚的体系后来逐渐趋于衰落。只有中国造园艺术始终自成体系，不仅源远流长，而且一脉相承，中间未曾断线，还不断推陈出新、升华完美，一直发展下来。

　　按着分类，中国古代园林主要有5个分支：①自然风景区；②邑郊园林；③寺庙园林；④皇家园林；⑤私家园林。就造园艺术的发展演变着眼，其中主流自然是皇家园林和私家园林。皇家园林的渊薮可以上溯到殷末周文王的灵台灵沼，和春秋诸侯的苑囿。秦始皇统一中国，写六国宫室于咸阳原上，规模宏伟壮丽。汉建建章宫、上林苑，长安一带皇家离宫别馆相望。建章宫北太液池，中有蓬莱、方丈、瀛洲，这种一池三山的格局，成为后世宫苑池山的模式。秦汉以前，皇家园林占绝对上风，汉代出现私家园林，梁孝王筑兔园，大将军梁冀、茂陵富民袁广汉等建造私园，都是摹仿皇家园林，规模很大。魏晋南北朝以降，私家园林逐渐兴盛，出现"中园"一词，和皇家"上苑"抗衡，从此私家园林得以和皇家园林平行发展。后来不仅大官僚、大地主，一般中小官僚地主和文人士大夫也开始建造私园，于是又标榜"小园"，庾信《小园赋》更奠定了小园的纲领。隋唐的宫苑仍然兴盛，私家小园和皇家上苑分庭抗礼，也不示弱。宋元时候，私家园林趋于成熟，占了上风，到了明清，皇家园林不得不反过来步私家园林的后尘，取私家小园的精华，建造集景式的皇家园林了。这种集景式的皇家园林，以圆明园为代表，乾隆皇帝标榜说是"移天缩地在君怀"，伟大的现实主义小说家、《红楼梦》作者曹雪芹则转弯抹角地讥评说，非其地而强为其地，虽百般精巧，终不相宜。这时的皇家园林实际上已经开始走向衰落。通过皇家园林和私家园林互相借资互为消长的三个历史阶段的透析，不难看出，我国造园艺术的最后成熟，是以私家园林的最后成熟作为标志。这就表明，中国的造园艺术，并不像欧洲那样，由皇帝、国王在上面主宰，而是一种渗透到全民族文化生活当中的千千万万人的智慧创造，造园艺术已经成了全民族的艺术。

我国的自然山水园，无不以再现自然山壑为主要意趣，因而叠山理水便成了造园艺术的支配环节。一部造园艺术史，也就注定和叠山艺术史同步。造园叠山艺术，正好也经历了三个大的历史发展阶段。我国人工叠假山，渊源极早，先秦文献《尚书》《论语》中都有人工叠山的记载。秦始皇"筑土为蓬莱山"，汉建章宫"宫内苑聚土为山"，梁孝王兔园有百灵山，袁广汉"构石为山"，"连延数里"。叠造大山的风气，魏晋南北朝依然未衰，手法也逐渐细致起来，能够做到"有若自然"。晋会稽王道子开东第，所筑土山俨如真山，皇帝临幸，居然没有发现是"版筑所作"。这个阶段的叠山是整个摹仿真山，完全写实，尺度也尽力追求真山。葛洪说"起土山以准嵩霍"，一个"准"字，足以概括这种叠山风格的主要特征。这种叠山手法，接近自然主义，还比较粗放，不够精细。晋、宋以降，一般官僚士大夫的中园、小园崛起，由于老庄思想的洗礼，不仅促进了人们对于客观山水世界的发现，还促进了对于主观心灵世界的发现。"外师造化，中得心源"。受庄子《齐物论》《逍遥游》的影响，人们发现"会心山水不在远"，那么小园小山也就足可神游了。约略和"小园"同时，出现了"小山"一词，后来又出现"小山假景"一词，进而才出现"假山"一词。这种假山还是摹仿真山，但是具体而微，尺度极力缩小。唐李华有《药园小山池记》云："庭际有砥砺之材，础碣之璞，立而象之衡巫。"一个"象"字，足以概括这种叠山风格，而且恰好又可以和上个时期上一种风格的"准"字形成巧妙的对比，这种"小中见大"的叠山手法是写意的，象征的，接近浪漫主义。叠山艺术发展到第三个阶段，又有一种叠山手法成为主流，它反对第二个阶段那种写意的小中见大，主张恢复写实，用真实的尺度，把假山做得和真山一样，叫作"掇山莫知山假"，但又不是开倒车，回到第一个阶段那种自然主义的再现真山大壑的全部，而是选取一部分山根山脚，叠造平冈小坂，陵阜陂陀，和曲岸回沙，"然后错之以石，缭以短垣，翳以密篠"，从而创造出一种山林意境，构成一种艺术幻觉，让人觉得仿佛"奇峰绝嶂累累乎墙外"，"人或见之"，自己的园林则好像"处于大山之麓"，而"截溪断谷，私此数石者，为吾有也"（俱张南垣语）。这种叠山手法是现实主义的，它的出现，标志着我国叠山艺术的最后成熟，也标志着我国造园艺术的最后成熟。

我国的造园艺术本以再现自然丘壑为宗旨，初始时代已经有了很高的成就，但是后来不断升华提高，又有诗情画意的写入，于是文人画士在造园艺术领域里大显身手，最后是职业的造园艺术家驾驭诗情画意，园林艺术这才走到最后成熟。回顾我国造园艺术中诗情画意的发生发展，正好又是经历了三个历史阶段。

第一个阶段是诗情画意写入以前，即魏晋南北朝以前，可不具论。第二个阶段是诗情画意的写入，可分为两步，第一步先是文人，主要是诗人和散文家主导造园艺术。山水园和山水诗、田园诗差不多同时出现，谢灵运的山庄、陶渊明的田园形诸吟咏，不能不影响人们的造园思想。诗人主持造园成为大家，产生极大影响，则首推王维和白居易。王维工诗善画，人称"诗中有画，画中有诗"。他建造辋川别墅，和裴迪等人在其中体会物情、流连光景、赋诗唱酬为乐，辋川生活已经完全诗意化了，因此后世文人士大夫构筑园林别墅，往往以仿效辋川为高雅，诗词文章艳说不休。白居易酷爱山水和园林，在杭州任上整治开发西湖，在苏州任上作《太湖石记》，园林风流，影响甚大。他结草堂于庐山，木不加丹，墙不加白，融化在周围环境中。《庐山草堂记》又说，凡所居之处"必覆箦土为台，聚拳石为山，环斗水为池"，"其喜山水病癖如此"。白居易营白莲池于洛阳履道里，是一处弥漫着江南气氛的水景宅园，又葺水斋，把水石引进室内，"枕前看鹤浴，床下见鱼游"。这一创举惊动了当时，刘禹锡赠诗云："共讥吴太守，自占洛阳才。"唐代洛阳园池甲天下，白居易同时士大夫著名私家园林还有裴度集贤里宅园和午桥庄别墅，李德裕平泉山庄，牛僧孺归仁里宅园和南庄别墅等，一时形成一个诗人主导造园潮流的领袖集团。不仅是主持和规划，有人还掌握了具体的技术专长，诗人王建善于做山洞，张籍称赞他"平地能开洞穴幽"。散文家们也不示弱，柳宗元《零陵三亭记》《柳州东亭记》，樊宗师《绛守居园池记》，都是利用整治废地旧地，开发园林胜区的记叙，蕴含着精辟的造园见解。宋代园林文学臻至极盛，欧阳修有《醉翁亭记》，苏舜钦有《沧浪亭记》，都是直接参与实践的记述，而不是袖手旁观的客观描写。"洛阳园池不闭门"，"园亭借客看"，因此宋代开始有集中记述和评论名园的专文，如北宋李格非的《洛阳名园记》，南宋末至元初周密的《吴兴园林记》。文人造园后世仍传承不衰，清代著名园林评论家钱泳还得出结论，认为"造园如作诗文"。汪春田又有诗云："换却花篱补石阑，改园更比改诗难。果能字字吟来稳，小有亭台亦耐看。"汪春田作为一位诗人，自己营构文园和绿净园，因而才有更深的体会。

　　第二步是画士主导造园。画士造园，虽然也可以上溯到王维，王维工诗善画，但他自云"当世谬词客，前身应画师"，对于画士的身份，忸怩而不愿正面承认。宋代司马光、王安石、苏轼等人也都能诗善画，司马光有独乐园，王安石有半山园，名传天下，苏轼有很好的园林见解，还创造出一种能够折叠装配随地架设的观赏亭子，叫作择胜亭。宋代诗人而兼画士又从事造园的，要推晁无咎，无咎才华横溢，苏轼折辈分与之交，李格非亦与之交游，后来坐党籍流徙，放还后葺归去来园，自号归来子，并"自画为大图书记其上"。南宋的俞征，则完全是以画家的身份和眼光，从事造园的人了。俞征，字子清，是文人画家，画竹石清润可爱，得文（同）苏（轼）遗意，周密《癸辛杂识》说："子清胸中有丘壑，又善画，故能出心匠之巧。"元代文人画进一步发展，许多文人画家对元代统治者不满，消极避世而沉湎于园林之乐，画士造园在元代达到极盛。昆山画家顾仲瑛建玉山草堂，松江画家曹云西"治圃种竹"，无锡画家倪云林为"元代四大家"之一，他的画表现疏木平林，孤寂无人之境，隐逸旷达的思想寄于其中。所居清閟阁，幽回尘绝，兰菊之属，蔚然深秀。他又为人画过苏州狮子林山园图，因此后世误传狮子林是他的手笔。"元代四大家"的山水小景对造园艺术影响很大，黄子久的矾头，倪云林的水口，成了后世造园叠山理水的粉本。黄、王、倪、吴的山水画影响到著名造园叠山艺术家张南垣，张南垣叠假山，人称"黄、王、倪、吴，一一逼肖"。张南垣为钱谦益造拂水山庄，为李逢申造横云山庄，和黄公望"芝兰室图"有不少相似之处。《扬州画舫录》记重宁寺东园"太湖石罅八九折，折处多为深潭，雪溅雷怒，破崖而下，委曲曼延，与石争道，胜者冒出石山，澎湃有声，不胜者凸凹相受，旋濩萦回，或伏流尾下，乍隐乍现，至池口乃喷薄直泻于其中——此善学倪云林笔意者之作也"。

第三个阶段是职业造园匠师主导造园。造园叠山匠师自古已有，宋代"吴兴山匠""朱勔子孙"，多半没有留下名姓。职业化了的造园匠师，而又有名有姓留传于后世的，则以田汝成《西湖游览志》所记杭城陆叠山为最早。陆叠山与张宁同时，是明成化前后人。正德至万历年间，上海有著名造园匠师张南阳，为潘允端造豫园，为陈所蕴造日涉园，又为太仓王世贞造弇山园。万历崇祯年间，松江又产生一位最著名的造园大师张南垣。南垣少学画，善写人像，兼通山水，遂以山水画意为人造园叠山，荆关董巨、黄王倪吴皆逼肖，以此游于大江南北五十余年，所造名园不可尽数，今已考知最为著名的就有松江李逢申的横云山庄，嘉兴吴昌时的竹亭湖墅，徐必达的汉槎楼，朱茂时的放鹤洲，太仓王时敏的乐郊园、南园和西田，钱增的天藻园，吴伟业的梅村，郁静岩斋前的叠石，常熟钱谦益的拂水山庄，金坛虞来初的豫园，吴县席本祯的东园，嘉定赵洪范的南园等。张南垣叠假山，"尽变前人成法"，"穿深覆冈，因形布置，土石相间，颇得真趣"，"人见之，不问而知张氏之山也"。诸家评论，多称张南垣造园叠山"天然第一""海内为首推""一时名籍甚""见者疑为神工"等等。南垣有四子，皆衣食其业，康熙造畅春园，征召南垣。他以年老辞，而遣其次子张然北上。除畅春园外，南海瀛台、玉泉山静明园等皇家园林，皆张然所造。大学士冯溥的万柳堂，兵部尚书王熙的怡园也都是张然所造，从此京师诸王公园林，皆出张然之手。张然作为皇家总园林师，供奉内廷三十余年，其子淑继续供奉内廷，北京有称山石张的，"世业百余年未替"。南垣三子熊活跃于江南，亦颇负盛名，南垣之侄鋐亦能传南垣之术，无锡寄畅园即是张鋐的代表作，是现存江南私家园林的最高典范。

按着前面所述，私家园林与皇家园林互相影响互为消长，私家园林占上风，皇家园林要聘请私家园林艺术家主持，首先就选中了张南垣，造园叠山艺术之最后一个阶段，以真实的尺度再现真山大壑的山根山脚，平冈小坂，陵阜陂陀，这种叠山风范又正是张南垣所开创；造园艺术诗情画意的发生发展，最后是精通诗情画意的职业造园艺术家主导造园艺术，又正是以张南垣作为最突出最优秀的代表。无论从哪一个角度着眼，焦点都集中到张南垣一个人身上。张南垣开创一个时代，创新一个流派，为我国园林文化做出了最伟大的贡献，张南垣是我国首屈一指的造园艺术大师。张南垣的成名标志着我国造园艺术的最后成熟。张南垣生在1587年，卒年还不能确考，大约在1671年前后。他的造园实践主要是17世纪初期和中期。17世纪正是世界造园史上的黄金时代，和张南垣约略同时，日本出现了著名造园家小崛远州，法国出现了著名造园家勒诺特尔。张南垣之后大约百年，英国又出现了著名造园家布朗。世界造园巨匠一时前后并出，东西互映，这些巨匠当中，张南垣的实践最为丰富，理论最为精辟，贡献和影响也最大。张南垣是我们中华文明的一个骄傲，他不仅是中国的文化名人，也应该是世界文化名人，在全世界，他也是首屈一指的造园艺术大师，没有任何一个人能比得上他。

张南垣不是一个孤立的人物，他开创了一个时代，同时也是时代玉成了他。和张南垣同时，原来也是文人画士出身的计成，中年以后转行成为职业造园艺术家。计成生于1582年，比张南垣年长五岁，但从事造园事业的时间却远比张南垣晚，计成曾为常州吴玄造东第园，为仪征汪机造寤园，为扬州郑元勋造影园，并且在造寤园之暇，总结经验，于1634年写出一部造园理论著作《园冶》，其中的一些见解受到了张南垣的影响，当时的张南垣，早已名满天下。

受张南垣的影响，清嘉庆道光年间常州又出现一位著名的职业造园艺术家戈裕良。他所造名园有苏州虎丘一榭园，扬州秦恩复意园小盘谷，常州洪亮吉的西圃，如皋汪春田的文园、绿净园，苏州孙均的环秀山庄，南京孙星衍的五松园和五亩园，仪征巴光诰的朴园，常熟蒋因培的燕谷等。戈裕良能够继承和发扬张南垣的造园艺术，因此洪亮吉赠诗云："张南垣与戈东郭，三百年来两轶群。"戈裕良生于1764年，卒于1830年，戈裕良的卒去，标志着我国古代造园艺术的最后终结。戈裕良卒去不久，爆发了鸦片战争，中国古代史结束，近代史开篇，中国沦为半殖民地半封建社会，国已经不国。中华民族从此灾难深重，陷入日趋衰败的地步，造园艺术也就随之衰落，一蹶不振了。

中国造园艺术不仅有独特的魅力，精深的造诣，在世界上独树一帜，而且还在世界上产生了广泛深远的影响。中国造园艺术很早就传播到日本、朝鲜、越南等邻近国家，日本庭园在吸取中国造园艺术精华的基础上复合变异，生发出他们自己的特点，如著名的"枯山水"就是一例，尊师重道的日本人不忘风雅的根源，因此把"枯山水"叫作"唐山水"。日本造庭艺术是中国造园艺术影响下的别枝一秀，本根自然还在中国。18世纪欧洲流行中国热，法国传教士率先介绍了中国的造园艺术，最早产生实际影响，却发生在英国。苏格兰人威廉·钱伯斯（William Chambers）来到广州，一下子迷上了中国园林，回国后辞去商职，专心到法国、意大利学习建筑，学成归国做了宫廷园林建筑师，为王太后主持了丘园的设计。丘园是英国也是欧洲第一座中国式的园林，中国园林从此走上了亚洲以外的世界。钱伯斯出版了《东方造园艺术泛论》等书，又写了《中国园林布局的艺术》，由于他的宣扬介绍，中国造园艺术深深地影响了英国的自然风致园，又通过英国的自然风致园，在法国流行起来，法国人把她叫作中国式花园，或英中式的花园，以区别于法国固有的"园子里花木双双对称，矮树成行顺着一条绳"那样的几何式花园。中国造园艺术风靡于欧州，德国一位美学教授著文说："现在人们建造花园，只问是不是中国式的，或英中式的。"1773年，德国人温泽（Ludwig A. Unzer）在《中国造园艺术》一书中，把中国造园艺术称为"一切造园艺术的模范"。在中西文化交流史上，中国造园艺术在欧洲的影响，情况之热烈，时间之漫长，范围之广，程度之深，都是少有的。中国造园艺术甚至牵动了欧洲18世纪最杰出的思想家和文学家，如英国的坦伯尔、谢夫菲拜雷、艾迪生、蒲伯，法国的狄德罗、伏尔泰、卢梭，德国的康德、歌德和席勒。中国造园艺术影响了他们的思想，成了欧洲启蒙主义思想家们的一个启蒙，不仅仅是美化了欧洲人的生活，还提高了他们的审美情操。受到中国造园艺术的熏陶，卢梭这才创作出《忏悔录》和《新爱洛伊丝》那样伟大的作品。20世纪到来，仍有许多欧洲人士热心介绍中国造园艺术，瑞典造园家奥斯瓦尔德·西伦（Osvald Siren），中国名喜龙仁，于1922年、1929年和1935年三次到中国搜集资料，1948年写成《中国庭园》一书，在斯德哥尔摩出版，随后又有了英译本。80年代前后，德国女园艺家玛丽安妮·鲍榭蒂（Maliannt Beuchelt）数次访问中国，于1983年写成《中国园林》一书，在法兰克福出版。鲍榭蒂女士为中国园林所倾倒，称赞中国园林是"世界园林之母"。她这句话传出不久，就成为世界公认的名言。1984年联邦德国总理科尔访华期间，在北京大学讲演，称赞鲍榭蒂是当代德国的女马可·波罗。近些年来，世界各地争先恐后地聘请中国造园艺术家建造中国园林，如美国纽约的明轩、加拿大温哥华的逸园、澳大利亚悉尼的中国园、德国慕尼黑的芳华园、日本札幌的沈芳园等。人类社会愈进步，生活愈富裕，文明程度愈高，对园林文化的追求也愈强。特别是由于受现代机械文明和城市密集高楼的困厄，人们亲近自然、返回自然的愿望日益强烈。法国作家罗曼·罗兰指出："我们现在谁也离不开谁，是其他民族的思想培育了我们的才智，印度、中国和日本文化成了我们的思想源泉，而我们的思想又哺育着现代印度、中国和日本。"日本作家、诺贝尔奖获得者川端康成说："在西方伟大的现实主义当中，有的人历尽艰辛，好不容易才看到遥远的东方。"中国造园艺术必定更进一步受到全世界人民的喜爱。人们好说21世纪是东方的世纪、中国的世纪，可以预言，中国造园艺术将来必定风靡于世界，成为全世界寻找丢失掉的东西——回归大自然的一个思想源泉。

迄今学术界对我国古代造园艺术的研究，不能不说还较为荒疏肤浅。一般文章多习沿于裨贩介绍和赞叹赏析，少见有从历史源流发展演变上着眼的精心透辟的论述，和深刻独到的见解。已有两部造园史、园林史专著问世，然而认真披读，亦不能差强人意，离造园艺术的真髓和发展演进的脉络似亦稍远。日本有位权威人士也写了一部中国造园史，部头很大，而不过是一些材料的堆积，错失还不少。一个民族不能没有理论思维，一个学科不能没有理论指导。因为造园艺术的历史与理论研究未能上去，现在各地仿古园林虽然建了不少，立听自吹，皆为胜迹，可是达到一定水平线以上的，就不是很多了。这种仿古园林，往往把中国造园艺术的末流——乾隆趣味，以及造园艺术衰败以后的同光体末流——西太后趣味，那种繁缛纤弱的风格，当作追求抄袭的目标，把糟粕当成了精华，结果也就不言而喻、可想而知了。智能的资源是一个社会的总和，大家生在同一个时代，我的学殖也不免荒疏肤浅，只是觉得应该有些自知之明和羞涩之心，因此发奋苦读，用史源学的方法，在浩瀚的文史载籍中披寻第一手资料，探讨造园艺术史上的一些重要课题。黄庭坚说，治学要如大禹治水，必须知道天下之脉络。宋代禅僧有语录云："登山须到顶，入海须到底，学道须学到佛祖道不得处。"这样一来，若能如常言所说，"取法乎上，仅得其中"，也就略可自慰了。本文综合多年的探求和思考，独抒鄙见，不免和传统的认识、前辈的说法有抵牾不合之处，乃是问古思今得出的自然结论，亦以自验为学之浅深。古人云，"直摅血性为文章"，以我的迂直只知以是非真伪为单位，而不计较恩怨得失。本文如有唐突不当的地方，还请各位先达、通家学者和广大读者，不吝珠玑，赐予教正。

本文系作者1991年所作。原载《中国建筑美学文存》，王明贤、戴志中主编，天津科学技术出版社出版，1997年。

略论我国古典园林诗情画意的发生发展

　　我国园林之最早记载是古代的园与囿，但最早的园囿只是栽培果蔬或养育禽兽的处所，还谈不上景物欣赏。春秋战国时候，诸侯奢靡成风，"穿陂池""起台榭"，"变鲧禹之功而高高下下"，"奢乎台榭，淫乎苑囿"，[1]园林的建造似已转为景物欣赏，但毕竟还处于幼稚阶段，不过是统治阶级的一种夸竞手段而已。秦汉时期的帝王苑囿，已大有可观，影响所及，官僚贵族，甚至地主富豪，也都追求园林山池之享受，大将军王翦向秦始皇"请美田宅园地"，[2]把园池与田宅并提，且标以"美"字，这一消息耐人寻味。汉梁孝王筑兔园，造百灵山，山有肤寸石、落猿岩、栖龙岫；茂陵富民袁广汉，"构石为山"，"连延数里"，都是仿照自然界的真山大壑予以再现。[3]秦汉以来，无论帝王苑囿，还是私家园林，都已有山石树木，陂池台榭，后世自然山水园的构成要素已经具备，但是秦汉时期山水诗和山水画都还没有诞生。

大致可以认为，秦汉以前的园林多半还只是出于人们对于自然美的一种朴素的感受，更多地带有纯粹摹仿的性质，至于在园林中寄托情怀，抒发意境，对自然给以更多的艺术剪裁，那是在魏晋以后的事了。

由魏晋至明清，私家园林多属文人士大夫所有，依主持其事者和所反映的情趣，可大别为诗人园、画家园和建筑家园三种。大体上从魏晋到南宋是诗人园的时代，由南宋至元明属画家园，明代以后迄于清末则以职业的造园叠山艺术家即园林建筑家为领袖了。这个变化过程，也反映了园林艺术由粗疏到文细、由自发到自觉、由低级到高级的发展进程。

对于此点，历来园林艺术史论似尚未注意及之，本文仅就此试为梳理，以就正于方家。

一

汉末魏晋时候，政治混乱，老庄思想盛行，追求逍遥自得，怡性养神，进而导致士大夫阶层对于田园生活和自然风景的欣赏留恋。清人龚自珍说："老庄以逍遥虚无为宗，以养神为主，故一变而为草木家言。"山水诗产生的时代，传统的看法是在刘宋之初，刘勰《文心雕龙》云："宋初文脉，体有因革，庄老告退，而山水方滋。"实际情形恐怕要比刘勰所说的还要早些，因为晋、宋之际的谢灵运、陶渊明都已是后世公认的山水田园诗人了。

山水画差不多也随之出现。东晋顾恺之有《画云台山记》，已说到"画丹崖临涧上"，"作一紫石亭立"，不过那很可能还是人物故事画的山水环境。刘宋宗炳"好山水"，"西涉荆巫，南登衡岳"，"身所盘桓，目所绸缪"，"凡所游历，皆图之于壁"。[4]山水画在写实的基础上向独立境地发展，到宗炳时候才成为独立画科，宗炳写成了第一部山水画论——《画山水序》。

晋、宋时候的私家园林，比秦汉时期更有了长足的进步。石崇奢靡，建金谷园于洛阳，聚集宾客游宴赋诗，一时追游如刘琨等人都是当代名士，号为"金谷二十四友"。金谷园又名河阳别业，本是一处庄园别墅，"其制宅也，却阻长堤，前临清渠，柏木几于万株，流水周于舍下"，"有清泉茂竹"，"有观阁池沼"，"其为娱目欢心之物备矣"。这样的庄园式别墅，在当时具有一定代表性，孙绰《遂初赋》云："余少慕老庄之道，仰其风流久矣"，遂"建五亩之宅"，"带长阜，依茂林"。规模是小得多了，崇尚的意趣却没有什么两样。

晋宋之际，诗人谢灵运移籍会稽，修田别业，傍山依水，尽幽居之美，与隐士王弘之、孔淳之等以纵放为娱，有终焉之志，自作《山居赋》并注以言其事。赋云："敞南户以对远岑，辟东窗以瞩近田。田连冈而盈畴，岭枕水而通阡。阡陌纵横，塍埒交径，导渠引流，脉散沟并。"

像谢灵运那样的大型山庄别墅，自然是景致可观，足可显示夸耀的了，就是一些所谓寒素之士，这时也在崇尚田园之乐，陶渊明有《归田园居》诗云："方宅十余亩，草屋八九间。榆柳荫后檐，桃李罗堂前。"极平凡的田园景物，在陶渊明的心里也可以唤起无比的喜悦，为什么会这样？用他自己的话说，那是因为"久在樊笼里，复得返自然"。

晋宋之际田园诗的兴起，后世往往将陶谢并称，以陶谢为代表。有人说过，山水田园诗的产生，和当时地主庄园制的生活方式有关，我想至少也应该承认这是一个因素，田园诗总该是田园生活的一种反映。

刘宋时候，文人士大夫追求复返自然，耽玩山水园林的风尚更加普遍。《宋书·徐湛之传》："起风亭月观，吹台琴室，果竹繁茂，花药成行，招集文士，游玩之适，一时之盛也。"《宋书·戴颙传》："颙出居吴下，士人共为筑室、聚石、引水、植林、开涧，少时繁密，有若自然。"这时的山水园林追求大自然山水美的再现，她的主导思想，仍然是标榜"有若自然"，南朝是这样，北朝也不例外。北魏张伦造景阳山于宅内，也被誉为"有若自然"，山有"重岩复岭"，"深溪洞壑"，又有"高林巨树，悬葛垂萝"，"足使日月蔽亏"，"能令风烟出入"。天水姜质为作《庭山赋》传于世。[5]

晋宋之后产生了山水画，当时的山水画还不成熟。张彦远在《历代名画记》中有这样的描述："魏晋以降，名迹在人间者，皆见之矣，其画山水，则群峰之势，若钿饰犀栉，或水不容泛，或人大于山，率皆附以树石，映带其地，列植之状，则若伸臂布指。"

又评论隋朝的山水画云："尚犹状石则务于雕透，如冰澌斧刃，绘树则刷脉镂针，多栖梧菀柳。"

东晋南北朝一直到隋，山水画还只有这样的水平，当然不可能对山水园的发展起到什么积极促进的作用。

唐代山水诗空前繁荣，其代表便是王维。王维的山水诗变化多采，具有不同的风格与情调。王维又是一位山水画家，相传他还是水墨淡渲山水的创始人，对后世的文人画影响很大，苏轼说："味摩诘之诗，诗中有画；观摩诘之画，画中有诗。"[6]王维有辋川别墅，在长安东南，那里原是唐初宋之问的蓝田别墅，王维精心规划整治，把幽栖生活和环境美化结合起来，使人与自然打成一片，他和裴迪在其中赋诗唱酬为乐。王维一些具有代表性的山水诗，都是描写辋川的。其山水画的代表是《辋川图》。元柯九思题宋人所临《辋川图》时说，图中景物"无不可游、可玩、可忘世"。辋川别墅有孟城坳、华子冈、文杏馆、斤竹岭等二十景，规模宏大，景致清幽，后世文人士大夫构筑园林，往往以仿效辋川为高雅，诗词文章频频提及。

王维工诗善画，他的辋川别墅名气又那么大，也可以说是诗情画意与园林相结合的典型产物，可是当时社会，还是诗人的地位高于画士，所以王维自称是"当世谬词客，前身应画师"。他乐于承认自己的诗人身分，画师身分则忸怩不肯正面承认。唐代的山水诗比山水画发展得快，影响也更大，所以唐代士大夫构筑园林，还是诗人的天下，诗人对于园林艺术的发展起着主宰作用。

唐代诗人酷爱山水园林，亲自动手规划园林环境，又不断形诸吟咏，广为宣传的，应该首推白居易。白居易营白莲池于洛阳，又结草堂于庐山，其《庐山草堂记》云："三间两柱，二室四牖。广袤丰杀，一称心力。洞北户，来阴风，防徂暑也。敞南甍，纳阳日，虞祁寒也。木斫而已，不加丹，墙圬而已，不加白。"

记中还自称"从幼迨老，若白屋若朱门，凡所止虽一日二日，辄覆篑土为台，聚拳石为山，环斗水为池，其喜山水病癖如此"。唐、宋士大夫造园，往往标榜小中见大，极富浪漫色彩，白居易所说的"聚拳石为山，环斗水为池"，竟然成了文人士大夫构筑写意小园的基本纲领。

白居易于洛阳履道里构白莲池，"池面是中庭"，弥漫着一片江南水乡的情调，曾有《池上小宴问程秀才》《白莲池泛舟》《问江南物》诸诗，诗中提到白莲池的"江南景物"，除青雀舫、白莲花以外，还有王尹桥、青石笋和双鹤。

近几十年世界上流行一种建筑思潮，主张返回自然，于是有把水石引入室内的设计，其实我国唐代已有之，其创始之人，即是白居易。白居易在河南尹任上，曾于洛阳府第西池之北，葺一水斋，《府西池北新葺水斋即事招宾偶题十六韵》云："清浅潆澜急，夤缘浦屿幽。直冲行径断，平入卧斋流。"又云："夹岸铺长簟，当轩泊小舟。枕前看鹤浴，床下见鱼游。"《水堂醉卧问杜三十一》云："那似此堂帘幕底，连明连夜碧潺湲。"从这些诗句来看，白居易的水斋，显然是把水流引入室内了。白居易这一创举，惊动了当时，刘禹锡、雍陶都有和水斋诗，备极推赏，刘诗云："共讥吴太守，自占洛阳才。"[7]

唐代洛阳园池，甲于天下。与白居易同时的士大夫著名园林，有裴度集贤里的宅园和午桥庄的别墅，李德裕的平泉山庄，以及牛僧孺的归仁里宅园和南庄别墅等。白居易与裴度、李德裕、牛僧孺，还有刘禹锡等人作诗唱酬，这些诗人便自然而然地形成了一个支配园林事业的领袖集团。

裴度治第集贤里，筑山穿池，竹木丛萃。有风亭月榭，梯桥架阁，岛屿回环，极都城之胜概。白居易献诗云："灵襟一搜索，胜概无遁遗。"[8]按白诗所咏，裴度这一宅园有南溪、北馆、晨光岛、夕阳岭、水心亭、开阖堂、杏花岛、樱桃岛诸胜，是一处比白莲池还大的水景园，宋李格非《洛阳名园记》所夸的湖园即是其地。裴度又于长夏门外五里之地的午桥构筑别墅，具燠馆凉台，号绿野堂。度野服萧散，与白居易、刘禹锡为文章把酒穷昼夜相欢，不问人间事。午桥庄极富野趣，有小儿坡，茂草盈里，度每使数群羊散于坡上，曰：芳草多情，赖此装点。午桥庄穷裴度一生之经营，尚未完工，临死时候，说成是一生饮恨之一。

李德裕建平泉庄于洛城之南，周围十里，堂榭百余所，天下奇花异草珍松怪石靡不毕致。自制《平泉草木记》戒子孙云："吾百年之后，为权势所夺，则以先人所命泣而告之。"后经世变，余裔仍不能守，花卉芜绝，怪石名品俱为有力者夺去。平泉以石胜，所集天下奇石名品甚多。泰山石兖州从事所寄，罗浮石番禺连帅所遗，漏潭石鲁客见遗，赤城石临海太守所遗，叠石韩给事所遗，钓石友人处求得，张公超谷中石得自华山。故时人作诗云："陇右诸侯供语鸟，日南太守送名花。"[9]欣赏奇石，前代已有，唐代转盛，岑参《送李卿赋得孤岛石》云："一片他山石，巉巉映小池。"僧无闷《寒林石屏》云："本自他山求得石，却于石上看他山。"诗人赏石，小中见大，由此及彼，靠诗情引起遐想，像电影的蒙太奇一般，一下子缩去了山山水水的距离，就仿佛把你带到产石名山那里去了。

牛僧孺亦性嗜奇石，其僚吏之镇守江湖者乃献瑰纳奇，东第南墅，列而致之，游息之时，与石为伍，石有族聚，太湖为甲，罗浮、天竺次焉，石有大小，以甲乙丙丁品之，刻于石阴，曰牛氏石。白居易有《太湖石记》，称牛氏所聚奇石，"巍巍然有可望而畏之者"，"蔼蔼然有可狎而玩之者"，"三山五岳，百洞千壑，㟏岈簇缩，尽在其中"。牛僧孺归仁里第所建小滩，水石映发，"伊流决一带，洛石砌千拳"。[10]一时亦颇负盛名，刘禹锡诗云："若问知境人，人间第一处。"[11]这一小滩，竟然被说成是天下第一流的园林名区了。

唐代文人士大夫私家园林之盛，远远超过以往任何时代。唐代诗人往往自己动手构筑，这也可以从诗章中看得出来。如姚合《题家园新池》："数日自穿池，引泉自近陂。"张祜《题曾家园林》："还将齐物论，终岁自安排。"白居易《答尉迟少监水阁重宴》："闻道经营费心力，忍教成后属他人。"诗人们在自己规划并建造园林，安排起居环境的实践之中，不仅怡情养性、自得其乐，而且提高了园林素养，甚而至于锻炼出兼具造园叠山艺术的特长，张籍《赠王秘书》诗云："有官邸作山人老，平地能开洞穴幽。"这位王秘书即张籍好友、鼎鼎大名的诗人王建。王建擅长在平地上叠造假山和山洞，有这样的本事，同辈诗人叹为绝奇，我们今天编写园林史，也该给他写上一笔。

这种风气，唐代以后也一直沿袭下来。宋代大诗人大词人，差不多也都热衷于构筑园林，安排环境，当时传为胜事，日后誉为美谈。欧阳修筑醉翁亭于滁州，并自为记，记中所说"醉翁之意不在酒，在乎山水之间也"，已成了家喻户晓的名言。苏舜钦用四十千买得吴越孙承祐旧圃，构筑沧浪亭，欧阳修题诗云："清风明月本无价，可惜只卖四万钱。"苏东坡做超然台，司马光作诗云："容膝常有余，纵目皆不掩。山川远布张，花卉近缀点。"又巧做择胜亭，以帷幕为之，开阖自便，可随意择景，变换地方张设起来，自作铭曰："凿柄交设，合散靡常。"司马光做独乐园，自作《独乐园记》，又自为诗云："青山在屋上，流水在屋下。中有五亩园，花竹秀而野。"王安石造半山园，自咏云："今日钟山南，随分作园池。凿池构吾庐，碧水寒可漱。"凡此之类，不一而足。南宋偏安江左，文人士大夫亦每有园亭之乐，陆游、杨万里、范成大、辛弃疾的诗词中也都一样少不了造园叠山，引泉开池，种树灌花诸能事的吟咏。南宋以后，因而画士起而大显身手，明代以后又有职业造园家继起，诗人造园虽不乏其人，可就不再居于主宰地位了。

唐代山水画已成为独立画科，有了很大的发展，但是对当时的园林，还是影响不大，这里不妨举出一个有趣的例证。张碧《题祖山人池上怪石》诗云：

寒姿数片奇突兀，曾作秋江秋水骨。

先生应是厌风云，著向江边塞龙窟。

我来池上倾酒尊，半酣书破青烟痕。

参差翠缕摆不落，笔头惊怪黏秋云。

我闻吴中项容水，邀得将来倚松下。

铺却双缯直道难，掉首空归不成画。

池上的怪石，著名的画师无从下笔，诗人以描述却可以得心应手，这可是一个令人深思的问题。在这样的情况下，怎能设想当时的绘画会对园林艺术产生较大的影响呢？

二

前面说过，王维本是诗人兼画师，但他不愿承认是画师，直到苏轼称他"诗中有画，画中有诗"，才把他的两种身份摆平，这可就到了文人画兴起的时代了。

苏轼自己就能诗善画，司马光、王安石也都能诗善画，他们又都醉心于构筑园林，已见前述。宋代诗人兼画士而又从事造园的，要推晁无咎最具有代表性，他开创了一个新局面。

晁无咎，字补之，是一个有才华的诗人兼画家，前辈苏轼折辈分与交，一时颇负声望。晁又与著《洛阳名园记》之李格非交好。坐党籍徙，放还后葺归去来园，自号归来子。《媿古录》云："晁无咎闲居济州金乡，葺东皋归去来园，楼观堂亭，位置极潇洒，尽用陶语名之，自画为大图，书记其上。"晁无咎所绘《归去来园图》今不传，其所作记则载在《鸡肋集》中，题为《归来子名缗城所居记》。记云："读陶潜归去来词，觉己不似，而愿师之。买田故缗城，自谓归来子。庐舍登览游息之地，一户一牖，皆欲致归去来之意，故颇摭陶词以名之。"他所造的东皋园，以陶渊明《归去来兮辞》词语命名的，有"松菊""舒啸""临赋""遐观""流憩""寄傲""倦飞""窈窕""崎岖"，"凡因其词以名者九"，"榜而书之"，"日往来其间则若渊明卧起与俱"。晁无咎又有《东皋十首》诗，其一云：

屋名尽挂陶家牓，人物应惭菊畔身。
解作文章肯归去，不应陶后说无人。

文人士大夫构筑园林，建成后作记或画图的事，唐代已有，但像晁无咎这样"自画为大图"，又自"书记其上"的作法，却是前无此例。晁无咎又有诗云："画写物外形，要物形不改。诗传画外意，贵有画中态。"他也是主张"诗中有画，画中有诗"，将诗情画意融为一体的文人画家，但从他的诗文描述来看，支配他建造东皋归去来园的主导思想，还主要是诗情，而不是画意，不妨认为，他代表着由文人造园到画士造园的一个中间过渡。到南宋的俞征，才是以画士的身份从事造园的第一人。

俞征本是著名的文人画家，《图绘宝鉴》载："俞征，吴兴人，字子清。光宗朝任大理少卿，放意山水，筑室与浮玉山对，号曰'无尘'。作竹石清润可爱，得文、苏遗意，号且轩，除宝谟阁待制。"俞征以画家的心匠，构筑园林，颇负一时盛名，周密《癸辛杂识•吴兴园圃•俞氏园》条称其："假山之奇，甲于天下。"同书《假山》条：

> 浙右假山最大者，莫如卫清叔吴中之园，一山连亘二十亩，位置四十余亭，其大可知矣。然余平生所见，秀拔有趣者，皆莫如俞子清侍郎家为奇绝。盖子清胸中有丘壑，又善画，故能出心匠之巧。峰之大小凡百余，高者至二三丈，皆不事饾饤，而犀珠玉树，森列旁午，俨如众玉之圃，奇奇怪怪，不可名状。

俞园之奇绝不独在假山，园中的理水乃至花木配置等也都有精心设计，"于众峰之间，萦以曲涧，甃五色小石，旁引清流，激石高下，使之有声淙淙然，下注大石潭，上荫巨竹青藤，苍寒茂密，不见天日"。

元代文人画的阵容进一步扩大，好些文人画家出于对统治者的不满，消极避世，终日耽沉园林之中，画士造园，遂臻极盛。何良俊《四友斋丛说》卷十六云："东吴富家惟松江曹云西、无锡倪云林、昆山顾玉山，声华文物，可以并称，余不得与其列者是也。"昆山画家顾阿瑛四十岁便把家财交给儿子经管，自己在昆山建玉山草堂，消磨晚年，"园池亭榭，饩馆声妓之盛，甲于天下"[12]。诗友杨维桢、顾坚等皆从之游，杨维桢为作《玉山草堂记》加以鼓吹，一时影响极大。华亭画家曹知白，别号云西，至元中为昆山教谕，寻辞去。曹知白善画山水，隐居读易，晚益治圃种竹，日与宾客故人以诗酒相娱乐，幅巾野褐，逍遥于嘉花美木清泉翠石间，"风流文采不减古人"[13]。无锡倪云林为"元代四大名家"之一。他的画表现疏木平林、孤寂无人之境，寄情于其中的是隐逸旷达的思想，传说当时江南士大夫家厅堂俱以是否张挂倪云林的作品来区分清浊雅俗，倪云林所居清閟阁，幽回绝尘，松桂兰菊之属，敷纡缭绕，而其外则乔木修篁，蔚然深秀，"日驱平头三时洗濯，苔藓盈庭，浑如绿罽。金风乍张，梧叶零落，以针缀杖头徐排出之，不使点坏"[14]。倪云林自己所造园林颇负盛名，他对造园艺术也很擅长，能把简雅平淡的画意在园林中再现出来，后来他又为人画过苏州狮子林山园图，而元代的狮子林"密竹鸟啼邃，清池云影间"[15]也恰与他自己所喜欢的园林格调相符，所以后世便误传狮子林是他的手笔。

以倪云林为代表的元代文人画，对后世的造园影响很大，黄子久的矶头，倪云林的水口，成了后世园林设计叠山理水经常用以参考的粉本。明末清初著名造园叠山艺术家张南垣，以山水画法叠石成山，"黄、王、倪、吴，一一逼肖"[16]。张南垣为钱谦益所造拂水山庄、为李逢申所造横云山庄，大体格局都和黄公望的《芝兰室图》很为相像。《扬州画舫录》记重宁寺东园所置水石云："太湖石皴八九折，折处多为深潭，雪溅雷怒，破崖而下，委曲曼延，与石争道，胜者冒出石上，澎湃有声，不胜者凸凹相受，旋濩萦回，或伏流尾下，乍隐乍现，至池口乃喷薄直泻于其中——此善学倪云林笔意者之作也。"

明代文人画极盛一时，名家辈出，画家仍多以构筑小园、美化环境为能事，如无锡邹迪光建愚公谷，北京米万钟建勺园，南翔李长衡建檀园，太仓王时敏建乐郊园，苏州文震亨建香草坨等，都是啧啧人口的园林名区。除了为自己造园外，这时的画家也有为别人构筑园林的，如文徵明曾参与构筑拙政园，周秉忠曾为人叠造东园（今苏州留园）和洽隐园（惠荫园）的假山。周秉忠字时臣，精绘事，工叠石，又是具有多方面才能的工艺家，其子廷策，亦精绘事，工叠石，"江南大家延之作假山，每日束脩一金"[17]。由此可见，周秉忠还是从画家而兼为人叠石到职业叠山家的中间过渡，其子廷策，便算是职业的叠山家了。

三

我国的山水园，无不以再现自然丘壑为主要意趣，在人工所造，或经人工所修饰的山山水水之间，安排起居环境，"虽由人作，宛自天开"，使人与大自然打成一片，因此，叠山理水就成了造园艺术的支配环节，园林艺术家，首先必是叠山艺术家。职业化了的造园叠山艺术家主宰造园事业，实自明代开始。明代以前已有所谓"吴兴山匠""朱勔子孙"，不过他们主要是从事叠山施工的工匠，还不是从事园林设计，兼指挥施工的造园叠山匠师。

见于记载最早的职业叠山匠师，是杭州的陆叠山。《古今图书集成》中《考工典》卷九五六引《西湖志》云：

> 杭城假山，称江北陈家第一，许银家第二，今皆废矣。独洪静夫家最盛，皆工人陆氏所叠也。堆垛峰峦，拗折涧壑，绝有天巧，号陆叠山。张

静之尝赠陆叠山诗云："出屋泉声入户山，绝尘风
致巧机关。三峰景出虚无里，九仞功成指顾间。
灵鹫峰来群玉垛，峨嵋绝断落星闲。方洲岁晚平
沙路，今日溪山送客还。"

以张宁赠诗考之，陆叠山的活动时代，约在明成化年
间。阚铎《园冶识语》称陆叠山为南宋人，那是弄错了。陆
叠山本名失考，《西湖志》称"工人陆氏"，杭州人以其长技
称之，从张宁赠诗来看，其人并非一般工匠，而是胸有丘
壑，执铁如意指挥群工的叠山名师了。

生活在正德至万历年间的张南阳，是上海著名的职业
造园叠山家。张南阳始号小溪子，更号卧石生，人称卧石山
人。他的父亲是画家，他"幼即娴绘事"，"遂擅出兰之誉"。
"居久之遂薄绘事不为，则以画家三昧法试累石为山"[18]，
一时名声大振。张南阳既擅一时绝技，大江南北好事家欲
营一丘一壑者，必毕腠造请无虚日。三吴诸缙绅家山园，
问非山人所营构，主人则忸怩不敢置对。上海潘允端的豫
园、陈所蕴的日涉园，太仓王世贞的弇园，均为张南阳所
构。与张南阳约略同时而知名的造园叠山艺术家又有醒石
山人朱氏、顾山师、曹谅等人，当时人的评价是"张如程卫
尉，曹如李将军，顾于程李可谓兼之"[19]。

张南阳之后，上海地区的松江又产生了一位更加著名
的造园叠山艺术家张南垣。南垣少学画，善写人物，兼通
山水，遂以山水画意为人筑圃叠石，荆关董巨，黄王倪吴，
一一逼肖。大江南北著名士大夫家构筑园林，"交书走币，
岁无虑数十家"，"有不能应者，用为大恨"。[20]张南垣五十
余年的丰富实践，所构园林名区不可尽数，见于记载、最

为著名的有李逢申的横云山庄，虞来初的豫园，吴昌时的竹亭湖墅，钱谦益的拂水山庄，王时敏的乐郊园、南园与西田，徐必达的汉槎楼，席本祯的东园，朱茂时的放鹤洲，吴伟业的梅村等。此外松江的醉白池、塔射园，仪征的白沙翠竹江村等相传也是他的手笔。

张南垣有四子，"皆衣食其业"[21]，三子熊、四子然最为知名。熊字叔祥，嘉兴曹溶的倦圃、钱江的绿黔别业，姚思仁的水周堂都是他的名作，朱茂时的放鹤洲是他们父子所作。然号陶庵，早年曾随其父在洞庭东山为席本祯造东园，东山许菱田园及吴时雅依绿园皆张然所造。清初时候，由于张南垣在造园叠山领域里首屈一指的成就，曾征召令赴京师，南垣以年老辞，而"遣其仲子行"。[22]仲子盖即张然，然入京时，一时最重要的皇家苑囿工程，如南海瀛台，玉泉山静明园及畅春园等皆命张然主持建造。然供奉内廷前后二十八年，以年老赐肩舆出入，人皆荣之。除皇家园林外，兵部尚书王熙的怡园、大学士冯溥的万柳堂俱张然所造，这两处名园建成后，轰动京师，"自是诸王公园林悉出翁手"[23]。张然卒后，其子淑继续供奉内廷，"京师有称山石张者，世业百余年未替"[24]。张南垣之侄张鉽，亦能传张氏之技，无锡寄畅园还有顾岕所构园、施囷卿园都经他改造，侯杲亦园亦张鉽所造。

与张南垣约略同时，只早生五年，但成为职业造园叠山家却比张南垣稍晚的计成，也是画家出身，他在《园冶·自序》中说："不佞少以绘名，性好搜奇，最喜关仝、荆浩笔意，每宗之。"计成又是诗人，阮大铖有《计无否理石兼阅其诗》云："有时理清咏，秋兰吐芳泽。"阮大铖为《园冶》写叙，称颂计成有"所为诗画，甚如其人"之语。计成游燕及楚，中岁归吴，偶为人戏叠石壁，受到称赞，遂转行以山水画之意趣专门为人造园林叠假山，所构名园有常州吴玄东第园，仪征汪机的寤园和扬州郑元勋的影园。常州吴园使他一举成名，仪征汪园与吴园"并驰于南北江"，郑氏影园更名满天下："广陵胜地知何处，不说迷楼说影园。"造园之暇，计成总结实践经验，写出一部造园学的专著，初名《园牧》，著名学者曹元甫许为"开辟"，为改题曰《园冶》，至今国内外奉为造园学的经典文献。

清初李渔是著名的戏剧家兼造园家，他自称"生平有两绝技"，"一则辨审音乐，一则置造园亭"。他在故乡兰溪伊山之麓构伊园，标榜山居有十便十宜。在北京弓弦胡同为人造半亩园，南城韩家谭造芥子园，都很有名。所著《闲情偶寄》卷八《居室部》有云："创造园亭，因地制宜，不拘成见，一榱一桷，必令出自己裁。"他在前人造园成就的基础上，仍能别出心裁补充发展，弄出许多小创造，例如他发明的"尺幅窗""无心画"对于扩大小园观赏空间，就有独到之处，后来的扬州园林多有仿造。

嘉庆、道光年间常州又出现了一位著名的职业叠山家戈裕良，戈氏一生所造园林、所叠假山甚多，较为著名的有虎丘一榭园（初为任兆炯所建，后归孙星衍），扬州秦恩复的意园小盘谷，常州洪亮吉的西圃，如皋汪春田的文园、绿净园，孙均在苏州的环秀山庄，孙星衍在南京的五松园和五亩园，仪征巴光诰的朴园，以及常熟蒋因培的燕谷等。戈裕良的园主人牵动了一大批当时知名的思想家、文学家、诗人和画家，仪征朴园，渊石数峰，洞壑宛转，被称为淮南第一名园，环秀山庄被公认为现存假山之最杰出者，今存燕谷虽是一小园，但"曲折得宜，结构有法"[25]，亦是难得的结构。戈裕良又能不界条石而叠石洞，利用起拱的原理"只将大小石钩带联络"[26]，使"入山洞者如置身桂粤"[27]，如"真山洞壑一般"[28]。不用说这比条石封顶，就是比那种"界以条石"的做法，也显然是一个很大的进步了。

戈裕良生在乾隆中，卒在道光中，他的卒去，标志着我国古典园林叠山艺术的最后终结，从此之后，我国的造园叠山艺术，便随着封建社会的衰退而急剧衰败下来，再也产生不出造园叠山的大名家了。

我国的园林艺术，先是追求"有若自然"，接着是诗情画意的写入，诗人画士大显身手，最后是职业的园林艺术家驾驭诗情画意，园林艺术达到最后成熟，前前后后，走过了漫长的路程。

山水园与山水诗、山水画有着姊妹一般的亲缘关系，园林与绘画的关系尤为亲密。明清时候的著名造园叠山艺术家，差不多都是画家出身，以画家的三昧法通之于造园林叠假山。当时社会舆论，也都标榜以画本造园，以画理造园。如董其昌《兔柴记》云："幸有草堂、辋川诸粉本……盖公之园可画，而余家之画可园。"计成《园冶》讲掇山，说是"时遵图画"；范景文《立秋日过影园》云，"园摹画格形生影"；姜采《游徐氏东园》云，"西园花更好，画本仿南宗"；曹宣《集余园看梅》云，"丘壑重工翻画稿"；扬州半角山房为尹啸江别业，"啸江工画，营构有画理"；诸如此类的例子，实不胜枚举。造园艺术与绘画艺术确有相同之处，山水园与山水画都是以再现大自然的山山水水为己任的，但它们毕竟是两种不同的艺术分科，各有特点，绘画只是二度空间的表现艺术，造园却是三度空间的表现艺术，如果再加上游人观赏随时转移而不断展现的空间流动，用世界现代建筑界的时髦说法，是"四度空间"，因而就成了一种更为艰难的表现艺术。造园要通于画理，但精通绘画只是精通造园的一个必要条件，却不是充分条件，这一点，只有在园林艺术达到成熟，出现了职业技巧极为纯熟、艺术造诣极为精湛的造园艺术家，使一般画家觉得不可企及的时候，人们才能有所认识。张潮《虞初新志》卷六收录吴伟业所撰《张南垣传》，传后有编者自加按语云：

> 张山来曰，叠山累石，另有一种学问，其胸中丘壑，较之画家为难。盖画则远近高卑，疏密险易，可以自主，此则必合地宜，因石性。物多，不当弃其有余，物少，不必补其不足，又必酌主人之贫富，随主人之性情，犹必借群工之手，是以难耳。

著名造园叠山艺术家李渔在《闲情偶寄》中说：

> 幽斋磊石，原非得已，不能致身岩下，与木石居，故以一卷代山，一勺代水，所谓无聊之极思也。然能变城市为山林，拓飞来峰使居平地，自是神仙妙术，假手于人，以示奇者也，不得以小技目之。

> 且磊石成山，另是一种学问，别是一番智巧。尽有丘壑填胸，烟云绕笔之韵士，命之画水题山，顷刻千岩万壑，及倩磊斋头片石，其技立穷，似向盲人问道者。

李渔把叠山艺术说成是"神仙妙术"，"假手于人以示奇者"，好像是故意卖关子，自神其技，其实那也并不夸张，我们只要看看明清几位著名造园叠山艺术家的惊人技巧，也就够了。

张南阳叠假山，陈所蕴《张山人卧石传》有这样的描写：

> 沓拖逶迤，峨嵘嵯峨，顿挫起伏，委宛婆娑，
> 大都转千钧于千仞，犹之片羽尺步，神闲志定，
> 不啻丈人之承蜩，高下大小，随地赋形，初若不
> 经意，而奇奇怪怪，变幻百出，见者骇目恫心，
> 谓不从人间来。乃山人当会心处，亦往往大叫绝
> 倒，自诧为神功矣。

张南垣叠假山，吴伟业《张南垣传》描写其绝技云：

> 君为此技既久，土石草树，咸识其性，每创手
> 之日，乱石林立，或卧或欹，君踌躇四顾，正岭侧
> 峰，横支竖理，皆默识在心，借成众手。尝高坐一
> 室，与客谈笑，呼役夫曰："某树下某石置某处。"目
> 不转视，手不再指，若金在冶，不假斧凿。甚至施
> 竿结顶，悬而下缒，尺寸勿爽。观者以此服其能矣。

我国的造园艺术后来传入欧洲，英国造园家钱伯斯在
评介中国园林时说："在中国，造园是一种专门的职业，需
要广博的才能，只有很少的人能够达到化境。"[29] 18世纪
欧洲流行"中国热"，中国园林的诗情画意征服了欧洲，法
国贵族吉拉丹提倡"诗心画眼"，专请画家起稿建造园林别
墅，认为凡是不能入画的园林都不值得一顾。吉拉丹说，
中国园林"构造景致的，既不应该是建筑师，也不应该是造
园家，而应该是诗人和画家"。[30] 钱伯斯的话说得很对，而
吉拉丹的说法却是一个很大的误会。我国园林史上确曾有
过一个由诗人和画家"构造景致"的时代，但那早已成为过
去。"曾经沧海难为水，除却巫山不是云"，具有"广博的

才能"，能够驾驭诗情画意的职业造园叠山艺术家，才后来居上，成了造园艺术的主宰者。明、清时候，诗人和画家诚然也还有"构造景致"，但布置园林的水平远在职业造园家之下，也就不再是主流了。

注释

[1] 《国语·申胥谏伐齐》;《孔子家语》。

[2] 《史记·王翦列传》。

[3] 《西京杂记》。

[4] 张彦远《历代名画记》卷六。

[5] 杨衒之《洛阳伽蓝记》卷二。

[6] 《东坡题跋》卷五《书摩诘蓝田烟雨图》。

[7] 《白侍郎大尹自河南寄示池北新葺水斋即事招宾十四韵兼命同作》。

[8] 《裴侍中晋公以集贤林亭即事诗三十六韵见赠猥蒙征和才拙词繁辄广为五百言以伸酬献》。

[9] 康骈《剧谈录》。

[10] 白居易《题牛相公归仁里宅新成小滩》。

[11] 《牛相公林亭雨后偶成》。

[12] 钱谦益《列朝诗集小传》。

[13] 邵亨贞《野处集》卷三《祭曹云翁文》。

[14] 倪云林《清闷全集》卷五《清闷阁志》。

[15] 倪云林《过狮子林兰若》。

[16] 《嘉兴县志》卷二十七《张南垣传》。

[17] 徐树丕《识小录四》。

[18] 陈所蕴《竹素堂集》卷十九《张山人传》。

[19] 陈所蕴《竹素堂集》卷十八《日涉园重建友石轩五老堂记》。

[20] 吴伟业《梅村家藏稿》卷五十二《张南垣传》。

［21］《清史稿·艺术列传四》。

［22］ 同［20］。

［23］ 戴名世《南山集》卷七《张翁家传》。

［24］ 同［21］。

［25］ 钱泳《履园丛话》卷二十《园林》。

［26］ 钱泳《履园丛话》卷十二《艺能》。

［27］ 王培棠《江苏乡土志》第二十章《江苏省之名胜古迹》《颐园》条。
颐园即环秀山庄。

［28］ 同［26］。

［29］ 陈志华《中国造园艺术在欧洲的影响》转引。

［30］ 同［29］。

原载《美术史论》季刊1984年4期，刊出时标题被
组稿人萧默先生强改为《诗人园、画家园和建筑家园》，
甚属不妥，更未经本人同意。本文在付排前未经本人审
阅，弄出不少明显的错字，收入本集时一一做了订正。

略论我国古代园林叠山艺术的发展演变

　　我国古代的园林叠山艺术，真可以说是"千岩竞秀，万壑争流"。一部叠山史从哪里说起？本文试图概括成三个发展阶段和相应的三种流派，作简略论述。

一

　　我国的人工叠山，渊源极早。《尚书·旅獒》中有"为山九仞，功亏一篑"一语，可算是最早的人工叠山记载了。

　　晋宋以降，诗文中屡屡用到"一篑"的典故，注家往往引《尚书》这句话作解。但是《旅獒》中的文字内容出自所谓伪《古文尚书》，伪《古文尚书》学术界现已公认是伪作。《旅獒》中的这一句，实际上来源于《论语》。《论语·子罕》："子曰：'譬如为山，未成一篑，止，吾止也。譬如平地，虽覆一篑，进，吾进也。'"注释"一篑"的典故，其实是应该引用《论语》。

也许真的可以往西周去追寻。据清人龚自珍的考证，穆天子西征，班师而还，便仿照西方的羽琌山，在国中重建了一个羽陵[1]。传说中的穆天子即周穆王，比孔子又早了大约五百年。但《穆天子传》晚出，是战国时的作品，而且是小说家言，因此还是应该认为《论语》中的一句最为可靠。

由《论语》中的这段话，我们知道了在孔子那时，已经在用人工叠山了。当时的人工为山竟成了士大夫阶层的常识，动辄引以为譬，可见叠山之风还算盛行。孔子这句话，正好和老子的"九层之台，起于累土"相映成趣。

孔子、老子那个时候，诸侯奢靡成风，"穿陂池"，"起台榭"，"变鲧、禹之功而高高下下"[2]是史不胜载的（图1）。起台和叠山，其理一也，不过一规整，一自然耳。筑土为山当时还用于军事上，兵法讲攻城时筑土山以窥望城内，谓之"距堙"。

可以说在孔子那时，或者更保险一点说，至迟在春秋

战国的陂池台榭——辉县出土宴乐射猎刻纹铜鉴

末战国初《论语》成书那时，在使用了铁工具、生产力有了较大提高以后，统治阶级已经在用人工叠山了。明谢肇淛《五杂俎》以为叠山始于汉袁广汉，现在一般也还因袭这一说法，其实是并不确切的。汉以前的秦，也曾用人工叠山，野史载"秦始皇作长池，引渭水，东西二百里，南北二十里，筑土为蓬莱山"（《太平御览》引《三秦记》），是完全可能的。

不过到汉代叠山风气确是更盛了。《史记》和《三辅黄图》记载汉武帝于建章宫北治大池，名曰太液池，池中起蓬莱、方丈、瀛洲三神山，《汉官典职》记载，"宫内苑聚土为山，十里九坂"，都是宫苑内大筑土山的实录。

与此同时，官僚贵戚、大富豪们也在大规模叠山了。《西京杂记》载梁孝王筑兔园，园中造百灵山，山有"肤寸石、落猿岩、栖龙岫"，"其诸宫观相连，延亘数十里"[3]，如果兔园果有所谓栖龙岫，那么这还是第一次出现了人工的山洞[4]。又有茂陵富民袁广汉，于北邙山下筑园，"构石为山"，"高十余丈，连延数里"[5]。还有大将军梁冀，"采土为山"，"十里九坂"，"以象二崤"[6]。王氏五侯王根、王富、王立等大筑宅第，起"土山渐台"，王根宅中的土山就做得有如未央宫中西白虎殿一区[7]。他们这些做法不用说都是以宫苑为榜样的，是上行下效。权贵们这种行径，有的被指责为"拟于人君""骄奢僭主"。

晋江逌《谏凿北池表》说："立宫馆、设苑囿，所以弘于皇之尊，彰临下之义。前圣创其体，后代遵其矩。"同苑囿一样，苑囿中人工所造的大山也主要是一种夸竞的手段，所以尽量在尺度上追求高大。有带头的，有跟着的，劳民伤财，自然都在所不顾。

人工为山是奴隶制时代开始出现的，也正是奴隶制和大规模奴隶劳动的见证。汉代早已进入封建社会，可是这种蛮性遗留下来，上层封建统治阶级还是那样大量地用人工叠造大山，强迫人们进行奴隶式的劳动。

这种叠造大山的风气，魏、晋、南北朝依然盛行，手法也逐渐成熟。晋会稽王道子的嬖人赵牙，为道子开东第，所筑之山规模不小，俨如真山，皇帝临幸，竟未能看出是"版筑所作"[8]。北魏张伦在自己庭院所造的景阳山"有若自然"，山有"重岩复岭"，有"深溪洞壑"，山路和涧道崎岖峥嵘，"似壅而通""盘纡复直"，山又有"高林巨树，悬葛垂萝"等植物植被，"足使日月蔽亏"，"能令风烟出入"。[9]到这个时期所以能产生张伦景阳山那样的杰作，是由于晋、宋以来经过老庄思想的洗礼，园林创作逐渐趋向于风景美的欣赏，追求"有若自然"的结果。我们知道，除了张伦的山以外，《后汉书》记梁冀的山也说是"有若自然"，此外刘宋戴颙的园也被评为"有若自然"，甚至直到唐长宁公主的园仍被说成是"势若自然"。而北魏茹皓修造景阳山"颇有野致"，也还是"有若自然"的意思[10]。

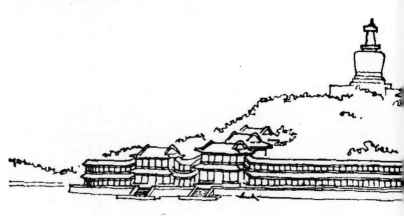

2
北海琼华岛

　　这一阶段的叠山，从一开始就造得相当大，孔子那句话可证。这种叠山手法是整个地摹仿真山，面面俱到，尺度则尽力接近真山。晋葛洪有一句话可以拈出来，用作这个阶段、这种叠山风格的写照。葛洪指责汉之末世、吴之晚年贵族统治阶级奢靡无度，他列举了一系列事实，其中有一句道："起土山以准嵩霍。"[11]这句话很能够总括这个阶段的这种叠山风气。这里的一个"准"字，很能总括这种叠山风格。

　　这种叠山风气，春秋末到战国时期已经出现，秦、汉已很普遍，后汉更形成高潮，到南北朝时期这样蛮干的仍大有人在。再后，隋、唐以降逐渐少起来，但皇帝、贵戚、大官僚，有这种条件、有这种癖好的仍然还在叠造这种大家伙。例如宋徽宗营艮岳，主山高九十步，周回十余里，全是"累土积石而成"[12]，唐安乐公主园中起大山仿西岳华山[13]，南宋一个官僚卫清叔筑吴中之园，"一山连亘二十亩，位置四十余亭"，另一个官僚兼画家俞子清叠的山，"巧峰之大小凡百余，高者二三丈"[14]等等。只是隋、唐往后，在叠山领域里又早已另有异峰突起——出现了一个新的手

法，新的流派，这样叠大山的已经算是余波，不再居为主流了（图2）。而且不用说，后来这种大山也是做得越来越丰富了，也已经吸收着或者说是包含着后来一些流派的手法。例如艮岳，在叠山史中就艺术性和其本身的形式美而论，无疑是一个很成功的作品，可以说已经做到了"致广大而尽精微"，它的每一个局部，每一景，一丘一壑，一树一石都是很精致，与上古那种粗放已是很不相同的了。但是话得说回来，它仍然还是整个地再现一座大山（仿杭州凤凰山），工程量要命地大，为了建造艮岳，搞花石纲弄得民不聊生，甚至成了一场农民起义的导因。艮岳还有点自然主义地用技术手段摹造真山的气氛，如用油绢囊以水湿之，张收云气于山峦间，等皇帝临幸时括囊以献，称为"贡云"，又在山洞里广贮卢甘石，以致天阴时云雾滃郁如真山大壑不二[115]。

总而言之，叠山发展史中第一个阶段所流行的叠山手法，或称叠山风格、叠山流派，是写实的，效仿真山，在尺度上也接近真山。后来这种山又能做得"有若自然"，像是够好的了，不过看来却又有点接近自然主义。它有点过于追求生活的真实，与后来别的手法相比，它缺乏提炼和概括。

二

晋、宋以来造园活动更加普遍，一般官僚、士大夫和文人也都要一窝蜂似的造园了。由于经济力量和政治因素即等级制度、礼制之类的限制，他们的园林，规模一般也就要小些。他们一般没有力量像王氏兄弟像袁广汉、张伦那样跟着摹仿皇帝，而且那样亦步亦趋还着实危险。袁广汉的园，就因袁犯了罪而"没入为官园"，"鸟兽草木皆移入上林苑中"。于是晋、宋以来，一些官僚士大夫和文士们先是标榜所谓中园，以便和皇家的上苑划清界限：晋的石崇，宋的谢灵运、谢惠连，齐的谢朓都称自己的园为中园[16]；继而又标榜所谓小园：梁的徐勉已称自己的园为小园了，北周庾信《小园赋》更正式提出了小园的纲领[17]。这样，趋向于乖巧细致的小园逐渐在南北朝兴起，以后逐渐发展起来，成为后来文人画士私家园林的主流，一直延续到明、清。后来的小园又常常用些形象的词汇命名，以标榜其小，如三亩园、一亩园、半亩园、勺园、芥子园等等，不一而足。

有一个问题必须插在这里予以说明，就是综观我国园林艺术的整个发展史，可以明显地看出，早期造园是私家园林追仿皇家苑囿，如前面所述的王、袁、张诸人皆是，自南北朝以来，文人拿出小园与皇家上苑相抗，两大壁垒平行发展，从此小园越来越占上风，到了明、清则私家小园占了绝对优势，皇家的苑囿都要反过来仿私人小园，吸收它的精粹了。

这种小园能在晋、宋以后兴起，实非偶然。这取决于当时具体而复杂的历史社会背景，更取决于造园艺术发展的内在矛盾。汉末、魏、晋以来社会比较混乱，老庄思想盛行。由于老庄思想追求逍遥自得，进而导致士大夫阶层对于自然风景的留恋欣赏，当时人们对大自然又有了进一步的认识，南朝更多的是风景佳丽之地，所以晋、宋以来山水诗和山水画都发达起来，真正的山水园也可以说是从这时才发达起来。从这时起，我国园林才更加有目的地去追求和再现自然风景的美，也就是说自然风景式的山水园在这时得到肯定，以后的造园就一直朝这条路子发展了。

但是前面说过，那种大园和大山，到这时由于风景美的发现，也趋向于"有若自然"，像张伦的园和山都已经是很不错的了，那么为什么没有沿老路继续发展下去，而偏偏又有一种小园、小山发展起来了呢？这个原因得另为探讨，光说是由于山水世界的发现是不够的了。原因有三个方面，头一个决定了它的必要性，后两个决定了它的可能性。

第一个方面的原因，便是前面说过的经济的、政治的因素。这时造园、叠山的已经不止限于皇帝和几个不守本分的大官僚了。

第二，由于魏、晋以来老庄思想的流行，促进了人们对于客观山水世界的发现，同时还有更重要的一个方面就是促进了主观心灵世界的发现。人们追求的是把主观世界和客观世界统一起来，达到所谓"情景交融"[18]。老庄思想追求超然自得，所以《逍遥游》《齐物论》等很是流行，《逍遥游》讲绝对自由，叫人们逍遥游于物外，"与泰初而为邻"。说是游于物外，心界便大了，心界大了，外界的小也可以看成是大。所以可以像后来沈三白《浮生六记》所说的那样，把小土砾的凸者看成大丘，凹者看成大壑；反过来也可以像陆机《登台赋》所说的那样，把昆仑山看成"卑于覆篑"[19]。这说得实在有些过火，有些唯心，还颇有点阿Q气，但在当时，这套玄理却很风行，对后世的影响也很大。在这种思潮熏陶之下，人们发现了放情山水"会心处，不必在远"[20]。会心山水不在远，那么小园、小山也就足可销魂，足可供神游的了，奚必大园大山？这就是说，老庄思想追求内心的逍遥自得和与此相联系的《逍遥游》《齐物论》

那种强调得过火的关于大和小的相对论，是这种小园、小山的理论基础。

第三，晋、宋之际出现了独立的山水画。山水画是必须小中见大的，它可以而且只能"竖画三寸，当千仞之高；横墨数尺，体百里之回。是以观画者，徒患类之不巧，不以制下而累其似"，于是"嵩华之秀，玄牝之灵，皆可得之于一图"[21]。山水画同山水园应该是同一社会思潮的产物，但山水画的这种发现，却正可以反过来启发造三度空间的真山水，使之小些再小些，只要"类之成巧"，能唤起观赏者的会心想象，便可以移天缩地，将"百里之回"纳之于一园了。这也就是说山水画的发展促进了这种写意的小园、小山的产生和发展。虽然从历史发展上看，造山水园还是要走在作山水画的前面，但以前的造山、造园，认真地讲，是醉翁之意原不在山水风景的。

这种小山是写意的，用了一种"艺增"的手法，使用夸张，很是大胆，颇有李白形容头发说"白发三千丈"、杜甫形容柏树说"黛色参天两千尺"那样的气概，不过方向相反。这种小山富于夸张、象征和浪漫的想象。侧重于写意，不注重细节的真实，这种手法自晋、宋以来开始出现，至唐大盛，唐、宋以降，仍然很流行，并且后来一直延续发展到明、清。（图3、图4）

中唐才出现了"假山"这个词，中、晚唐诗中屡见。这种小山真的成了名副其实的"假"山，看上去跟真山完全不一样了。

与上一阶段上一种手法的尽量往大叠造，描写时又尽量往大夸张正好相反，这个阶段这种手法照自然界或想象中的大山尽量往小叠造，而描写这种小山的诗文，更再度

3

唐代庭院中的小山——敦煌217窟壁画
《得医图》

4

西安西郊出土唐三彩假山模型

往小夸张，所以文人笔端的小山就更小了。例如沈约诗说
"一篑望成峰"，杜甫诗说"一篑功盈尺"，描写的对象当然
不必只用了一筐土；王勃赋说"拳石俨干霄之状"，白居易
记说"聚拳石为山"，描写的对象当然也不必真的只有拳头
般大。他们说的都还不是几案上的供石，还是庭园里的小
山。这种文笔上反方向的张皇铺饰，不外是如前述勺园、
芥子园等名目一样，只是夸张地形容它的小而已，是只可
意会，不可胶瑟的。我们知道，勺园的水面实际上也并不
太小，还可以大荡其舟；芥子园小些，但至少也有三亩。
米万钟和李渔说它如一勺、如芥子，原是以《逍遥游》《齐
物论》的观点，设想立足于天地外的极远处，飘飘然而观
之的。

　　这种叠山风格一言以蔽之曰"小中见大"。梁萧统诗
《玄圃》云"穿池状浩汗，筑峰形崒嵂"，这"状"字、"形"
字已经很可以说明这种意趣。唐李华又有一篇有名的骈体
文小记，记当时的一个名园，其中描写小山的一句道："庭

际有砥砺之材，础硕之璞，立而象之衡巫。"[22]这一句，更可以拈出来作为这种叠山风格的写照，而且又正好同上一阶段上一种风格构硕成鲜明的对比。上一种风格葛洪说"准嵩霍"，这一种李华说"象衡巫"，一个"准"字，一个"象"字，标出了这两种风格的根本特征和区别。

这种手法叫作小中见大，是接近浪漫主义的，它偏向于象征，除了象征自然界的真山以外，还常常象征神话中的仙山。用这种小中见大的手法去创造一个神话的境界，也很容易使形式和内容得到统一，因为这种手法本身就很有些神话味道。于是人们就又重新重视起秦、汉时传说的三神山即蓬莱、方丈和瀛洲，使它成了这种小山最常用的题材。杜甫有一首诗，描写一个堂前的假山道："三峰意出群"，陶谷《清异录》记载违命侯（李后主降宋后的封号）苑中凿池，池心叠石象三神山，号小蓬莱；明代诗人和画家张宁赠杭州著名叠山艺术家陆叠山诗道："三峰景出虚无里"等都是著名的例证。当然，这类所谓三峰、三神山，也只不过是借用一个名堂，在这个名堂之下，叠山家可以随心所欲地驰骋想象进行创作，因为三神山究竟什么样，谁也没见过。

这种手法后来还出现一个分支，即用玲珑剔透的湖石堆砌成狮子、猴子等动物形象的峰峦，怒突起伏，张牙舞爪，以形状诡奇标新，求取一种近似雕塑的效果，所谓"立似龙螭，蹲疑狮虎"，如传为（其实不是）倪云林叠的苏州狮子林（图5、图6）、董道士叠的扬州九狮山就是。它们基本上也还是基于象征夸张，不过与真山相差得更远，更容易过火，流于怪诞。

5

元倪云林《狮子林图卷》中的假山

6

清乾隆年间的狮子林假山（摹自《南巡盛典》）

三

恩格斯说："在发展进程中，以前一切现实的东西都会成为不现实的，都会丧失……自己的合理性。"（《费尔巴哈与德国古典哲学的终结》）作为第一种手法之对立物的第二种叠山手法的出现，标志着叠山艺术的一个巨大的飞跃，它本身很有可取之处，很有生命力，于是煊赫了很长一段时间，直到明代著名叠山家陆叠山还属于那一流派，清初著名叠山家李渔所做的芥子园中的北山，也还是那种风格的作品。但是当它发展到一定阶段，成熟过火以后就逐渐走了下坡路，"从前是现实的"，就逐渐"成为不现实的东西"了。于是一种新的创作手法应运而生，并渐渐居为主流，叠山艺术又进入一个新的发展阶段。明代万历后期出现了张南垣，崇祯年间出现了计成，标志着这种新手法的发展和成熟。

这种新的手法什么时候开始萌芽，张南垣、计成以前还有没有人做过开山的工作，还有待进一步探讨，但是张南垣、计成以前，现在确还未能找到明显的演变痕迹和过渡环节。虽然一个手法的产生，绝非一朝一夕或一两个人出来疾呼一下就成的，可是直到明中叶以前，还是上一种风格即小中见大的手法占统治地位，对于那种手法的描写和赞扬还比比皆是[231]，而类似于张南垣、计成那样明确激烈的主张，还不曾有过。值得注意的倒是明、清时和宋、元时人对于那种写意的缩小比例的假山，看法是很不同的。下面试举几个例子：

> 大都山水之法，盖以大观小，如人观假山耳。若同真山之法，以下望上，只合见一重山，岂可重重悉见？兼不应见其溪谷间事。
>
> ——宋沈括《梦溪笔谈》卷十七
>
> 南望桃花、马秦诸山，嵌空刻露，屹立巨浸，如世叠太湖、灵璧，不著寸土尺树，天然可爱。
>
> ——元吴莱《游甬东山水古迹记》
>
> 以部娄（按：即培塿[241]）拟泰山，人人知其不伦。
>
> ——清袁枚《随园诗话》卷十一

从这几个例子可以看出，到了明、清，对于假山的看法是已经大变了。以前宋、元人认为是现实的、可爱的，明、清却很有人认为是不现实、不可爱的了。

明末产生了张南垣、计成这样的叠山艺术家，实非偶然。明代后期以来造园活动空前高涨，许多文人画士直接参与园林的规划设计甚至直接参与建造，园林艺术有了长足的进步，造园艺术家辈出。不同的风格、手法在实践中发展了，多样化了，于是也就可以有比较、有鉴别。再说宋、元以来山水画也逐渐成熟了，"拟咫尺于千里"的那种《九州名山图》《千里江山图》之类的小中见大居为山水画主流的时代已经过去，马一角[25]，倪云林的水口，黄子久的矶头等描写山水局部的画风也早已兴盛起来。园林景物之设向来追求诗情画意，山水画的这一变化必然对造园叠山产生影响。戴名世《张翁家传》谓南垣"少时学画，为倪云林、黄子久笔法"，后来遂以其意叠山石，正可以表明这种影响的直接和深远。同时，明代以来置石艺术也已经与叠山彻底分开来，而几案上的山石点景、供石之类也都进一步发展起来。它们都可以比那种具体而微的小假山更小，这自然也要对叠山产生一些微妙的影响。

但是习惯势力往往是顽固的，需要有闯将开出一条新路。《无锡县志》说，张南垣叠假山"尽变前人成法"，应该就是指他完全创造出一个新的流派、一种新的风格而言。在张南垣稍前出生的，叠山艺术实践却稍晚一些的还有一位计成。所以，可以说这种新的手法是张南垣、计成开创的，以他们为代表的，由他们发展完成的[26]。

张南垣嘲笑了那些过分做作的小中见大，说那种进入末流的"流波覆篑""俯籍人机"的作法是"聚盆盎之智，以笼岳渎"，而使入之者"如入鼠穴蚁蛭"，"气象蹙促" [27]，他指出，那种作法的致命弱点是只可以见，可以观，不可以游，不可以入。我们知道，宋时郭熙在论山水画时，就曾提到山有可行、可望、可游、可居之分别。郭熙说："但可行、可望，不如可居、可游之为得。" [28]。二度空间的山水画尚且如此，尚且要叫人联想到画中的境界要可以居、可以游，这可居、可游对于园林中创造三度空间，甚至是四度空间（加上游人观赏时随时间转移，而在游人面前不断展现和形成的空间流动）的真山水就益发重要。李渔在芥子园中所置的那个北山，山有茅亭、栈道、石桥，都是小比例的，还放上了别人替他捏塑的小像——一位戴着斗笠的老渔翁，在那山水中垂钓，论情趣倒也还好，他自己很欣赏。可惜这样的东西简直是个"小人国"，不但走进去不成，就是走近了也不好办，只好像李渔那样，对着它开一扇窗子，作为取景框，拉开一定距离，坐在屋里，通过"尺幅窗"，欣赏这一"无心画" [29]（图7）。

7

李渔芥子园中的小假山——"无心画"

张南垣从追求形象逼真和可游、可入出发，主张筑"曲岸回沙"、"平冈小坂"和"陵阜陂陀"，"然后错之以石，缭以短垣，翳以密篠"，从而创造出一种幻觉，仿佛"奇峰绝嶂累累乎墙外"，"人或见之"，所造的园林则仿佛"处于大山之麓"而"截溪断谷，私此数石者，为吾有也"。

这是张南垣叠山理论的精髓。《无锡县志》"尽变前人成法"的评价，就是指他在叠山实践方面的这些成就。这些提法，立论新颖而且翔实，颇合乎情理。事实上，每当人们身游真山大壑时，也常常因为"身在此山中"，而只能见到一部分一部分的景色，一景复一景，而"庐山真面目"一般也常常只能是"人或见之"，它的全貌是要从山中走出来，靠回忆组合想象出来的。沈约诗《休沐寄怀》说："虽云万重岭，所玩终一丘"，说的就是这个意思。张南垣的叠山理论也正是基于这种生活中的实际感受。他以为大可不必移天缩地于一园，而可以由一斑叫人想及全豹，好比是用一鳞一爪反映龙的全体 —— 只要把一丘造得果然如万重岭中的一丘也就够了。因为他以为园林的空间有限，以"盈丈之址，五尺之沟"，尤而效仿"辄跨数百里"的深山大壑和"万重岭"，是不现实的，结果只好"树奇峰怪石"，许看不许人，把假山降低到近乎山水塑壁或盆山砚山一俦。一定要可入，也只好"架危梁，梯鸟道"，使"游之者钩巾棘履，拾级数折，伛偻入深洞，扪壁投罅，瞪盼骇栗"，很为虚假，很是好笑，他以为那简直不异于"市人抟土以欺儿童"。

《园冶》的作者计成也不止一次地嘲笑了已经僵化的前述第二种风格的末流，他嘲笑那种"排如炉烛花瓶"，"列似刀山剑树"[30]的作法，说它们的作者是些个"俗人"。他说："环堵中耸起高高三峰，排列于前"，"殊为可笑！"他主张堆叠一些真实尺度的大山的片段，如"嘉树稍点玲珑石块"，如"墙中嵌理壁岩"，而"顶植卉木垂萝"，造就成一种"似有深境"的艺术效果。这"似有深境"一语，与张南垣的主张基本相符。它和那种完全用真实尺度再造一座大山，创造直接的实有深境根本不同，而又和那种缩小比例，舍弃了真实尺度感，堆叠成模型式的千岩万壑，创造直观的有似深境的方法正好相对立。计成呼吁要"掇山莫知山假"，反对第二种那样过分作假，可又不像第一种那样再造出一座整个的大山。他要再现的只是真山大壑的局部一角，这也和张南垣的主张基本一致（图8）。

8
"似有深境"——常熟燕谷

　张南垣、计成都特别强调截溪断谷，再现大自然中人们经常可以接触到的山根山脚。张南垣、计成特别欣赏、屡屡提到的"麓"，就是山脚。艺术地再现部分山脚，创造出"似有深境"的"平冈小坂""陵阜陂陀"，就是这个阶段、这一叠山流派的主要特点[31]（图9）。

9

颐和园谐趣园寻诗径的"陵阜陂陀"

还有一宗有趣的事情，张南垣也说："人之好山水者，其会心正不在远。"这话恰恰也是主张小中见大的那个流派所标榜的。不要只相信字面上的话，两派说的不在远，其实都正是在追求远——都是想在有限的空间里，创造出无限的空间意境来。不过各有各的理解，各自用不同的手段去追求而已。前一派说的是把真山按比例缩小，整个地面面俱到地再现，譬如画龙，首尾爪角鳞鬣皆备，只是具体而微。在欣赏者的心目中，通过再创造，将它放大，将它膨胀，像储光羲所说的"小山宜大隐，要自望蓬莱"。这一派说的是要局部地、有选择地按原尺度再现真山之一部分，主要是山脚，譬如画龙，只画一鳞一爪，唤起游赏者的想象，在游赏者的心目中通过再创造，将它延展，将它扩充、补全，像沈三白所说的"无山而山"。这两种手法似乎各有千秋，可是比起来无疑是后一派更为高妙，因为这样的作品实用（可以观可以游）、经济（可以就地取材，不必罗致奇峰异石）并且形象真实——它把艺术的真实同生活的真实辩证地统一起来了，达到了"虽由人作，宛自天开"的境界。

总之，以张南垣、计成为代表的这一系列主张和实践，使千百年来流行的叠山风格为之大变。他们这种新的风格、新的手法是现实主义的，在园林史上、美学史上都应该得到很高的评价。这种新的风格、新的手法成了这个阶段叠山艺术的主流，而这种手法的发展完成，正标志着我国古代叠山艺术的最终成熟，也标志着我国古代园林艺术的最后成熟。

余　论

我国古代园林中的叠山艺术，按它发展的三个阶段和相应的三种流派、三种手法，上面已分别作了论述。这里再概括起来补充几句，算是余论，只说三点。

首先，这样勾画出一个大框框，分为三个阶段，三种风格，并且分别称它们为接近自然主义、接近浪漫主义和现实主义，乃是就它们总的主要的倾向而言，是就它们三者的发展程序和相互比较而言的。事实上前两个阶段，前两种手法也显然包含有不同程度的现实主义因素。本文是按发展演变来叙述的，这个发展是后来居上，可是又必须看到我国古代叠山匠师们在各个发展阶段上的每一摸索创造都是难能可贵的，每一阶段在其特定的历史条件下，成就都是惊人的，绝不只是到了明、清，叠山艺术只有到了张南垣、计成手里才可取，才有了现实主义。况且没有前边一系列的摸索实践，也绝不会有后来的成熟。因为着重于历史演变，所以一系列的成就不能全部描述出来。一部叠山史，成就是主流，逆流和糟粕也是有的，例如齐东昏侯起芳乐苑，"山石皆涂以五彩"[32]，明张燕客"恨石壁新开，不得苔藓，多买石青、石绿，呼门客善画者以笔皴之，雨过湮没，则又皴之如前"[33]，都是典型的例子。这不能怪传统，也不能怪叠山匠师，因为像东昏侯、张燕客那样"潦倒而至于昏聩的人，凡是好的，他总归得不到"（鲁迅语）。

其次，本文做这样的归纳耙梳，不过试图理出一个线索，分清泾渭，找出规律。把那么漫长的、那么丰富的叠山艺术史分成三个阶段，每一阶段相应有一种风格居为主流，也是就大体而言的。事实上三者在发展先后上必然有些交叉错综，不可能机械地分成三段，一刀切齐。园林叠山，从发展规律上看，时代风尚固然是起主导作用的，但是园主的经济地位和欣赏趣味、个人爱好的不同，也会起很大作用。因此后阶段仍然可以再有前阶段的流派和风格的作品产生，这也就是说，前两种风格事实上仍然延续了下来，直到明、清。这种关系可以按朝代顺序用一个示意图表示出来（图10）。

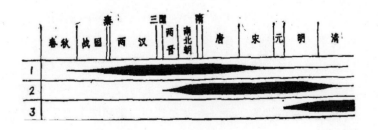

10

三个阶段三种风格的演变程序

最后，也是最重要的就是必须看到，我国叠山艺术是
一直不断地向前发展着的，这个发展也恰好体现着事物发
展的"否定之否定"这一辩证规律。这三个阶段是最初由写
实地、接近原尺度地再现整个大山；经一次否定出现了它的
对立物，推演出另一种是小中见大，写意地缩小比例，再现
整个大山；最后再一次否定，又出现了第二种的对立物，推
演出又是写实的，接近原尺度的，可是再现部分大山，大山
的一角。这也可以用一组示意图表示出来(图11)。

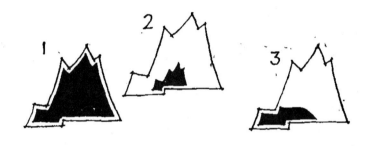

11

三个阶段三种风格的演变特征(白体表示真山，黑体表示人工叠山)

这三段演变过程，从过于追求真，到过于追求假，一
直到最后达到了"有真有假，作假成真"(计成语)。这样
不断推陈出新，终而摸索到叠山艺术最成功的规律：生活真
实与艺术真实最终圆满地结合起来了。我们总结叠山艺术
的传统和规律，应该注意到它同任何文化艺术一样，是自
有其历史背景和阶级背景的。不过我们仍然不能割断历史、
拒绝遗产，而要古为今用、推陈出新，正有待于对过去的
传统和遗产进行细致的深刻的分析，从中找出一些规律。
我国的造园和叠山不仅源远流长，而且很早就东传到日本，

对日本的造庭和"假山水"有深刻影响。18世纪更西传到欧洲，被称为"东方园艺""中国花园"而风靡于英、法、德等国。欧洲人赞颂中国园林是一切园林艺术的模范，更热烈赞叹中国的假山。我国的园林叠山艺术造诣甚高，是自成体系的，而且是有世界影响的。这使我们引以为豪，也激励我们更要努力。

注释

[1]　《穆天子传》："天子东逊，蠹书于羽陵。"龚自珍《定盦文集·补编》卷三《最录穆天子传》："天子西征得羽琌之山，东归蠹书于羽陵，畿内有羽陵何也？乐羽琌之游，归而筑羽陵也。"

[2]　《国语·申胥谏伐齐》。意思是说鲧和禹平凹凸以治水，而春秋时诸侯奢靡则反其道，穿池筑台，把本来是平平的大地弄成高高下下。

[3]　兔园的记载见于《西京杂记》和《三辅黄图》。《西京杂记》："梁孝王好营宫室苑囿之乐，筑兔园，园中有百灵山，山有肤寸石、落猿岩、栖龙岫，又有雁池，池间有鹤洲、凫渚。其诸宫观相连，延亘数十里，奇果异树、瑰禽怪兽毕备。王日与宫人宾客弋钓其中。"这段记载常被人引用，但是有问题。所说肤寸石、落猿岩、栖龙岫以及鹤洲、凫渚等等，很可能都是唐宁王九曲池中的景物。唐人好把宁王与梁孝王并提，唐人借古讽今，借梁孝王指责唐宁王，后来就弄错了。这个问题较复杂，这里不便详细讨论。兔园在河南，不在三辅，更不在西京。

[4]　人工造山洞，一般以为始于梁元帝的湘东苑。稍后，北魏张伦的景阳山也叠造了山洞。但是如果梁孝王园中假山真有栖龙岫一景，那么无疑已是人工的山洞。岫即山洞，《尔雅》："山有穴为岫。"左思《魏都赋》："穷岫泄云。"徐幹《七喻》："栖迟乎穷谷之岫"，不能知是否人工所做。王文考《鲁灵光殿赋》："岩突洞出，逶迤诘屈，周

行数日，仰不见日"，则已是人工所做。大约至迟在后汉时已用人

工叠造山洞了。

[5] 《西京杂记》。

[6] 《后汉书·梁冀传》。

[7] 《水经注》卷十九《渭水注》："前汉之末，王氏五侯大治池宅，引沋

水入长安城，故百姓歌之曰：'五侯初起，曲阳最怒。坏决高都，竟

连五杜。土山渐台，象西白虎。'"

[8] 《晋书·简文三子传》："帝幸其（道子）宅，谓道子曰：'府内有山，

因得游瞩，甚善也！然修饰太过，非示天下以俭。' 道子无以对，

唯唯而已。左右侍臣，莫敢有言。帝还宫，道子谓牙曰：'上若知是

板筑所作，尔必死矣！' 牙曰：'公在，牙何敢死。' 营造弥甚。"何

焯《义门读书记》引用这段记载，以注韩愈《山石》诗，何氏以为

"当时筑山尚以为异事"，不确。

[9] 曹魏的华林园中有景阳山，在洛阳，魏明帝时建。刘宋文帝时造的

华林园中也有景阳山，在建康（今南京）。两个景阳山都沿用了好

几个朝代，且不断维修、增筑。北魏张伦豪侈，在自己宅里造大山

仿之，也名曰景阳山，这三处景阳山常常被弄混，特别是张伦家的

那个景阳山也在洛阳，所以有的书上也就以为张伦是领将作，是给

华林园修景阳山了。张伦家的景阳山姜质曾为之作《庭山赋》，载

《洛阳伽蓝记》卷二。

[10] 《后汉书·梁冀传》："采土为山，深林绝涧，有若自然。"《宋书·戴

颙传》："吴下士人共为筑室、聚石、引水、植林、开涧，少时繁

密，有若自然。"《洛阳伽蓝记》："（张）伦造景阳山有若自然。"《两

京记》："崇仁坊西南隅，长宁公主宅……雕饰朱楼绮阁，一时绝

胜。又有山池别院，山谷亏蔽，势若自然。"《魏书·茹皓传》："增

修景阳山，采掘北邙及南山佳石，徙竹汝颖，罗致其间，经构楼

馆，列于上下树草栽木，颇有野致。"

[11] 《抱朴子·外篇》卷四《崇教》。

[12] 艮岳的记载最多。《宋东京考》《汴京遗迹志》均有所汇集。

[13] 《太平广记》二三六卷："安乐公主……夺百姓庄田，造定昆池
四十九里，直抵南山，拟昆明池，累石为山，以象华岳。"类似的
记载也见于《唐书·安乐公主传》。

[14] 周密《癸辛杂识》前集。

[15] 贡云事见《五侯鲭》，卢甘石事见《农田余话》和《癸辛杂识》。

[16] 石崇《思归叹》："泽雉游凫兮戏中园。"谢灵运《田南树园激流植
援》："中园屏氛杂，清旷招远风。"谢惠连《仙人草赞序》："余之
中园，有仙人草焉。"谢朓等人有《纪功曹中园联句》诗。唐骆宾王
《畴昔篇》："上苑频经柳絮飞，中园几见梅花落。"更明确地以中园
与上苑对举。

[17] 徐勉《为书诫子崧》："聊于东田营小园者……正欲穿池种树，少寄
情赏。"庾信有《小园赋》，文不录。

[18] 例如《文心雕龙·物色》所说的："写气图貌，既随物以宛转；属采附
声，亦与心而徘徊。"

[19] 沈三白《浮生六记》卷二《闲情记趣》："以丛草为林，以虫蚁为兽，
以土砾凸者为丘，凹者为壑，神游其间，怡然自得。"陆机《登台
赋》："扶桑细于豪末兮，昆仑卑于覆篑。"

[20] 《世说新语·言语第二》："（梁）简文（帝）入华林园，顾左右曰：'会心
处，不必在远，翳然林木，便有濠濮间想，也觉鸟兽草木自来亲人。'"

[21] 宗炳《画山水序》。

[22] 李华《药园小山池记》。

[23] 例如明中叶，有著名叠山家陆清音，为章闇的老师叠且园假山，"小
山削玉"备受推崇，章闇著《且园记》夸奖那假山道："咫尺数十
步，石脚云腰，千诡万谲，殆非人工。"差不多同时又有著名叠山
家许晋安为张凤翼做乐志园，张凤翼作《乐志园记》夸赞那假山道：

"许故畸人,有巧思,善设假山,为余选太湖石之佳者,于池中梯岩架壑,横岭侧峰,径度参差;洞穴窈窕,层折而上。"类似的例子还可以举出一些。

[24] 部娄即培塿。《风俗通义·山泽》第十:"春秋左氏传:培塿无松柏,言其卑小。部者阜之类也,今齐鲁之间田中少高卬(仰),名之为部矣。"袁枚指的部娄,就是没有树的小假山。

[25] 宋马远、马麟一家画山水,多画山水的一部分角落,画史上称为"马一角"。

[26] 计成写出一部著名的理论著作《园冶》传留后世,而张南垣则以自己的丰富实践而誉满人间。据《园冶》自序自跋,书成于崇祯四至七年,书成后计成行踪事迹已不详,世遂称其为明代造园叠山艺术家。据王时敏《乐郊园分业记载》,至迟万历四十七年张南垣已因叠山巧艺而知名公卿间,入清后继续从事造园叠山又数十年,传记材料又大都成于清代,世遂多称其为清代造园叠山艺术家。计成自谓"崇祯甲戌岁,予年五十有三"(《园冶》自跋),因知其生于万历十年。张南垣生于万历十五年,比计成略晚,但以造园叠山而噪名,却早于计成。南垣三十余岁已称名家,时当万历末,而计成造园叠山之艺术实践,实自天启间为江西布政吴玄筑园始,不及南垣之早。

[27] 所引张南垣原话,均见吴伟业《张南垣传》和黄宗羲《张南垣传》。下同,不另一一注明。

[28] 郭熙《林泉高致集》。

[29] 李渔在墙上开窗口,四周裱糊成如一轴画的边框,通过这扇没有窗户心的取景框,坐在屋子里可以把屋外的北山尽收于眼底,以当卧游,李渔叫它"尺幅窗",也叫"无心画"。无心二字语意双关,一说这个画,只具框框,本无(画)心,二说通过它可以于无心间,不经意时,收取对景如画,而悠然见北山。他的北山和无心画等均见《闲情偶寄》卷八。

［30］ 所引计成原话，均见《园冶》。下同，不另注。

［31］ 如《帝京景物略》记明末北京定国公园说："如山脚到涧边，不记在
人家圃。"可见也是用人工在园圃中再现山脚。宋人诗文咏及假山
则多标榜"椒"，即山顶。

［32］ 《南齐书》卷七《东昏侯本纪》。

［33］ 张岱《琅嬛文集》卷四《五异人传·张燕客传》。

陆游《钗头凤》的错解错传和绍兴沈园的错认错定

红酥手，黄縢酒，满城春色宫墙柳。东风恶，欢情薄，一怀愁绪，几年离索。错！错！错！

春如旧，人空瘦，泪痕红浥鲛绡透。桃花落，闲池阁，山盟虽在，锦书难托。莫！莫！莫！

陆游这首《钗头凤》词，现在一般都认定是作于绍兴沈园，词中的女人则被说成是陆游离异的前妻唐氏，唐氏改嫁宗室赵士程，春日出游，相遇于绍兴沈园，陆游不能胜情，赋《钗头凤》词题于壁间，唐氏有和词"世情薄，人情恶"之句。现在学术界一般的通说如此，其实全然不是这么一回事。据我多年的研究考证，《钗头凤》并不是作于绍兴沈园，而是作于成都的张园，词中的主人并不是陆游离异的前妻，而是另外一位女人，情节本事也不是诀别分手，而是相会重逢。《钗头凤》的故事，自南宋末年陈鹄、刘克庄、宋末元初周密时已成错解，接着又一再错传，历元、明、清数百年，踵事增华，愈传愈烈，后来甚至又编造出唐氏和词全阕，编造出唐氏名琬，或一作婉，又称其字蕙仙，都是捕风捉影甚至无中生有。《钗头凤》的故事，清代和民国年间，至少两次编为戏曲，中华人民共和国成立后编为话剧，搬上舞台，又拍成电影，广为放映，由于影剧传媒的扇扬，《钗头凤》错解错传的故事，今已家喻户晓，尽人皆知，而且积非胜是，以假当真了。陆游早年的诗留下的不多，晚年作诗多次提到沈园，都别有本事，与《钗头凤》无干。南宋时的沈园，原在绍兴城外东南，距城还有四里多将近五里的路程，现在认定的沈园，在绍兴城内，根本就不是同一个地方。旧日人们对《钗头凤》的错解错传，和绍兴沈园的错认错定，还仅仅是好事者的个人说法，可以姑妄言之，姑妄听之，现在我们却倾动政府和社会力量，依照《钗头凤》的错解错传和沈园的错认错定，将沈园辟为陆游纪念馆，并且"修整""复原"，错建成一个假古董，是一错再错了。

我研究这个问题，已历有年所。1980年，友人、浙江省文物考古研究所王士伦先生知道我研究园林史，又是古建工程师，便热情嘱托，要我帮助研究一下绍兴沈园，希望由我来做沈园的复原设计。王先生并让绍兴有关部门同我联系，寄来一批蓝图和照片，以及当地写的介绍材料，于是我着手深入研究。深入进去以后，发现一系列的问题，不仅现在的沈园不是南宋陆游时的沈园遗址，《钗头凤》的本事居然也不是迄今社会上所传的那么一回事。可是要恢复沈园，当时大政方针已定，我也深知自己是人微地远，难以阻绝，我的看法，很可能谁都不予理会。但是我自己终究还是认为，维系人类精神文化的根本要义，历来是，而且必定永远是真、善、美。三者之中，"真"还更重要，我总是希望寻回一个纯真的世界。无论如何，我总不能违背自己的良知，欺心害世制造假古董，于是只能婉言谢辞，并且建议当地好好研究这个问题，事关重大，切不可掉以轻心，鲁莽从事。我自己不做这种傻事，当然也不希望别人这样做。我的研究还在深入，当时未能发表最后成果，但是结论已经明确，并且郑重地告诉了当地有关方面。弹指之间，已经十几年过去了，现在写出这篇文章，并不是针对绍兴沈园。追求真理，贵在实事求是，只能以是非真伪为单位。我还正应该感谢当地有关部门，是他们帮了我，使我认真去苦思苦索，才能考清这个问题。这个问题牵涉到文学界、文学史界、建筑界、园林界、建筑史界、园林史界，牵涉到整个学术文化界，甚至全民族的整体文化素养，关键是找回历史的真实，并不是批评哪个方面。我最讨厌乾隆老儿"讹传是处也何妨"那句昏话，他可是统治一个国家的君主，如果一个国家到处是讹传，谁都可以信口开河，胡诌八扯，到处是假古董，假冒伪劣文化横行，这个国家，这个民族，将是一个什么样的形象？1993年召开第一次建筑与文学学术讨论会，我曾谈起这个问题，还有寒山寺的问题，《建筑师》杂志做了报道，与会的《光明日报》记者也曾摘发为小文，刊于报端，早年写的一篇短文，也于这时在《中国典籍与文化》上发表出来，但是都不能言尽其义。经过多年的苦索和搜求，这个问题已经最终彻底考清，现在写出这篇专文，为时似已较晚，劳人草草，总有做不过来的事，实在是不得已的，只能深表遗憾，对不住友人的厚望了。这个课题很大，关节复杂，研究的时间较长，采获的资料较多，有些资料得之不易，不仅一般读者，就是文学史、建筑史、园林史的专门研究人员，也不易一一查找，而要彻底解决这个居然一直讹传了七百多年的大错案，又必须举出充足的史源学方面的资料，以为证据，还要从年代学的角度，依事考年，加以论证，所以本文不得不写得长一些，还请方家读者予以鉴谅。

《钗头凤》一词一开头就不好解释，"红酥手"一般认为是状写唐氏之手，接下去说酒，"黄滕酒"一般解释为黄封御酒，俱不确。手和酒联系起来，自然容易让人想象成以手筛酒。蒋士铨《沈氏园吊放翁》诗云："红酥垂手酒犹温，柳絮过墙情已薄。"就是这样理解的。我先前也不曾怀疑，后来发觉不对。陆游词云"红酥手，黄滕酒，满城春色宫墙柳"，是手、酒、柳并出。手、酒、柳并列连出，在宋代还确有典故。南宋曾极有《金陵百咏》诗，今存二十九首，载见《宋诗纪事》卷六十七，第二十八首题作《凤州柳》，题下注云："凤州柳，蜀主与江南结婚，求得其种。凤州出手、柳、酒。"诗云："蜀主函封遣使时，芳根元自凤州移。柔荑醖酿今安在，唯有青丝拂地垂。"曾极，字景建，临川布衣，宝祐间《江湖集》出，以诗语讪谤得祸，谪配春陵卒。曾极的时代在陆游以后，但是金陵凤州出手、酒、柳一事，应该早已有之。《宋诗纪事》卷一百《谣谚杂语》有"凤州三出，手、柳、酒。宣州四出，漆、栗、笔、蜜"，出自太平老人《袖中锦》。凤州出手、柳、酒，一时盛传。太平老人无可考，或为南渡前后人。陆游词中的"红酥手"，应该是一种奶油酥皮点心，即周密《齐东野语》中所说唐氏"遣致酒肴"的"肴"。陆游词开头将酥手点心与酒和柳并列，好像是电影电视的环境特写镜头，交代出春日园林出游的场景。陆游之所以选中了手、酒、柳，一定是知道凤州三出的著名典故，而最后归结到柳，且是"宫墙柳"，则更与蜀主与南唐结亲，求来凤州柳树种之事，是很融洽贴切的了。这"满城春色宫墙柳"一句，正是最为说明问题的关键所在。足以表明，这首词不可能是作于绍兴的沈园。

绍兴自然也可以有"满城春色"，柳树更随处多有，但是"宫墙"却与绍兴沈园大不相合。于是注家们巧辩说，"宫墙柳"是以柳喻唐琬，她这时已嫁人，有如宫禁里的杨柳，可望而不可即。又有一说，谓绍兴原是古代越国的都城，宋高宗亦曾一度以此为行都，故有"宫墙"之称。越国的宫墙没有遗留到宋，宋高宗定都临安前虽一度以绍兴为行在，甚至也曾想以绍兴为都城，但是兵荒马乱之中不可能建造宫殿宫墙。诸如此类的解释当然全是牵强附会，都不能自圆其说，更不能令人信服。

陆游有《清都行》诗云："宫墙柳色绿如染，仰视修门炅飞动。"那是描述梦境中的都城，《钗头凤》里的"宫墙柳"却是实境，必有具体所指。按着陆游一生踪迹追寻，这首词不可能是作于都城临安，词中所咏的"宫墙"，只能是指成都故蜀时候的燕王宫。陆游在成都的时候，那里已是张氏私园，为当地著名的游宴去处，陆游诗词中曾多次提到。《剑南诗稿》卷三《驿舍见故屏风画海棠有感》："燕宫最盛号花海，霸国雄豪有遗迹。"卷八《张园海棠》："西来始见海棠盛，成都第一推燕宫。"卷十三《忽忽》："列烛燕宫夜，呼鹰汉庙秋。"前句句下自注："成都故蜀时燕王宫，今属张氏，海棠为全城之冠。"《渭南文集》卷四九《汉宫秋》词题下注："张园赏海棠作，园故蜀燕王宫也。"卷五十《柳梢青》题下注:"故燕王宫,海棠之盛为成都第一,今属张氏。"这个张园除海棠之外,还以高柳闻名。《剑南诗稿》卷六《花时遍游诸家园》之三:"偏爱张园好风景,半天高柳卧溪花。"《钗头凤》所说的"宫墙柳",原来指的正是成都张园的"半天高柳","宫墙"则是指的故蜀燕王宫的旧迹。后蜀时自南唐引种的柳树,未必能活到南宋陆游时候,但是原来燕王宫沿溪也必定栽种过凤州柳,陆游将高柳与手、酒并列,自然是与"凤州三出"的典故有关。

《钗头凤》的写作年代,一般都是根据《齐东野语》,定在绍兴二十五年(1155),陆游三十一岁,其实靠不住。若按《耆旧续闻》,又说是在绍兴二十一年(1151),陆游二十七岁,同样靠不住。因为宋、元人的记载尚且不可靠,后来难免有所猜测,近人吴梅编《霜厓三剧》,其中《惆怅爨》五出有《陆务观寄怨钗凤词》一出,说是乾道六年(1170)陆游奉通判夔州之命以后,暮春之初游沈氏园所题。偶见今人王瑞起撰《沈园记》一小文,又称是乾道二年(1166)陆游移居三山西村时来沈园一游所作,戏曲和报纸豆腐干小文当然更靠不住。今按陆游生前自编《渭南文集》,所收词作都是按年代先后为序,而将《赤壁词•招韩无咎游金山》排在卷首,该词作于乾道元年(1165),陆游四十一岁。《钗头凤》词远远排在其后,必定是乾道六年入蜀以后所作。《钗头凤》收在《渭南文集》卷四九,正是和成都的一些游宴词章紧挨紧排在一起。陆游四十岁以前的词,他自己编集时弃去未收。《钗头凤》作于成都张园,当然也不可能是二十七岁或三十一岁的作品,也不可能是乾道六年入蜀前的作品。陆游乾道六年自故里赴夔州通判任,十月二十七日抵夔州,乾道八年(1172)二月间离夔州任所，赴权四川宣抚使司干办公事兼检法官职，于春末抵兴元，入王炎宣抚幕府，十一月二日，宣抚使王炎召还，陆游改除成都府安抚使司参议官，始抵成都。至乾道九年（1173）春，陆游仍居成都，三月间，摄蜀州通判，旋返成都。春末被命摄知嘉州事，又自成都赴嘉州。《钗头凤》词云"满城春色""春如旧""桃花落"，必定是乾道九年春天在成都所作，陆游当年四十九岁。

弄清了《钗头凤》一词的写作地点和时间，即可进一步探讨《钗头凤》一词的本事。《钗头凤》写的是与一位女人的悲欢离合，陆游在成都时与这位女人相逢重遇。《渭南文集》卷四九有《乌夜啼》云：

> 我校丹台玉字，君书蕊殿云篇。锦官城里重相遇，心事两依然。携酒何妨处处，寻梅共约年年。细思上界多官府，且作地行仙。

此词与《钗头凤》同排在《渭南文集》卷四九，正是同时所作。两首词中是同一位女人，陆游和她在"锦官城里重相遇"，"携酒何妨处处"，张氏园之游已是一个开始。《钗头凤》中说"一怀愁绪，几年离索"，两人已别离几年。"我校丹台玉字，君书蕊殿云篇"是"锦官城里重相遇"之后追述往事，有了这么具体的追叙，那段几年前的往事，也就不难寻究了。

乾道元年七月，陆游自镇江通判改任通判隆兴军事，携病妻弱子，抗风涛之险，溯江上任。这次迁转是与通判隆兴府毛钦望易地对调，陆游以从兄沆提举本路市舶，毛钦望与安抚陈之茂职事不协，并乞回避，故有是命。陆游到任，与陈之茂相处甚欢，但是好景不长，政局又突然逆转，主和派抬头，主战派和爱国志士多不安于位，因有言者论陆游结交台谏，鼓唱是非，力说张浚用兵，遂罢任免归，以乾道二年三月离豫章任。这年春天，陆游在隆兴府任上，曾传录玉隆万寿宫道藏本《坐忘论》《高象先金丹歌》《天隐子》《造化权舆》《老子道德经指归古文》等道书，皆神仙家言，陆游曾言其玉笈斋藏道书二千卷，以《老子道德经指归古文》为首，又自述见异人于豫章西山，得司马子微饵松菊法，并见《渭南文集》卷二六所收各书跋尾。《跋坐忘论》末署"乾道二年天庆节借玉隆藏室本传，渔隐子记"，《跋高象先金丹歌》末署"右玉隆万寿观本……丙戌二月八日务观书"，《跋天隐子》末署"丙戌三月中休，传本于玉隆万寿宫，渔隐"，"传本后二十五年，绍熙庚戌冬至日书"，《跋造化权舆》末署"乾道三年孟夏十八日传自玉隆藏室，甫里陆某谨题"。玉隆万寿宫在豫章即南昌西山，陆游乾道元年至二年在豫章隆兴府通判任上，乾道二年春罢官东归，诸跋中的丙戌即乾道二年，《跋造化权舆》署乾道三年，是后来追记。陆游《乌夜啼》词所说的"我校丹台玉字，君书蕊殿云篇"，正是乾道二年春在豫章传录和校订玉隆万寿宫《坐忘论》等诸道藏时的事，当时这位女人帮他抄写传录，她应该是住在南昌西山，写得一手好字。

陈鹄《耆旧续闻》卷十："公官南昌日代还，有赠别词云：'雨断西山晚照明。悄无人，幽梦自惊。说道去多时也，到如今，真个是行。远山已是无心画，小楼空，斜掩绣屏。你嚷早收心呵，趁刘郎双鬓未星！'"这首词调寄《恋绣衾》，《渭南文集》未收，但是可以相信定为陆游乾道二年自豫章罢归临行赠别时所作。从其中的词句来看，所赠之人显然还是那位帮他书写蕊殿云篇的女人。清倪涛《六艺之一录》卷三九二著录陆游自书词稿云："电转雷惊,自叹浮生,四十二年。试思量往事,虚无似梦;悲欢万状,合散如烟。苦海无边,爱河无底,流浪看成百漏船。何人解,问无常火里,铁打身坚。须臾便是华颠,好收拾形骸归自然。又何须著意,求田问舍,生须宦达,死要名传。寿夭穷通,是非荣辱,此事由来都在天。从今去,任东西南北,作个飞仙。"词中说浮生四十二年,正是乾道二年四十二岁之作。这首调寄《大圣乐》词,对于了解陆游当时和后来的思想情绪,又是十分重要,结句云"任东西南北,作个飞仙",与《乌夜啼》词结句"细思上界多官府,且作地行仙"正合符契。想做飞仙也好,想做地行仙也好,都是有感于人事的凄凉和官场的黑暗,陆游被劾免归,当时的思想不能不低沉,热衷于道家思想,以求归真反璞,甚至"却粒茹芝,冀粗成于道术",他见异人于豫章西山,得唐代道士司马子微饵松菊法,也正是想要却粒避谷,服食求仙。《乌夜啼》中的女人,应该是一位命运坎坷的女人,托迹于道家。两人原先相遇于豫章,七年后重相遇于成都。

陆游被劾自豫章免归,是在乾道二年春三月,与这位女人作别,"几年离索"以后,在锦官城里重相遇,又是春天,所以《钗头凤》词下片换头云:"春如旧,人空瘦。"豫章离别是被迫不得已,所以《钗头凤》词中有"东风恶,欢情薄"之句,"东风"是指的从东边朝廷中传来的罢官的敕命。豫章别词中说,"你嚛早收心呵,趁刘郎双鬓未星",陆游曾经想把她带走,当时陆游的妻和子都随侍在豫章任上,这个想法未能实现,于是也就有了"几年离索",后来追悔莫及,在《钗头凤》中一叹再叹说"错!错!错!"南昌分别的时候一定是海誓山盟,但是种种原因,连书信

也难托，陆游赔礼道歉，请她原谅，不要责怪，只好说
"莫！莫！莫！"

照我现在这样的理解，把陆游同时所作的《乌夜啼》以
及数年前所作的豫章送别《恋绣衾》词、《大圣乐》词与《钗
头凤》对照起来，《钗头凤》的本事这才能明白透彻，解释
圆通。当年范成大欲请陆游注苏东坡诗，陆游以为坡诗用
事多，犹可注，其用意处，则有不能尽知者，故辞焉。为
前人诗词作注做解释，难就难在由于时空的隔阂，作者当
时的用意处不能尽知，现在这样理解陆游《钗头凤》词的用
事和用意，全然贯通，了无隔碍，因此我觉得完全可以坐
实定论。

陆游还有一些词提到《乌夜啼》和《钗头凤》中的这位
女人。《渭南文集》卷五十又有《一丛花》之二云：

> 仙姝天上自无双，玉面翠娥长。黄庭读罢心
> 如水，闭朱户，愁近丝簧。窗明几净，闲临唐帖，
> 深炷宝奁香。人间无药驻流光，风雨又摧凉。相
> 逢共话清都旧，叹尘劫，生死茫茫。何如伴我，
> 绿蓑青箬，秋晚钓潇湘。

这位读《黄庭经》又闲临唐帖、愁理丝簧的女人，应该
就是《乌夜啼》中帮助陆游抄写道家经典蕊殿云篇的女人。
词中的"清都"因此也不是指的都城临安，而是借为道家仙
都的托辞，实际上指的是豫章西山。词的末尾说"何如伴
我，绿蓑青箬，秋晚钓潇湘"，正与南昌时期，在玉隆万寿
宫抄录校订道书，题款自称渔隐或渔隐子完全相合。王质
《雪山集》卷十二有《寄题陆务观渔隐》诗，小序云："乙酉
务观贰豫章，书来告曰：'吾登孺子亭，见子以诗道南州高

士之神情，奇哉！吾巢会稽，筑卑栖，号渔隐，子为我诗之。'"乙酉是乾道元年，这一年陆游到南昌任，始自号渔隐。这首《一丛花》也应该是作于成都，当时心事依然，还是希望她能随他归去，一起过隐居的生活。陆游又有《秋波媚》一词，我认为还是写的这位女人。《渭南文集》卷四十九《秋波媚》其二云：

> 曾散天花蕊珠宫，一念堕尘中。铅华洗尽，珠玑不御，道骨仙风。东游我醉骑鲸去，君驾素鸾从。垂虹看月，天台采药，更与谁同。

下片写的是一段幻想，陆游希望带她一起东归，看月采药，过上自由自在的潇洒生活。陆游的词作编在《渭南文集》卷四十九和卷五十，本来是按年代先后编排，但是把同一词调不同时间的词，都按其一（即最先作的一首）的年代集中编在一起。卷四十九《秋波媚》其一词调下有小题"七月十六日晚登高兴亭望长安南山"，高兴亭在兴元城上，可以北望长安南山，及金敌营垒，因知此词必是乾道八年权四川宣抚使司干办公事兼检法官时，在兴元所作。《秋波媚》之二附在其后，必作于乾道八年以后，应该是在成都所作。上面说过，陆游乾道二年自豫章罢官东归，有南昌赠别《恋绣衾》词赠这位女人，希望她"趁刘郎双鬓未星"，要早收心啊，与他一起东归。这首《秋波媚》称"东游我醉骑鲸去，君驾素鸾从"，又是劝她一起东归，这时已是自南昌一别，"几年离索"，在"锦官城里重相遇"，"心事两依然"，因而又作了《钗头凤》追悔其事以叙衷情之后。这首词是否有可能是淳熙五年（1178），孝宗念陆游久外，趋召东下，自成都东归时所作？这位女人这次是否真的和他相从东归了？因材料有间，一时未能详考。

"裘马轻狂锦水滨，最繁华处作闲人。"陆游入蜀后的生活，有裘马轻狂的一面，遂以此解嘲，自号放翁。陆游在成都的放旷生活，"异事惊传一城说"（《剑南诗稿》卷八《偶过浣花感旧戏作》），盛传得很厉害，并且常常在盛传中走了样。方回《跋所抄陆放翁诗后》："予闻诸前辈，放翁入蜀从范石湖，后出蜀，挟成都妓剃为尼而与归。"周密《齐东野语》卷十一："蜀倡类能文，盖薛涛风也。放翁有客自蜀挟一妓归，蓄之别室，率数日一往，偶以病少疏，妓颇疑之。客作词自解，妓即韵答之云……或谤放翁尝挟蜀尼以归，即此妓也。"陈随隐《随隐漫录》："陆放翁宿驿中，见题壁云：'玉阶蟋蟀闹清夜，金井梧桐辞故枝。一枕凄凉眠不得，呼灯起作感秋诗。'放翁询之，驿卒女也，遂纳为妾。方余半载，夫人逐之。妾赋卜算子云：'只知眉上愁，不识愁来路，窗外有芭蕉，阵阵黄昏雨。晓起理残妆，整顿教愁去，不合画春山，依旧留愁住。'"据王士禛《池北偶谈》卷十三所考，"玉阶蟋蟀闹清夜"云云，本为陆游在蜀所作诗之后四句，全诗今载见《剑南诗稿》卷八，题作《感秋》。诸如此类的谣传已经很多，本不足辨。陆游后来娶妾杨氏，为成都人。《渭南文集》卷三三《山阴陆氏女女墓铭》："女女所生母杨氏，蜀郡华阳人。"杨氏的家庭出身和娶过来的确切时间俱不明，是不是那位多年相恋的女人，后来与他同归，有情人终于成为眷属，虽不好遽加推定，也许是不无可能吧。

《钗头凤》是一首恋情词，写得真挚动人，词中的本事和遣句命意，都可以索解，在南昌和成都时期，陆游为这位品貌凝重、多才多艺的女人写了许多首词，二人情投意合，曾海誓山盟，几年离索而心事依然，陆游一再请她一起归去，表现出坚贞不渝的纯情，和为女方着想的高尚情怀，陆游毕竟是一位一往情深的人。

彻底弄清了《钗头凤》一词并不是如人们错解错传的那样，是陆游重遇离异了的前妻而作，这样一来词中的"东风恶，欢情薄，一怀愁绪，几年离索"才能作出贴切正确的解释。"几年离索"的原因，是由于"东风恶"，"东风"指乾道二年朝中主和派吹起的恶风，说陆游结交台谏，鼓唱是非，力说张浚用兵，朝廷遂下令夺去陆游的官职，离开南昌，二人从此分手，欢情断绝。陆游不能直接指斥皇帝和朝廷，所以用了一个含蓄朦胧的说法，称之为"东风恶"，恶风正是从东边吹过来的。若照旧日的错解错传，是陆游前妻不能令其姑满意，陆游的母亲迫使他们夫妻离异，"东风恶"就只能解释成陆游咒骂他的母亲。浅薄的人甚至还举出陆游有《夏夜舟中闻水鸟声甚哀若曰姑恶感而有作》和《夜闻姑恶》诗，以为与《钗头凤》的"东风恶"有关，其实大误。这种荒唐说法，居然也有人信之不疑，桂馥《题园壁散套小引》云："放翁有姑恶诗云，君听姑恶声，无乃遣妇词。或谓其为唐氏作。果尔，则难科失言之责矣。"所谓陆游与前妻被逼离异之事，本来就是子虚乌有，就算真有其事，夫妻离散纵然令人悲怆，陆游也总不至于开口骂自己的母亲。在封建社会，开口骂娘岂止是"失言之责"，简直是大逆不道了。再说，就是真的要含沙射影骂亲娘，也不该用"东风恶"那样的词句，就算有他母亲逼他离异之事，也说不上是什么东风西风吧。

《钗头凤》一词的写作时间和地点，以及词中的本事和女主人的悲欢离合考清以后，这才可以进一步讨论《钗头凤》问世以后的一系列的错解和错传。

现存最早记及《钗头凤》写作时间地点和词中的本事的史料，出自于宋陈鹄《耆旧续闻》。是书卷十记载：

余弱冠客会稽，游许氏园，见壁间有陆放翁题词云……笔势飘逸，书于沈氏园，辛未三月题。放翁先室内琴瑟甚和，然不当母夫人意，因出之。夫妇之情，实不忍离。后适南班士名某，家有园馆之胜。务观一日至园中，去妇闻之，遣遗黄封酒果馔，通殷勤。公感其情，为赋此词。其妇见而和之，有"世情薄，人情恶"之句，惜不得其全阕。未几，怏怏而卒，闻者为之怆然。此园后更许氏，淳熙间其壁尚存，好事者以竹木来护之，今不复有矣。

后来又有宋刘克庄《后村先生大全集》卷一七八载云：

放翁少时，二亲督教甚严。初婚某氏，伉俪相得，二亲恐其惰于学也，数谴妇，放翁不敢逆尊者意，与妇诀。某氏改适某官，与陆氏有中外。一日通家于沈园，坐间目成而已。翁得年最高，晚有二绝云："肠断城头画角哀，沈园非复旧池台。伤心桥下春波绿，曾见惊鸿照影来。""梦断香销四十年，沈园柳老不吹绵。此身行作稽山土，犹吊遗踪一泫然。"旧读此诗不解其意，后见曾温伯言其详。温伯名黯，茶山孙，受学于放翁。

再后又有元周密《齐东野语》卷一《放翁钟情前室》载：

　　陆务观初娶唐氏，闳之女也。于其母夫人为姑侄，伉俪甚得，而弗获于其姑。既出，而未忍绝之，则为别馆，时时往焉。姑知而掩之，虽先知挈去，然事不得隐，竟绝之，亦人伦之变也。唐后改适同郡宗子士程。尝以春日出游，相遇于禹迹寺南之沈氏园，唐以语赵，遣致酒肴。翁怅然久之，为赋《钗头凤》一词题园壁间云……实绍兴乙亥岁也。翁居鉴湖之三山，晚岁每入城，必登寺眺望，不能胜情，尝赋二绝云："梦断香销四十年，沈园柳老不吹绵。此身行作稽山土，犹吊遗踪一怅然。"又云："城上斜阳画角哀，沈园无复旧池台。伤心桥下春波绿，曾是惊鸿照影来。"盖庆元己未岁也。未久唐氏死。至绍熙壬子岁复有诗，序云："禹迹寺南有沈氏小园，四十年前尝题小词一阕壁间，偶复一到，而园已三易主，读之怅然！"诗云："枫叶初丹槲叶黄，河阳愁鬓怯新霜。林亭感旧空回首，泉路凭谁说断肠。坏壁醉题尘漠漠，断云幽梦事茫茫。年来妄念消除尽，回向蒲龛一炷香。"又至开禧乙丑岁暮，夜梦游沈氏园，又两绝句云："路近城南已怕行，沈家园里更伤情。香穿客袖梅花在，绿蘸寺桥春水生。""城南小陌又逢春，只见梅花不见人。玉骨久成泉下土，墨痕犹锁壁间尘。"沈园后属许氏，又为汪之道宅云。

　　陈鹄的生平事迹未见他书记载，传世仅《耆旧续闻》一书，又作《西塘集耆旧续闻》。《四库提要》云："此书世有二本，一本题南阳陈鹄录正，似乎旧有此书，鹄特缮写校勘之，一本曰陈鹄西塘撰，则又为鹄所自作，疑不能明，然诸书援引，并称陈鹄《耆旧续闻》，或题鹄撰者近之欤？鹄始末无考，书中载陆游、辛弃疾诸人遗事，又自记尝知辰州与陆子逸游，则开禧以后人也。所录自汴京故事及南渡后名人言行，据捃颇多，间或于条下夹注书名及所说人名字，盖亦杂糅而成，其间如政和三年与外弟赵承国论学数条，乃出吕好问手帖，而杂记诸条之中，无所辨别，竟似承国为鹄之外弟，又称朱昱为侍制公、陆轸为太傅公沿用其家传旧文，不复追改，亦类于不去葛龚。"《四库提要》的考证较粗，且有错误，"自记尝知辰州与陆子逸游"应为"自记尝与知辰州陆子逸游"。陆子逸名淞，为陆游长兄，知辰州，淳熙九年卒，年七十三。鲍廷博知不足斋重印此书著跋称卷七云："余淳熙甲辰识曾于临安郡庠"，卷六云："余乙亥岁为滁教"，"以其时考之，则宁宗嘉定八年也，是鹄为孝庙时人，而仕于宁宗朝"。鲍廷博是将书中所叙"余……"云云，都当成作者陈鹄自己的经历和见闻。但《四库提要》称其书"间或于条下夹注书名及所说人名字"，"盖亦杂糅而成"，其说尚是，还有的条目开头即书出原引书名或所说人名字，如卷五有"温叔皮杂志云，舍人行词或有未当"，卷七有"温叔皮云，三衢柴翼客沪渎，余谒之"。书中的"余乙亥岁"之类，是否都是他本人的经历，还要一一考断。注明出处的当然都是他人的论述，未注出处的，还有可能是"传钞辗转，多所脱漏"，所以鲍氏引两条之后，又说"则此二条为鹄自述，为录他人之文，盖不可识别矣"。自述还是录他人之文，出入甚大，如卷三称"靖康元年余以事至合流镇，见人家壁间有唐明皇御注道德经"一条，尾注出处曰"温氏杂志"，应即温叔皮杂志，条中的"余"即温氏自指。鲍廷博考陈鹄为孝宗时人,仕于宁宗朝,则钦宗靖康时尚未降生。书中所记之事,最晚的也不止于嘉定八年乙亥(1215),卷七有"岁在庚辰道出缙云"之语,是为嘉定十三年(1220),"淳熙甲辰识曾于临安郡庠"一条,"曾"即曾亨仲,下文又称曾亨仲"至癸酉岁果请浙漕荐,年几七旬矣……年逾八裒以寿终"。七十岁至七十九岁为第八裒,称年逾八裒是年八十以上,曾亨仲癸酉岁(1213)年近七十,其卒年还在1224年或稍后。《耆旧续闻》的成书,约在宁宗嘉定末年,甚至理宗宝庆初年。书中较晚的记述,应该都是自记所闻。陈鹄嘉定末宝庆初成此书时,至少大约六十五岁。

《耆旧续闻》卷十记陆游《钗头凤》事,称"余弱岁客会稽,游许氏园,见壁间有陆放翁题词",又称"淳熙间,其壁尚存,今不复有矣"。淳熙为1174至1189年。卷十此条内记陆游《钗头凤》事之后,紧接着就是前文所引"公归南昌日代还,有赠别词云……"那一段,录赠别词之后接着又云:"又闲居三山日,方务德帅绍兴,携妓访之,公有词云……"然后,总结说"二词并不载于集","二词"即南昌赠别词及咏方滋妓词,"集"自然是指的《渭南文集》,《渭南文集》附收词二卷。《渭南文集》为陆游生前自编,刊刻在嘉定三年(1210),陆游卒去之后。陈鹄记陆游三词的本事,收在《耆旧续闻》卷十,即最后一卷。所说"今不复有矣",应是嘉定年间的事,在《渭南文集》刊刻之后,当然也已在陆游卒后。

刘克庄(1187—1269),字潜夫,号后村,莆田人,以荫仕,淳祐中赐同进士出身,官龙图阁直学士,谥文定,有《后村集》。刘克庄记陆游《钗头凤》词出《后村先生大全集》(《四部丛刊》本)卷一七八,又见于《后村诗话续集》

卷二,《四库提要》云,续集为八十岁时所作,在陈鹄《耆旧续闻》记此事四十多年以后。

周密(1232—1308),字公谨,号草窗,济南人,寓吴兴,居弁山,自号弁阳啸翁,又号萧斋,淳祐中为义乌令,宋亡入元不仕,卒。有《蜡屐集》《齐东野语》《癸辛杂识》《志雅堂杂钞》《浩然斋视听钞》《武林旧事》《澄怀录》《云烟过眼录》。《齐东野语》记陆游《钗头凤》事,又晚在刘克庄记此事之后约三十年。今约略言之,可以大体上说,陈鹄比陆游晚一代,刘克庄又比陈鹄晚一代,周密更比刘克庄晚一代。

遍查宋人文献材料,迄今所知,记陆游《钗头凤》词一事者,仍以陈鹄《耆旧续闻》为最早。他的记载虽在陆游卒后不久,但所记不确,他的错误记载,正是后来一切错误的总根子。当然有些误说是陈鹄的创误,有些是他以后又有好事者踵事增华,添枝加叶,继续扩充错误。例如陈鹄的《耆旧续闻》只说"放翁先室",刘克庄亦只说"初婚某氏",到了周密才说"初娶唐氏,闳之女也,于其母夫人为姑侄"。陈鹄说《钗头凤》词书于沈氏园,先室改适"南班士名某,家有园馆之胜",陆游一日至园中遇去妇,有感题词,则去妇改适之人,即沈园主人,本应姓沈,名某未详。刘克庄则云"某氏改适某官,与陆氏有中外,一日通家于沈园",讲的是去妇某氏改适某官,某官与陆氏有中外。周密则又说去妇唐氏,于陆游母夫人为姑侄,竟然是去妇唐氏与陆游有中外,为姑表亲了。改适之人更变成有名有姓,称作郡宗子士程,即赵士程。陈鹄的记载,只提到陆游《钗头凤》词伤情之作,刘克庄的记载又指出陆游晚年有《沈园》二绝,周密的记载一下子又举出陆游五首沈园感旧诗。陈鹄记载,说陆游《钗头凤》题于沈氏园,他本人弱冠客会稽,游许氏园见之，说是沈氏园"后更许氏"。刘克庄未提沈园易主事，周密则云沈园后属许氏，"又为汪之道宅"。关于《钗头凤》的写作年代，陈鹄称"书于沈氏园，辛未三月题"。辛未是绍兴二十一年（1151），陆游二十七岁。周密又称"实绍兴乙亥岁也"。乙亥是绍兴二十五年（1155），二说又不同。

《红楼梦》里有一回目叫"刘姥姥信口开河，贾宝玉寻根问底"，考证史事，尤其是考证一件错讹已久的史事，关键即在于寻根问底。《钗头凤》错解错传的老根子，就是《耆旧续闻》的作者陈鹄，我们应该唯他是问，抓住他不放。现在要弄清楚的是，陈鹄的记载，都在哪些地方弄错了，他又为什么会弄错了？这个陈鹄是后来一切错解错传的总根子，本属可恨，可是说起来他也是上了别人的当，这又是他的可怜了。

陈鹄《耆旧续闻》说他弱冠客会稽，游许氏园，见壁间有陆游题《钗头凤》词，书于沈氏园，辛未三月题。这段记载，可能并不是陈鹄自己所编造，他见到这一题词并题款，如实地记了下来，他的过错是由于缺乏识别鉴辨能力，没有看出来是陆游《钗头凤》词作出来以后有好事者重新题写的，辛未三月是好事者伪造的假款。《钗头凤》实作于乾道九年（1173），陆游年四十九。这个辛未，只能是绍兴二十一年（1151），陆游当年二十七岁。干支甲子六十年一循环，上一个辛未为1091年，陆游还未下生，下一个辛未为1211年，虽然在陆游创作此词之后，并且在陆游卒去之后，但与陈鹄下文所云"淳熙间其壁尚存"不能合，淳熙年号始于1174年，终于1189年，都在1211年以前。前面说到，陈鹄《耆旧续闻》的撰成约在宁宗末至理宗初，他年在六十五岁以上，他弱冠二十岁时，正是在淳熙年间，约在淳熙五年（1178），也就是陆游《钗头凤》作成后大约五年，他在沈园壁上看见了题写的《钗头凤》词，好事之人重新题写此词，应该是1174至1178年间的事。1178年陆游的词还没有编集，《渭南文集》编成更是以后的事。陈鹄1210年以后才能见到《渭南文集》，知道《钗头凤》已收在其中，而南昌赠别词和方滋席上咏妓词《渭南文集》未收，所以特为表出，记于叙《钗头凤》词本事之后。可惜他的鉴辨能力太差，没有看破"辛未三月题"是好事人重题时伪造的假款，错当成陆游自己辛未年作于沈园，并自书于沈园。陈鹄记下《钗头凤》一词和错解词中的本事之后，紧接着又记下了陆游南昌赠别调寄《恋绣衾》"雨断西山晚照明"一首，南昌赠别词作于乾道二年，赠别的是"我校丹台玉字，君书蕊殿云篇"在南昌帮他抄录道书的女人，七年以后二人在成都重逢，"锦官城里重相遇，心事两依然"，这才有《钗头凤》之作，才有词中"几年离索""错！错！错！"的追叹。陈鹄把陆游《渭南文集》中未收的南昌赠别《恋绣衾》"雨别西山晚照明"一词记录下来，其功不浅，可是他并不知道《恋绣衾》与《钗头凤》之间竟然有这样直接的一前一后的关系，并不知道是写的同一位女人的事情，真是失之眉睫，令人惋叹，因此也就不能不觉得他可惜又可怜了。

陈鹄在绍兴沈园见到好事者重新题写的陆游《钗头凤》词，约在淳熙五年，当时的沈氏园尚未易主。淳熙五年，陆游久居四川以后，趋召东下，自成都东归，秋后抵行在，召对除提举福建常平茶盐公事，一度暂归山阴，是年冬即赴闽任，驻建宁府，次年（1179）又奉命改提举江南西路常平茶盐公事，冬末抵抚州司所，这期间陆游仅回过一次故乡，没有到沈园去。陆游后来是否知道此事，知道以后，又作何感想，史料无征，不能详考。

陆游晚年作诗提到沈园，最早是绍熙三年（1192），六十八岁重游沈园，作诗感旧，题为《禹迹寺南有沈氏小园，四十年前，尝题小阕壁间，偶复一到，而小园已易主，读之怅然》。说家一般都以为小阕即指《钗头凤》一词，又据《齐东野语》所引此诗题，改"小园已易主"为"小园已三易主"。六十八岁回数四十年前应为二十八九岁，但诗中有"河阳愁鬓怯新霜"之句，用潘岳的典故，潘岳三十二岁两鬓生霜。三十二岁到六十八岁，首尾三十七年，称四十年是约数。《钗头凤》作于成都张园，陆游四十九岁，陆游三十二岁前后在沈园题词之事必定与《钗头凤》无关。绍兴二十五年十一月，曾几起为提点两浙东路刑狱到任，来到绍兴，寓居禹迹寺，陆游不时前来学诗请益，畅谈国事。绍兴二十六年（1156）曾几仍寓绍兴禹迹寺，二十七年（1157）以荐召赴行在。绍兴二十五六年，陆游正三十一二岁。后来回忆作诗的时候，曾几早已卒去，这才有"泉路凭谁说断肠"之句。诗中又云："年来妄念消除尽，回向禅龛一炷香。"陆游的爱国主张不断受挫，情绪不免低沉，所谓"妄念"，正是指的坚决抗敌的主张，用这样一词，应该看作是一种自我解嘲，他不敢批评朝廷。"回向"是佛家用语，"回向禅龛"是一种不得已的消极解脱。庆元五年（1199）陆游又作《沈园》诗二首，其一云："梦断香销四十年，沈园柳老不吹绵。此身行作稽山土，犹吊遗踪一怅然。"称凭吊遗踪，必是自己崇敬之人，且称自己都将化作稽山之土了，下句又用"犹"字管住，可见所吊的"遗踪"，必是早已亡故的先辈，那意思是说，连作为晚辈的我，也都将化为稽山的泥土了。其二云："城上斜阳画角哀，沈园无复旧池台。伤心桥下春波绿，曾是惊鸿照影来。"从庆元五年上推四十年为绍兴三十年（1160），绍兴三十一年（1161）十月金兵渡淮，十一月金兵铁骑奄至江上，叶义问亟走趋建康，完颜亮临江筑坛，刑马祭天，期以翌日南渡，南宋的局势极度紧张。《渭南文集》卷三十《跋曾文清公奏议稿》云："绍兴末，贼亮入塞，时茶山先生居会稽禹迹精舍。某自敕局罢官，略无三日不进见，见必闻忧国之言。"曾几有《雪中陆务观数来问讯用其韵奉赠》诗云："问我居家谁暖眼，为言忧国只寒心！""官军渡口战复战，贼垒淮壖深又深。"大敌当前，师生晤谈，唯以国事为念。"曾是惊鸿照影来"正是追忆当时国难当头金兵压境时的惊心情景。沈园与禹迹寺紧邻，陆游到禹迹寺拜谒老师曾几，即可一到沈园，二诗正是回忆这段往事，绍兴三十一年至庆元五年，前后三十九年，概称"四十年"亦正合。开禧元年（1205）陆游八十一岁时，又有《十二月二日夜梦沈氏园亭》二首，其二云："城南小陌又逢春，只见梅花不见人。玉骨久成泉下土，墨痕犹锁壁间尘。"后世人们看见"玉骨"二字，马上容易联想到女人，其实非也。活着称"玉人"，死了称"玉骨"，"玉人"在《世说新语》里最常见，都是讲的男人，是美好的男人如临风玉树之谓也。唐杜牧诗云："二十四桥明月夜，玉人何处教吹箫。""玉人"指的是他的友人韩绰，当然是男人，照注家解释，又说成是女人了。陆游这首诗里的"玉骨"，当然还是指的曾几，曾几必定是曾在沈园壁上题过诗。《剑南诗稿》卷六十八《城南》诗云："城南亭榭锁闲坊，孤鹤归来只自伤。尘渍苔浸数行墨，尔来谁为拂颓墙。"是为开禧二年（1206）所作，这个"城南亭榭"，应该正是指沈园，与前一年冬天所作《十二月二日夜梦沈氏园亭》一样，"尘渍苔浸数行墨"仍是指的曾几题诗。开禧二年陆游为曾几奏议稿作跋，正当"王师讨残虏"之时，陆游自然要不时想到和梦到曾几，感慨颇多。这首《十二月二日夜梦沈氏园亭》有"只见梅花不见人"之句，也表明是怀念曾几，陆游曾与曾几评论梅花与牡丹，《梅花绝句》有"曾与诗翁定花品，一丘一壑过姚黄"，二人一定有沈园赏梅花、评论梅花的故事。

七八百年来，《钗头凤》的错解错传，铸成一个极大的错误，是我们这个民族日益走向荼弱，讹传文化溷入传统文化正流的一个典型的恶例。《钗头凤》本事的诂解虽成巨误，终究还是女人情分的故事。陆游晚年所作沈园诗，多半是怀念故去的老师曾几，本来是男人的事情，照刘克庄、周密那样的错解沈园诸诗和后来的错传，竟然又成了女人的故事，满眼总是女人，这可真是滑天下之大稽，令人啼笑皆非了。

陆游《钗头凤》的错解错传始于南宋末的陈鹄、刘克庄以及宋末元初的周密。周密的记载已经变本加厉，成为小说家言。元代以后，历明、清两朝，以至于民国年间，并直到现在，说家们一直沿袭前人之误，《钗头凤》的错解，时至今日，仍在错传之中。

元人语及《钗头凤》者，周密之后有马端临《文献通考》卷一七八："放翁之诗曰'城上危楼画角哀……梦断香销四十年……'其题曰沈园而已……刘后村诗话释之曰：'放翁幼婚某氏，颇倦于学，严君督过之，竟至仳离，某氏别适某官，一日通家于沈园，目成而已，晚年游园，感而赋之。'"《文献通考》的转述，显然是根据刘克庄《后村诗话》。

明初瞿佑《归田诗话·沈园感旧》："陆放翁晚年过沈园二绝句云：'落日城头画角哀……''梦断香销四十年……'诗意极哀怨。初不晓所谓，后见刘克庄《续诗话》，谓翁初婚某氏，伉俪甚得，而失意于舅姑，竟出之。某氏改适人，后游沈园，邂逅相遇，翁作词有'错！错！错！''莫！
莫！莫！'之句，盖终不能忘情焉尔"。瞿佑这一记载仍是
祖述《后村诗话》。

郎瑛《七修类稿》卷三四《沈园诗祖意》："宋陆放翁
《沈园》诗，盖因前室唐氏而作，事具《归田诗话》，诗云
'城上斜阳画角哀……''梦断香销四十年……'读《北梦
琐言》，唐江淮间有妓徐月英，其送人诗云：'惆怅人间事久
违，两人同去一人归。生憎平望亭中水，忽照鸳鸯相背飞。'
似陆游诗之意本也。"郎瑛还是先从《后村诗话》说起。

蒋仲舒《尧山堂外集》："陆务观初娶唐氏，于其母夫
人为姑侄，伉俪相得，而弗获于姑，因出之。唐改适同郡
宗室赵士程。尝春出游，相遇于禹迹寺南之沈氏园。唐
以语赵，遣致酒肴，陆怅然久之。为赋钗头凤调题园壁
云……唐见而和之，有'世情薄，人情恶'之句。未几怏
怏而卒，闻者为之怆然。"蒋仲舒这一记载是综合陈鹄《耆
旧续闻》和周密《齐东野语》。

清张宗橚《词林纪事》卷十一引明毛晋云："放翁咏
《钗头凤》一事，孝义兼举，更有一种啼笑不敢之情于笔墨
之外，令人不能读竟。"毛晋此说只是评论《钗头凤》一词
的思想情绪，未细举他所依据的本事。

明代人诸如此类的记载还有一些，都不外是沿袭前代
的错解错传，人云亦云，不必一一列举。明代人著作大都
限于转手材料，顾炎武曾激愤地说："有明一代之人，其所
著书无非窃盗而已。"明代学术的空疏，已成定论。

后世记载涉及沈园遗址而弄错了地方的，始自于明末，
明祁彪佳《祁忠惠集》卷八《越中园亭记》："沈氏园，在郡
城禹迹寺南，宋时池台极盛，陆放翁曾于此遇其故妻，赋

《钗头凤》词，后又有《梦游沈园》二绝。"祁彪佳（1602—1645），字幼文，号世培，为著名藏书家祁承爜之子，中天启二年进士第，崇祯八年自苏松巡按任请退家居，清军进迫杭州，自沉于寓园，南明谥"忠敏"，清乾隆谥"忠惠"，后人收集遗文名《祁忠惠公遗集》。《越中园亭记》有"予乙亥乞归"语，作于崇祯八年以后。明人的笔记，多半是稗贩旧说，没有创意和创见，祁彪佳因为要考述绍兴园亭，作园亭记，所以要举出沈园的位置。但是他所说的沈氏园"在郡城禹迹寺南"，恰恰又是错的。宋人陈鹄、刘克庄记《钗头凤》事提到沈氏园，但是都没有记出沈园的位置。元人周密称陆游与唐氏"相遇于禹迹寺南之沈氏园"。周密称沈园在禹迹寺之南，还是根据陆游的诗题，陆游六十八岁时游沈氏园赋诗，诗题中明确记出"禹迹寺南有沈氏小园"。陆游自己当然不会弄错，祁彪佳说沈园"在郡城禹迹寺南"，禹迹寺前多出"郡城"二字，却是错了。这是因为，宋代的禹迹寺原在绍兴城外东南，明代的禹迹寺已在城内，宋代到明代绍兴城的位置未变，禹迹寺的位置却有了变动。按《嘉泰会稽志》卷七《宫观寺院》："大中禹迹寺在府东南四里二百二十六步……绍兴末，曾文清公卜居于越，得禹迹寺东偏空舍十许间居之，手种竹盈庭，日读书赋诗其中。"《嘉泰会稽志》成书于嘉泰元年（1201），当时陆游正在世，并且还曾为之撰序。曾文清即曾几，曾几住禹迹寺，陆游从曾几学诗，蒙受真传和夸奖，这禹迹寺，也正是陆游常去之地。《剑南诗稿》卷七五《禹寺》诗云："禹寺荒残钟鼓在，我来又见物华新。绍兴年上曾题壁，观者多疑是古人。"当时的禹迹寺已岁久荒残，但仍然是著名的古迹，和文人流连咏诗题壁之地。《嘉泰会稽志》记禹迹寺的方位和距府城绍兴的道里数，必然无误。所记道里数还细到里下的步数，举步为跬，双跬为步，一步六尺或五尺，一步六尺时，每里三百步，一步五尺时，每里三百六十步。禹迹寺距府城四里二百二十六步，已接近五里了。按明《万历绍兴府志》绘有"古越城图"，图中的禹迹寺标在府城内东南，并说"由南街过覆盆桥为禹迹寺，东至东郭门"。清代时候仍是如此，清凉道人《听雨轩笔记》卷三载："予昔年客绍兴，曾至禹迹寺访之。寺在东郭门内半里许。"显而易见的是，明、清时候的禹迹寺，在绍兴城内东南东郭门内，而宋代的禹迹寺却在绍兴城外东南四里多地，可见明清时代的禹迹寺，与宋代的禹迹寺绝不是同一个地方，城外的"大中禹迹寺"在南宋嘉泰时已荒残，后来不知何时彻底荒废，明《万历绍兴府志》所绘所记的禹迹寺已在城内，是后来在城内重建的，并不是宋代的禹迹寺，明、清时候城内的禹迹寺规模很小，清凉道人说"内祀大禹神像，仅尺余耳"。祁彪佳著《越中园亭记》在《万历绍兴府志》成书以后，他是本地人，知道当时城内的禹迹寺，但是未能深考，把当时城内的禹迹寺，与陆游诗题和周密所记绍兴城外东南将近五里之遥的宋代禹迹寺混为一谈，造出了一个新的错误。

《万历会稽县志》卷十六："大中禹迹寺在县东南二里……绍兴末，曾文清公卜居于越，得禹迹寺东偏空舍十许间居之，手种竹盈庭，日读书赋诗其中。《齐东野语》载陆游至禹迹寺，陆游娶唐氏……"这段记载的前一部分基本上是出自《嘉泰会稽志》，《嘉泰会稽志》记大中禹迹寺在府东南四里二百二十六步，应无误，当时大中禹迹寺还在。《万历会稽县志》称大中禹迹寺在县东南二里，称二里显然有误。万历时候，大中禹迹寺已不复存在，《万历会稽县志》

记的是大中禹迹寺的古迹遗址。《万历绍兴府志》说"由南街过覆盆桥为禹迹寺",城内的禹迹寺是后来新建的,不是原在城外东南四里二百二十六步的大中禹迹寺。《万历会稽县志》在大中禹迹寺条下附记出陆游沈园故事,《万历绍兴府志》只说起城内的禹迹寺,而未提陆游沈园之事。祁彪佳著《越中园亭记》才第一次说起沈园在城内禹迹寺之南,所以我说是他造出了一个新的错误。《古今图书集成》中《考工典》卷一一八引《浙江通志》:"绍兴府沈氏园在府城内禹迹寺南,会稽地,宋时池台绝胜。"雍正《浙江通志》卷四十四:"沈氏园《绍兴府志》在府城禹迹寺南,宋时池台极盛。《齐东野语》载陆放翁为故妻唐氏题《钗头凤》之处。陆游《梦游沈氏园诗》'路近城南已怕行……'"《考工典》所引或是康熙《浙江通志》,雍正《浙江通志》为雍正七年成书,还在《古今图书集成》成书之后。

清代人在《钗头凤》错解错传的漫长溷流中,又掀起几叠恶浪,一是推出或造出所谓唐氏的和《钗头凤》词,又编造出唐氏名琬,或作婉;一是有人声称自己的宅园为沈园故址,又有人指他人的宅园为沈园故址,有不少人作诗炫颂;一是还有人将《钗头凤》编为戏曲。《钗头凤》的错解错传,到了清代可以说是集最后之大成,达到了顶峰,并且在地面上错指出一个具体的所谓"沈氏园",于是迷惑性似乎也就更大了。但是清代人也不都是错错错,颇有几位有识之士对《钗头凤》的错解错传提出异议,认为不可信,可惜没有引起足够的重视。

陈鹄《耆旧续闻》最早提到陆游前妻有和《钗头凤》词,并录下了"世情薄,人情恶"两句,紧接着说"惜不得全阕"。陈鹄与陆游存殁相及,记此事时在陆游卒去后不久。所谓前妻和词仅有这两句,显然是好事者的编造,时代不远，好事者的编造毕竟还不敢过于放肆大胆，因此未能传出全阕。后来清初人才记出所谓唐氏和词的全词，那已是很晚的事了。

我所见到的记出所谓唐氏和词的材料，以清初周铭的《林下词选》为最早。《林下词选》是一部女词人的词选集，所选女词人始于宋代的李清照，终于清代康熙初年在世的女词人，取名《林下词选》，是借用林下美人的意思，不查全书或不详其凡例，也许容易误以为是水边林下的意思。是书卷二收宋唐氏《钗头凤》一首，小传（实为小序）云："陆放翁夫人琴瑟甚谐，不当母夫人意，遂至解缡，一日春游，相遇于禹迹寺南之沈氏园，唐凝睇顾陆，如不胜情，因遣婢致酒肴，陆怅然下泪，赋词云：红酥手……唐亦赋词答之。"所录唐氏《钗头凤》云：

> 世情薄，人情恶，雨送黄昏花易落。晓风干，泪痕残，欲笺心事，独语斜阑，难！难！难！
> 人成各，今非昨，病魂尝似秋千索。角声寒，夜阑珊，怕人寻问，咽泪妆欢，瞒！瞒！瞒！

唐氏《钗头凤》一词之下，紧接着即著录驿卒女《生查子》"只知眉上愁"一首，亦陆游传闻故事。

据《林下词选》一书《凡例》，称他编集此书是"始于庚戌夏初，告浚于秋莫（暮）"，即康熙九年四至九月半年两季度，卷首有自题《林下词选题词·调寄莺啼序》，署款为"康熙庚戌之秋九月既望"。《凡例》末署款"辛亥春正月十有七日"。卷首又有尤侗、吴之纪、赵沄三序，尤序署"康熙辛亥九日"，吴序署"康熙辛亥季春"，赵序署"康熙辛亥八月"，都在康熙十年。因知是书乃康熙九年九月编成，康熙十年刊行，是书《凡例》中还一一列举他编集此书时就正折中、采葺惠示和朝夕商校诸友人的姓名，并记云："至所购未刻秘本，则有吾邑叶仲诏先生所订《填词集艳》，于中得十之一二，而吾友西吾沈凤羽尔燝所编闺人词曰《初蓉集》，更为详瞻，于中益得十之三四焉，不得不以首庸归之也。"叶仲诏的《填词集艳》应在《林下词选》成书前，沈尔燝的《初蓉集》约略同时而稍前，《林下词选》所用材料取自《填词集艳》得十之一二，取自《初蓉集》得十之三四，也就是说一半左右是取自于此二书，二书当时还都是未刻秘本，《初蓉集》后来是否有刻本，今未知见。所谓唐氏和陆游《钗头凤》词，《林下词选》是依据何书，一时还不清楚。

《康熙御选历代诗余》卷一百十八《词话》："陆放翁娶妇琴瑟甚和，而不当母夫人意，遂至解缡，然犹馈遗殷勤，尝贮酒赠陆，陆谢以词，有'东风恶，欢情薄'之句，盖寄声钗头凤也，妇亦有答词云：'世情薄，人情恶……'未几以愁怨死。"《康熙御选历代诗余》此条后半部分又载陆游尝过驿，见题壁诗"玉阶蟋蟀闹清夜"一诗，询知是驿卒女遂纳为妾，未半载夫人逐之，妾赋生查子词"只知眉上愁"云云，正与《林下词选》连排唐氏《钗头凤》及驿卒女《生查子》相合。《康熙御选历代诗余》此条之末著出处曰"夸娥斋主人"，夸娥斋室名取夸父嫦娥日月奔驰之意，其人尚不可考。《康熙御选历代诗余》有康熙四十六年七月十二日御制序，成书在《林下词选》之后三十余年。康熙十年成书的《林下词选》已记出所谓唐氏的和词全词，《林下词选》中的有些材料又是根据同时和前人的专书，所谓唐氏和词的造出，至迟在康熙初或以前，是否有可能还在明末，还有待再考。

近人况周颐《香东漫笔》卷一：“放翁出妻为作《钗头凤》者，姓唐名琬，和放翁《钗头凤》词，见《御选历代诗余·词话》及《林下词选》。‘世情薄，人情恶……’前后段俱转平韵，与放翁词不同。”况周颐（1892—1926）为清末民初人，初字周仪，避溥仪讳改颐，一字夔笙，号蕙风，广西临桂人，光绪五年（1879）举人，官内阁中书，有《蕙风词》《蕙风词话》《香海棠词话》《餐樱庑词话》《香东漫笔》等。《香东漫笔》卷一头条称“丙午丁未间赁庐金陵闸，西邻有水阁曰周河厅，数年前掘地得石碣刻‘媚香楼’三大字，厅主人悲其有神灵也……”云云，可知《香东漫笔》成书于光绪三十二至三十三年，寓居南京时所作，因其租宅西邻有水阁媚香楼而取笔记名曰《香东漫笔》。《香东漫笔》据《康熙御选历代诗余》及《林下词选》著录唐琬和陆游《钗头凤》词，实际上《林下词选》和《康熙御选历代诗余·词话》著录和引用唐氏和《钗头凤》词，还只称唐氏，不曾称其名为唐琬，在康熙年间，已有了唐氏和词的错传，但是当时还未见有称其名琬的记载。《康熙御选历代诗余·词话》引夸娥斋主人说，《康熙御选历代诗余·词话》转引未出唐琬之名，是夸娥斋主人引唐氏《钗头凤》和词时，也不曾称其名琬。

记出唐氏名琬的材料，《香东漫笔》已甚晚，据我目前所知，在其之前，仅见于清凉道人《听雨轩笔记》，是书卷三云：“陆放翁之夫人曰唐琬，与其母为姑侄，伉俪相得，而不获于姑，遂至解缡。春日出游，相遇于禹迹寺南之沈氏园，唐遣婢致酒肴，放翁怅然下泪，题《钗头凤》词一阕于壁云……唐和之，同行至寺前桥上而别。唐未几快快卒。”《听雨轩笔记》这一条下文接着又记作者昔年客绍兴，曾至禹迹寺访其事，"往迹销沉，可胜浩叹，慨然而返。时乾隆乙酉春三月也"。清凉道人"昔年"往禹迹寺访沈园而不可得，时在乾隆三十年（1765），笔记中记出此事，自然还在其后。乾隆三十年他可能已从什么书上的记载得知了唐氏名琬，因为没有记出出处，遂不得其详。但康熙四十六年（1707）《康熙御选历代诗余》成书，书中记出唐氏和词而只称唐氏，还不称唐琬，从一般情理推断，造出唐氏名琬的时间，似应在康熙四十六年之后，乾隆三十年之前，这五十多年的时间之内。

康熙末至乾隆中好事者造出唐氏名琬一事，后世流传似亦未广。嘉庆年间桂馥撰《后四声猿散套》有《题园壁南调》一套，搬演《钗头凤》事，剧中人物仍只称唐氏而不称唐琬。况周颐的《香东漫笔》提到唐琬，已是清末了。

《钗头凤》错传的故事编为戏曲，今知以桂馥《后四声猿散套》为最早。《后四声猿散套》共有《放杨枝北调》《投溷中南调》《谒府帅北调》《题园壁南调》各一套。桂馥（1736—1805），字未谷，一字冬卉，曲阜人，乾隆五十五年（1790）进士，选云南永平知县，嘉庆十年（1805）卒于官，年七十。桂馥博涉群书，尤潜心小学，精通声义，著《说文义证》《说文统系图》，又有《札朴》《晚学集》《未谷诗集》《后四声猿》等。《后四声猿散套》有"甲子冬十一月，仁和钱杜弁首"，《放杨枝散套小引》云："余年及七十，孤宦天末，日夕顾影，满引独醉。友人有劝余纳姬者，余拊掌大笑。"甲子为嘉庆九年（1804），桂馥年六十九，当时官云南永平知县，次年卒去。《后四声猿散套》撰成时，已在清凉道人《听雨轩笔记》成书后，唐氏名琬之说，已造出很久。

桂馥《后四声猿散套》之后，近人吴梅又有《霜厓三剧》，三剧之一为《惆怅爨》五折，计《香山老出放杨枝妓》一折，《湖州守乾作风月词》二折，《高子勉题情国香曲》一折，《陆务观寄怨钗凤词》一折。《陆务观寄怨钗凤词》是吴梅读了桂馥《后四声猿散套》之后，殊不惬意，认为《放杨枝》《题园壁》二剧"出辞平直，尤不称题"，因而"戏为重作"。桂馥《题园壁》情节单纯，吴梅《陆务观寄怨钗凤词》有唐氏和词，是当着赵士程的面，陆游醉倒在旁时，当场和他一首。剧中的唐氏仍不称唐琬。吴梅（1884—1939）为近代词曲家，字瞿安，晚号霜厓，家有百嘉堂、奢摩他室，藏书万卷，著有《奢摩他室丛书》，1939年3月病卒于苏州。据《惆怅爨自序》，他初编《放杨枝》《题园壁》始于甲寅岁，即1914年。后来交曹君直，劝他继续创作，遂有《风月词》《国香曲》之作，前后断续历时十六年，至庚午（1930）而毕其事，总题作《惆怅爨》。吴梅撰继桂馥之后《题园壁》已是民国初年的事了。

《钗头凤》本事的错解错传，清代初年的王士禛已提出异议。《池北偶谈》卷十八《校勘》："世传放翁出其夫人唐氏，以《钗头凤》词为证，见《癸辛杂识》，疑亦小说家附会，不足深信。"王士禛的看法本来很对，但他未能深考，没有举出坚强的证据，因此后来不久就有人出来驳难。张宗泰《鲁岩所学集》卷十五《三跋带经堂诗话》："诗话中附识有持论未当者数条……校勘类附说，谓世传放翁去其夫人唐氏，以《钗头凤》为证，见《癸辛杂识》，疑亦小说家附会，不足深信。按放翁夫人唐氏，不得于其姑，不得已出之。观放翁集中《沈园》二绝云云，又《禹迹寺南有沈氏小园》云云，又《岁暮夜梦游沈氏园两绝句》云云，屡见之歌咏，无非感昔念旧之思，则唐氏被出，亦实有其事，不得疑为小说之附会也。"张宗泰所驳，其实仍不过是重弹周密的老调而已。王士禛（1634—1711），字诒上，号阮亭，一号渔洋山人，山东新城人，为清初诗坛的领袖，在当时很有影响。他认为《钗头凤》的错解错传是小说家附会，本出自《池北偶谈》，张宗泰引《带经堂诗话》而驳之。王士禛论诗有《渔洋诗话》，《带经堂诗话》是张宗柟将王士禛所有著作中有关论诗的篇章摘编而成，共三十卷，分八门六十四类。王士禛卒时，《康熙御选历代诗余》已成书，《带经堂诗话》编成于王士禛卒后，正是清代《钗头凤》错解错传最盛的时候。

清代人不相信《钗头凤》错传附会故事的，除王士禛之外，还有吴骞，吴骞《拜经楼诗话》卷三："陆放翁前室改适赵某事，载《后村诗话》及《齐东野语》，殆好事者因其诗词而附会之。《野语》所叙岁月，先后尤多参错。且玩诗词中语意，陆或别有所属，未必曾为伉俪者。正如'玉阶蟋蟀闹清夜'四句本七律，明载《剑南集》，而《随隐漫录》剪去前四句，以为驿卒女题壁，遂纳为姜云云，皆不足信。"吴骞（1733—1813），字汉槎，号兔床，海宁人，贡生，工诗，嗜典籍，校勘精审。筑拜经楼，藏书五万卷，著《愚谷文存》《拜经楼诗文集》。吴骞在王士禛之后，他认为《钗头凤》是"别有所属，未必曾为伉俪者"，所说最是。

梁启超作《清代学术概论》，曾说秦汉以后，确能成为时代思潮者，"则汉之经学，隋唐之佛学，宋及明之理学，清之考证学，四者而已"。且云清初考证不过据一部分势力，至乾嘉全盛期"则占领全学界"。我们回头竖看《钗头凤》错解错传的全部历程，自南宋经元明，直到清代，一直在以讹传讹，又愈传愈烈，到乾隆中，已经是集一切错讹的最后大成，而这时正是乾嘉考证盛行于学界的前夜，诸如此类的问题已经成堆成垛了。这就充分表明，考证在清代之成为一代文化思潮，有它必然的趋势，是随时代需要应运而生的。可惜的是，乾嘉学者也未能抓住这个问题，解决这个问题，以至于传到清末民国，直到现在。积重而难返，这正是一个最典型的事例。

现在的沈园在绍兴市区南街洋河弄2号。1981年当地有关部门给我寄来一件沈园现状测绘平面图（图1），是一张

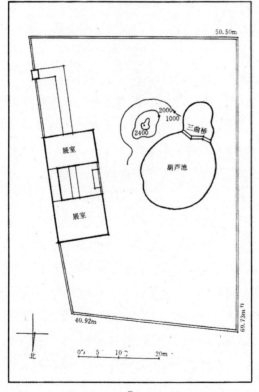

1

1981年沈氏园现状平面图（据绍兴市文管会
提供的实测晒蓝图重绘）

晒蓝图，比例尺为百分之一。图上所绘是一个四边形的院落，南北长69.73米，东西宽50.50米，西墙与南墙为正向，互相垂直，东墙和北墙都是斜的。院中有一葫芦形水池，亚腰处有三曲石板桥一座，水池东南有土石假山一堆，存高2.4米，池东沿东墙有两进南北向的平屋，各三间，用作陆游纪念馆的展室，两进平屋之间，靠东院墙有偏厦一道，东院墙的南端有脚门一座，进脚门有曲尺形甬道通向前一进平屋（图2~图7，本文现场照片均由绍兴市文管会拍摄提供）。另据文字材料介绍，墙外西南并有砖砌古井一座。所谓沈园的现存遗迹，大体如此。

2
1981年当时的沈园小门

　　据当地有关材料介绍，中华人民共和国成立前居住于此的贺培英回忆，两进平屋是她丈夫沈德荣（已故）的祖父在1920年所建，贺氏又是根据她丈夫的祖母所述而回忆的。沈家还传下一张沈园图，现在已归有关方面收藏，给我寄来的是一张描图的晒蓝本，原图我未见，后来《中国历史文化名城丛书·绍兴》一书中正式刊出一张沈氏园图，应该就是按原图排印的（图8）。图名《沈氏园》，占地平面略呈凹字形，由两部分组成，东部是一组住宅，共四进，自南向北依次为三善堂、明德堂和楼座，住宅西院为傍宅园，园中有葫芦形水池，池南有厅曰"亦可小休"。厅南为竹园，池周三面环以假山，西面有廊一道，西北角有平屋三间，通向西南的大方池，葫芦池北为白驹轩。西一部分占地很大，呈⌐形，东南划出一角为义园，义园之北为一大方池，池中有凵形路面或桥面，中有飞阁，方池之北隔一桂林，再北为一方形鱼池，鱼池北为得月楼。图上再西是自然山水为主，有土阜和溪流，池、田、桑园以及花木果木松柏竹林梅林等，其间散杂一些建筑物，俱有题名，有"培厚传香""文肃公祠""潇湘馆""迎风""得所""雨花台""观音院""路亭""兰亭"等。图上除了标明田池竹林建筑物和花木以外，还随处题写了不少诗词，如西北角放马场题陆游《钗头凤》后片"春如旧，人空瘦"，观音院附近题陆游诗"枫叶初丹槲叶黄"七律，溪流之东杜鹃假山和假山花木间题陆游"梦断香销四十年"七绝，冠芳轩北题陆游"城南小陌又逢春"七绝，葫芦池内题陆游"城上斜阳画角哀"七绝，总而言之周密《齐东野语》认为是与《钗头凤》有关的几首陆游诗词，大部分都写在图上了。这一大部分景观今已不存，方形水池已为平地，西部溪流土阜等亦已不存。这张沈氏园图的成图年代不明，是否全属写实也是疑问，图上胡乱题写陆游诗词，更属荒唐可笑。《中国历史文化名城丛书·绍兴》一书披载此图，应该是第一次公开发表，该书在介绍沈园和此图时说，"园主沈樾系宋代越州大户，史称'沈氏园'，以陆游题《钗头凤》词于壁间而闻名，距今已有八百多年的历史"。说沈园有八百多年的历史，显然是从陆游的年代套下来的。陆游时候的沈氏园，园主名字不可考，《中国历史文化名城丛书·绍兴》一书说"园主沈樾系宋代越州大户"，是最荒唐也最拙劣的编造，所说的沈樾应该是沈樾元之误，沈樾元是清代康熙初至乾隆初时的人，是当地诸生，家庭破落，久试不第，糊口四方，依人作幕，既不是宋代人，也不是当地大户。贺培英家传出的，据说是她丈夫沈德荣的祖上所绘的沈氏园图，说是沈德荣曾祖的上辈居住在此，是想要追溯到沈樾元的时代，因此说是有三百多年的历史，1981年给我寄来文字材料，正是这样写的，浙江方面编的《越城古迹》一书也是这样写的。但是又将沈樾元误作沈标元。说传下来的沈氏园图和现在的沈园可以追溯到沈樾元的时代，有三百年的历史，仍然还有问题，乾隆初年才有明确记载说这一带是沈樾元的宅园（并且只是其中很小一部分），算到1981年，还不到二百五十年，沈樾元购住于此始于康熙末，算到1981年也只有二百五十年。后来成书的《中国历史文化名城丛书·绍兴》一书还是当地有关部门编写，却突然升格拔高，称园主沈樾为宋代当地大户，有八百年的历史。如此这般的信口开河，又错上加错，把沈樾元写成沈樾，《中国历史文化名城丛书·绍兴》一书的撰著水平于是可知，一部书要经过许多层工序，才能摆到读者面前，这样明显的巨误，也未能及时发现，我们整个时代的粗疏浅薄，也于此可见了。

3
沈园南屋

4
沈园北屋

5

葫芦池

6

葫芦池颈和三曲桥

7
葫芦池驳岸和假山残迹

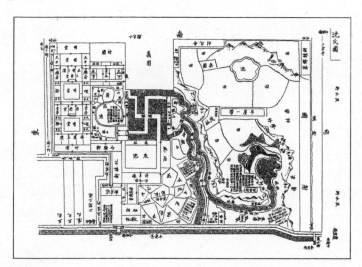

8
清沈氏园图（转引自《中国历史文化名城丛书·绍兴》一书）

　　称现在的沈园为沈樀元的宅园，查绍兴地方文献，最早始见于乾隆年间商盘所编的《越风》。《越风》一书专收清代绍兴人的诗作，卷九收沈樀元诗，小传云："字宜士，会稽人。著有《柯亭诗草》。沈翁家有园亭，在春波桥畔，放翁逢其故妇'曾见惊鸿照影来'，即此地也。少时觞咏其下，有和主人柯园诸景诗，内一方池澄泓，可鉴毫发。"商盘（1700—1767），字宝意，会稽人，雍正八年（1730）进士，官至云南元江府知府，乾隆三十二年（1767）病卒，年六十七。《越风》中的作者小传，都是商盘所撰。商盘此书生前未能出版，卒后由同里王大治为之刊行，并署名最后，称"山阴王大治又新编辑"，因此引用此书者，有人又作王大治《越风》，其实非也。《越风》一书有乾隆丙戌年商盘原序，是为乾隆三十一年（1766），又有乾隆己丑蒋士铨序，是为乾隆三十四年（1769），蒋士铨序云："宝意先生为一代名流，少日与郡中十子结西园诗社，慨然以风雅自任，及仕宦垂四十年，而手不停披，口不绝吟，海内谈诗者辄相推重，廿载来手辑国朝郡人诗数百家，题曰《越风》。"据此可知商盘编《越风》大约始于乾隆十年（1745）前后，乾隆三十一年成书，成书时沈樀元早已下世，开始著书时不知还在否，如在世，至少也有八十多岁了。商盘有《质园诗集》三十二卷，今存，集中收编年诗始自雍正元年（1723），以下"三十年来之作"，大约到乾隆十七八年，有乾隆十九年（1754）沈德潜、李宗仁、何世璂等人序，商盘自云少时有和主人柯园诸景诗。商盘自云诗集有五十卷、八十卷两种稿本，刊本选存三十二卷，此三十二卷本中咏及柯亭及沈氏园的，仅有卷一《柯亭椽竹歌》一首，及卷十五《沈氏园看牡丹》诗二首。

　　《沈氏园看牡丹》诗只咏牡丹，但却未提陆游沈氏园事，题中的沈氏园可以确认是实指，应该就是当时沈櫵元家之园，以二诗在集中之编排次第考之，为乾隆五年（1740）所作，诗之二结尾两句云："莫怪对花增怅望，最多触连是中年。"乾隆五年商盘四十岁，正在中年。沈櫵元应该是七十多岁，快八十了。

清代地方文献称绍兴城内禹迹寺南春波桥畔沈櫵元家园亭为陆游逢其故妇咏《钗头凤》处，始见于乾隆年间的《越风》，《越风》收沈櫵元诗，而未见有柯亭、柯园或沈园诗，《越风》中所收有关陆游此事之诗，有卷十孟骙《春波桥怀陆放翁》四首，诗云：

> 庐江小吏买臣妻，邂逅园林野寺西。
> 一片石桥流恨水，新词题罢夕阳低。
>
> 西园荒草即蘼芜，为嘱王孙疑（款）故夫。
> 只许春风偷半面，玉阶行过草旋枯。
>
> 安得鸾胶续断弦，新愁旧恨两绵绵。
> 琵琶不是韩朋木，弹出离鸾亦可怜。
>
> 钗头凤是断肠词，一死还应为饼师。
> 燕子衔泥频易主，萧郎犹有再来时。

作者小传云："字敏度，号药山，会稽人，明经，著《筠庄诗钞》。筠庄先生为三十年前父执，少时闻其绪论，以穷理读书为尚。"

《越风》卷二十七又收邵纬《过沈氏园怀陆放翁旧事》诗一首，诗云：

烟痕漠漠苔花古，伯劳飞燕东西语。

酿雨东风料峭寒，花开花落红无主。

白粉宫墙高百尺，歌台舞馆愁纷结。

当年词客话分离，情绪满怀那可说。

错错莫莫感芳菲，泪浥鲛绡不自持。

一泓碧玉东流水，空向桥边照画衣。

钗头凤化离鸾去，青衣何日传尺素？

郎情如柳倒垂丝，妾身已作随风絮。

宛转徘徊可奈何，春光九十雨风多。

红酥不见黄縢酒，两地伤心痛逝波。

我来此地悲零落，林竹萧萧风解铎。

君不见蒸梨自古弃糟糠，临风莫叹欢情薄。

作者小传云："字星南，号芥山，会稽人，诸生，著
《青门诗稿》。"

在《越风》一书中，沈樨元诗收在卷九，孟骙诗收在卷
十，在沈樨元小传中，商盘说少时觞咏沈氏柯园，有和主人
柯园诸景诗，在孟骙小传中，商盘又说孟骙为三十年前父执，
因知沈樨元与孟骙约略同时，二人的年岁似相仿，约略比商
盘年长一辈以上。孟骙的《筍庄诗钞》今尚存，仅四卷。卷四
有《柯亭十咏为沈大宜士赋》，沈大宜士即沈樨元，这一组诗，
正是孟骙与沈樨元同时，且有交游唱和之迹的确证。

邵纬诗收在《越风》卷二十七，已在较后，邵纬名
下还收有《书家子湘先生〈青门全稿〉后》一诗。邵长蘅
（1637—1704），字子湘，常州人，筑青门草堂，号青门山
人，著《青门集》，邵纬应是邵长蘅的族裔，诗集名《青门
诗稿》，亦有因也。《青门诗稿》今未见，《清史稿·艺文志

补编》《贩书偶记》等亦未著录。邵纬有诗名应在乾隆中，约略与商盘同时或稍前。可以用来与邵纬《过沈氏园怀陆放翁旧事》一诗作比较研究的，今知有蒋士铨《沈氏园吊放翁》一诗，载见《忠雅堂诗集》卷十六，蒋士铨诗云：

> 母不宜妻斯出耳，人间恨事无过此。
> 孝子长怀琴瑟悲，离妻不抱蘼芜死。
> 肠断春游沈氏园，一回登眺一凄然。
> 绿波准驻惊鸿影，坏壁空留古麝烟。
> 四十年中心骨痛，白头苦作鸳鸯梦。
> 故剑犹思镜里鸾，新坟已葬钗头凤。
> 暮年清泪向谁收，香炷蒲团缕缕愁。
> 无多亭榭频更主，半死梧桐尚感秋。
> 广汉姜郎宁悔错，琵琶莫唱风波恶。
> 红酥垂手酒犹温，柳絮过墙情已薄。
> 国耻填胸恨未平，忧时恋主可怜生。
> 诗人岂似朱翁子，孝子忠臣定有情。

蒋士铨（1725—1785），字辛畬，一作辛予、心余，一字苕生，乾隆十九年（1754）中举人，二十二年（1757）成进士，改庶吉士，二十五年（1760）散馆编修充武英殿纂修，居官八年乞假养母南归到白下，不久应浙江巡抚之邀，主讲绍兴蕺山书院、杭州崇文书院。蒋士铨乾隆三十四年为商盘《越风》撰序，当时正在绍兴，《沈氏园吊放翁》亦乾隆中在绍兴主讲蕺山书院时所作，与邵纬《过沈氏园怀陆放翁旧事》正约略同时，二诗同为二十四句。

清凉道人《听雨轩笔记》卷三记载陆放翁夫人曰唐琬云

云一段之后，接着又说："予昔年客绍兴，曾至禹迹寺访之。寺在东郭门内半里许，内祀大禹神像，仅尺余耳。寺门之东有桥，俗名罗汉桥，桥额横勒'春波'二字，时与亡友金大兄同行，金固家于此者。予问之，金言昔有夫妇二人分别于此，后人遂取其夫所吟诗句，以名其桥。金盖货殖人，不知为放翁事也。予徘徊其地，见落日城头，风景宛在，所谓'惊鸿照影'者，其为此处无疑。惟遍寻沈园，则已杳不可得。盖已历六百余年，沧桑变幻久矣。往迹销沉，可胜浩叹！抚然而返，时乾隆乙酉春三月也。"清凉道人这一段记载最为重要，最具有史料价值。他认为绍兴城内禹迹寺之南罗汉桥一带即是陆游作词咏诗之处，当然还是沿袭前人之误，是受了前人错解错传之害，但是他一个外地人，却能亲自到其地踏查寻访，并且把查访的结果如实地记下来，还是值得称道的。他访查的结果是"遍寻沈园，则已杳不可得"。清凉道人这段记载的可贵，还在于他准确地记出了实地访查的时间，为"乾隆乙酉春三月"，即乾隆三十年（1765）。

现在我们大体可以明白，乾隆五年商盘作《沈氏园看牡丹》诗，只咏牡丹而不提陆放翁事，诗题中的沈氏园是实指沈樆元家的宅园，二十几年之后，邵纬、蒋士铨沈氏园怀吊陆放翁诗，只咏陆放翁诗，未提沈樆元，也未说明当时是否真的还有沈姓某人的园子在，诗题中的沈氏园，已是虚指，指的是错传下来时所谓南宋陆游时沈氏园的故地。乾隆三十年清凉道人到现场实地踏查沈氏园，已无迹可寻。邵纬、蒋士铨二诗成于乾隆中，正与清凉道人《听雨轩笔记》称"遍寻沈园，则已杳不可得"约略同时，蒋士铨诗还在乾隆三十年稍后，正是《越风》成书之时。

后来又有悔堂老人著《越中杂识》一书，有沈氏园一条讲："沈氏园在东郭门内禹迹寺南，陆放翁娶唐闳女，于其母为姑侄，伉俪相得而不获于姑，不得已出之……"云云之后，又云："按禹迹寺前有桥，勒字曰'春波'，盖取放翁'伤心桥下春波绿，曾是惊鸿照影来'及'绿蘸寺桥春水生'之句名之。今俗名罗汉桥。沈园已莫可稽考，然放翁诗序云在寺南，则亦可以仿佛想象矣。"这位悔堂老人也不知为谁氏，自序称"乾隆五十九年，西吴悔堂老人，时年六十有五。"是书成于乾隆五十九年（1794）。和清凉道人一样，他也是相信了前人的错解错传，认为清代绍兴城内禹迹寺前的春波桥俗名罗汉桥，为陆游伤心遇故妇之处，但是他这一记载，最具有客观真实的史料价值的，是"沈园已莫可稽考"一句，《越中杂识》是专记绍兴史事之书，如果乾隆五十九年成书时，当地还有沈姓宅园实际存在着的话，他就不会说"莫可稽考"了。

商盘《越风》中的沈楒元小传称"沈翁家有园亭，在春波桥畔"，"少时觞咏其下，有和主人柯园诸景诗"。这里只称柯园而未称沈氏园，柯园应即柯亭，孟騤有《柯亭十咏为沈大宜士赋》。前面说到，《越风》卷二十七收孟騤《春波桥怀陆放翁》诗四首，《越风》所收孟騤四诗，今又载见孟騤《筍庄诗钞》卷三，《筍庄诗钞》所收共六首，《越风》所收为其中的一、二、三、五首，第四首云：

> 重见惊鸿已寂寥，旧题坏壁墨痕消。
> 草生人面三年土，泪涌波心八月潮。

第六首云：

> 贺老春波潋滟开，小桥流水漫疑猜。

陆公自有并州剪，剪取春波一半来。

这两首比起那四首已逊一筹，故《越风》不选，但是最后一首辨贺知章的春波桥与陆游的春波桥，还有一定的史料价值，这里也就不能厌烦，应该引出了。《筜庄诗钞》中这一组《春波桥怀陆放翁》诗还有小序，最关重要，而《越风》未收，序云：

> 余家禹迹寺之南，或曰即沈氏西园故址，或曰非是。寺前有桥曰"春波"，求所谓一曲桑麻无有也。考志，桥当近千秋观，张文恭云，旧志五云门外河泊废署，观之故地也。又尝过五云门，桑麻所在多有，而春波桥无定所。呜呼沧桑陵谷，倏忽迁变，而耳食者牵率附和，由来久矣。余谓春波桥当有两，在观前者属贺，以贺诗"春风不改旧时波"得名，在寺前者属陆，以陆"伤心桥下春波绿"得名。贺桥无考，而陆特存，时代久近不同耳。虽然，步出五云之门，何地无桥，何春无波，特观废耳。今因寺得桥，因桥指园，历历如睹，与秘监殆风马牛也。余姪濬若涛，与其友有春波桥怀古之作，余为辨其缘起，而系以诗。

这段小序，最值得研究的，共有两事，一是孟骙称他的家在禹迹寺南，或曰南宋沈氏园故址，或曰非是。二是关于两个春波桥的辨难。这两件事实际上互相牵连，也可以说是一回事，孟骙说"因寺得桥，因桥指园"，因而要把禹迹寺、春波桥和沈园牵扯在一起。这个问题说起来也并不复杂，五云门外原来确有春波桥，《宝庆会稽志》载春波桥"在会稽县东南五里，千秋鸿禧观前，贺知章诗云：'离别家乡岁月多，近年人事半消磨。唯有门前鉴湖水，春风不改旧时波.' 故取此桥名"。南宋时春波桥本来在城外东南五里，据《嘉泰会稽志》，当时的禹迹寺"在府东南四里二百二十六步"，距春波桥不远，顶多一百多步，还不到半里路。陆游咏"伤心桥下春波绿"的春波桥，其实就是距城东南五里千秋鸿禧观前，因贺知章诗而得名的春波桥。南宋时的禹迹寺本在城外东南四里多地处，明末以来城外的那座大中禹迹寺已不存，城内才有了一座规模甚小的禹迹寺。《万历绍兴府志》说"由南街过覆盆桥为禹迹寺，东至东郭门"，即是现址。明末清初以来，误指城内的禹迹寺为南宋沈园附近的大中禹迹寺，"因寺得桥"，跟着又附会明清禹迹寺南的小桥为春波桥，更进而"因桥指园"，把所谓春波桥南一带指为南宋时陆游咏《钗头凤》故事的沈园，真是错错错，一错再错再再错了。孟骙还知道城外城内有两个春波桥，但是不知道城外原来还有一座禹迹寺，那才是陆游诗里的禹迹寺。孟骙说城内的春波桥与"秘监"贺知章风马牛，其实不是不相及，而是一种时空错位的大讹传，城里的春波桥，是一错再错的产物，孟骙把真的春波桥否掉，认定讹传出来的后世误称的春波桥为陆游咏诗之处，是他沿袭前人的错传，本不足信，但是他说他家在禹迹寺南，当然是完全可信的事实。他说他家"或曰即沈氏西园故址，或曰非是"。还能存正反两说，也算是很客观的记录，当时他并没有一口说定。

孟骙说出他的家在禹迹寺之南，或曰即沈氏园故址，寺前有桥曰"春波"，又引出一段新的公案。按《越风》所载沈樛元家有园亭在春波桥畔，为放翁逢其故妇处。商盘还说他少时觞咏其下，有和主人柯园诸景诗，这样一来，一块地方就有了两家地主，孟骙与沈樛元又是同时人，孟骙《筠庄诗钞》卷四还有《柯亭十咏为沈大宜士赋》一组诗共十首，小标题依次为《念昔轩》《淡影池》《牡丹台》《梅花径》《闲中鹤》《水面鱼》《修竹声》《奇石磴》《桥下莲》《阁外山》，《阁外山》题下注云"阁名书香"。孟騄自己先已说出他家就是南宋沈氏园的故址，后来又为沈櫄元作了柯亭十咏诗，这个关节很重要，推测有两种可能，一是孟騄与沈櫄元紧邻，二是孟騄的宅园后来卖给了沈櫄元，后一种可能最大。沈櫄元的宅园应该叫柯亭，沈櫄元有《柯亭吹竹集》《柯亭吹竹二集》，《越风》上说是《柯亭诗草》。《越风》上说是柯园，称柯亭为柯园，亦微误。柯亭用汉末蔡邕的故事，蔡邕避难会稽，宿于柯亭，见屋椽竹东数第十六根可以为笛，取而用之，果有奇响，亭因得名。相传柯亭原在绍兴西南三十里，后来废为融光寺，或云柯桥畔土谷祠是柯亭故址。沈櫄元的《柯亭吹竹集》和《柯亭吹竹二集》各七卷，孙殿起《贩书偶记》著录，谓是康熙癸亥精刊，作癸亥有误，书中有康熙丁酉年自序，和戊戌年陈鹏年序，知二书编成于康熙五十六年（1717），刊行于康熙五十七年（1718）。自序称四岁丧母，弱冠丧父，困顿场屋，糊口四方，家境当然不会很富裕。沈櫄元入苏州织造李煦幕，为其办理事宜，即后世所称绍兴师爷、钱粮师爷，金埴《巾箱说》载："吾越沈子宜士櫄元，笃行君子也，织部李司徒公煦雅重之。延入吴门使院二十余载。予昔尝一面，间阔且久，一日读所著《柯亭吹竹集》，爱其诗，益想慕其人。"接着记下一段沈櫄元的义行，又说："予以二诗寄之'千古柯亭竹，吹成绝妙词。闻名徒自愧，把卷辄相思。远树銮江霭，清秋鲁甸飔。寄怀凭短韵，君肯许心知。'"金埴（1663—1740），字远孙，号壑门，又号小郊，邑庠生，著《壑门诗集》，又有《不下带编》《巾箱说》，《巾

箱说》是《不下带编》和节选本。《巾箱说》这段记载说赠诗
与沈樾元扬其人之美，有"勉而进之"之意，沈樾元随即有
答诗云"意气如年少，将酬国士知"。二人唱和，一往情深。
金埴赠诗时已在《柯亭吹竹集》《柯亭吹竹二集》刊行之后，
沈樾元答诗云"笑予书记老，不敢炫文词"，是当时还在李
煦幕府，年渐老矣。金埴康熙五十七年自北京返里，二人唱
和赠答，约在康熙五十七至六十一年（1722）之间。沈樾元
的《柯亭吹竹集》《柯亭吹竹二集》我一直寻求多年，北京图
书馆、中科院图书中心、北京大学图书馆等俱无收藏，王利
器先生《李士祯李煦父子年谱》康熙四十四年（1705）纪事转
引二集之诗多首，康熙四十九年（1710）、五十一年（1712）、
五十四年（1715）、五十五年（1716）、五十六年又引多首，因
知王先生是取用自原书，所引之诗大部分是与李煦唱和应
酬，讲到自己事迹出处的，今知有这样几事，沈樾元携其
妻女及一子随幕，康熙五十二年（1713）妻朱氏卒去，康熙
五十四年（1715）二儿应构在故里卒去。王利器先生加按语
记沈樾元事迹，引及《越风》称沈家有园亭在春波桥畔，为
陆放翁逢其故妇处，王先生也误信沈樾元的柯亭即南宋时沈
园，如果《柯亭吹竹集》《柯亭吹竹二集》中说起过他的家园
就是南宋沈氏园的事一定会转引出来。我向王先生求教，请
询《柯亭吹竹集》《柯亭吹竹二集》收藏于何处，王先生从何
处读到，先生说是他自己的藏书，"文革"中被抄走，而未能
归还，现在下落不明。先生年事已高，我也不便于多去请益
追问。《柯亭吹竹集》《柯亭吹竹二集》公家图书馆或私人藏
书，可能还有收藏。既然《贩书偶记》上已有著录，也许还
在北京。商盘的说法是后来的追忆，我最关心的是沈樾元自
己在《柯亭吹竹集》《柯亭吹竹二集》中有没有什么说法。现

在未见原书，但是仍然可以推定，在《柯亭吹竹集》《柯亭吹竹二集》中，应该是压根儿就没有说起过他家的柯亭即是陆游时的沈园。金埴与沈樇元同时，读了《柯亭吹竹集》《柯亭吹竹二集》，想慕其人，赠诗订交，有"千古柯亭竹，吹成绝妙词"之句，《巾箱说》中记沈樇元之事，也没有提到柯亭即是南宋沈园故址。金埴是绍兴当地人，家住木莲巷，就在沈园图所画沈氏宅园之北，隔河相望，有木莲桥跨在河上，过木莲桥就是沈宅最北的冠芳轩小院。金埴在《巾箱说》中记沈樇元事时，已在康熙末，在他读了《柯亭吹竹集》《柯亭吹竹二集》之后，金埴没有提到沈樇元家的柯亭是南宋沈园一事。这也就从又一个侧面反映出《柯亭吹竹集》《柯亭吹竹二集》中沈樇元自己并没有提起过这件事。

现在沈园的前身应该是沈樇元家的园子，本该是没有问题的，而《柯亭吹竹集》《柯亭吹竹二集》中却没有这方面的记载，但是孟騑、商盘的诗，《越风》中的沈樇元小传都说得很肯定，他们都是当时当地知情之人，他们的说法当然不会是空穴来风、不知所起的罢？沈樇元自己当然应该有这个说法，但是很长一段时间一直没有查到，这个问题恼人很久，可我还是锲而不舍，抓住不放，算是"皇天不负苦心人"吧，后来几经周折，终于查到了实处。北京图书馆善本特藏室藏有李果《在亭丛稿》，书中卷十二有《纪浙东游》一文云：

> 乾隆三年九月乙丑，同蔡君香谷为浙东游。舟出盘门，由吴江平望溪河以达塘西。丁卯至杭州草桥门渡钱塘江，风日晴朗，望隔岸越山累累若可数。既渡，肩舆至西兴为萧山院。是夕大雨，宿乌篷船，百里到绍兴府。次日雨不止，乃投旅

店饭，擢舟木莲桥，访沈樨元宜士，宜士命其仆担行李，留香谷与予住书堂，书堂之前为园，传为南宋时沈家园，邻春波桥，陆放翁会其故妻于此，纪以词，即其地。园有念昔轩、澹影池，广半亩，榆柳杂立，旁有飞阁，阁南面秦望山，东南望禹陵，北蓬莱、若耶溪，西南塔山园，为宜士所购，而念昔者，以继先人志也。雍正初以他人事牵累没入官，如例得给还，犹守其地。宜士，予三十年老友也，年七十六，日行吟其中。

李果又有《咏归亭诗钞》，卷首收蒋恭棐撰《李果传》，据传载，李果字硕夫，号客山，中更曰在亭，晚岁又自号悔庐。以诗文有名，当年为陈鹏年等所称扬，李煦视鹾扬州闻其名，具书币延之典文章，幕中多名士，其大事欲辞之，善者必推之属稿，李煦事败，退归苏州，雍正乾隆间屡诏旁求博学宏辞及山林隐逸之儒，多荐之于朝，皆力辞，以鬻文自给，卒年七十三。蒋恭棐此传只记卒年七十三，未记卒在何年。商盘《质园诗集》卷十四有《长州李硕夫先生七十初度用东坡次李公择梅花诗韵为祝》一诗，以其在集中之编排考之，为乾隆四年（1739）作，则卒年七十三，当为乾隆七年（1742）。李果与沈樨元于康熙中曾同在李煦幕，李果《纪浙东游》中所说"雍正初以他人事牵累"，宅园"没入官"，就是指的雍正元年（1723）李煦抄家查办发配黑龙江，沈樨元被拿问，宅园没入官，后来依例得给还，到乾隆三年（1738）沈樨元七十六岁时，尚行吟其中。商盘作《沈氏园看牡丹》诗在乾隆五年（1740），沈樨元应该还在世，已经七十八岁。沈樨元卒年一时尚不可考，李果的诗文集中没有提到他的死，沈樨元可能卒在乾隆七年（1742）以后不久，活到八十岁以上。

　　李果这段记载使我们得知沈樗元生于康熙二年（1663），乾隆三年（1738）年七十六，还在世。对照前文所叙，金埴曾与沈樗元唱和，据谢国桢《明清笔记谈丛》所记，金埴生于康熙二年，正与沈樗元同岁。金埴康熙五十七年（1718）返里，与沈樗元作诗论交，没有提到沈樗元的宅园，当时沈樗元的《柯亭吹竹集》《柯亭吹竹二集》都已刊行，诗集中也没有提到自己的宅园，而李果这段记载，却明确记出，雍正初沈樗元以事牵累宅园没入官，因此可知，沈樗元购有此园，约略只能在康熙末，即康熙五十八年（1719）至六十一年（1722）间。

　　发现了李果这一条重要记载，于是可以和孟騄的《柯亭十咏为沈大宜士赋》相比照，柯亭十咏依次是念昔轩、淡影池、牡丹台、梅花径、闲中鹤、水面鱼、修竹声、奇石磴、桥下莲、阁外山（阁名书香）。这十咏当中，具体的建筑景物，主要是念昔轩、淡影池和书香阁，这和李果游记中提到的念昔轩、澹影池，以及池旁的飞阁，孟诗李文正一一吻合，孟騄诗中的书香阁，应该就是李果文中的池旁飞阁。此外修竹假山石磴，以及桥下莲、水面鱼、闲中鹤，则都是淡影池周边景物和动植物的描写。这就是说，孟騄十咏诗的描绘，与李果游记中的描述，正是一致的，园子其实很简朴，更不大。只有一堂一阁，一个水池，一堆假山而已。商盘说孟騄为三十年前父执，孟騄有《质园六咏赠今素》，咏及商家的质园。商盘称沈樗元为翁，自居晚辈。孟騄又有《送沈甥溯张访兄粤东》诗，孟、沈两家还是姻戚。孟騄的《筜庄诗钞》是一个家刻本，共四卷，成书于康熙末，柯亭十咏诗排在卷四，当是晚年之作。孟騄《春波桥怀陆放翁》诗序称他的家或曰即沈氏西园故址，或曰非是，持客观态度，后为沈樗元购得，因为姓沈，后来也许就愿意顺水推舟，认定冒充是陆游故事中的所谓沈园了罢。要说沈榠元自己有意冒伪，目前也还未有发现充足的证据，孟騋为沈榠元赋柯亭十咏，显然是将这一宅园卖给沈榠元之后，而诗中一句未提陆游时沈园之事，后来李果著游记，虽然提到，也还只是说"传为南宋时沈家园"，与孟騋诗序"或曰即沈氏园故址，或曰非是"的说法出入不大，仍然是含糊其词，模棱两可。再后商盘编《越风》，才作肯定之词，说陆游逢其故妇"即此地也"，那时已是沈榠元故去二十多年以后了。按孟騋和李果的诗文描述，淡影池就是现存的葫芦池。李果记云："园有念昔轩、澹影池，广半亩，榆柳杂立"，"广半亩"前脱一"池"字，池广半亩、榆柳杂立，体量大小和池周景象，正与现存葫芦池相合。李果记文说他们自木莲桥下船走过来，住进书堂，书堂前为园，念昔轩已在园内，也是在书堂之前了。总而言之，从孟騋、李果的诗文描述来看，康熙末至乾隆初，沈榠元家购有的园子，正是在现在沈园的葫芦池附近一带，方圆并不太大，还没有现在围墙内的面积大，当然住宅部分另在园外，李果没有记及。这就是说，实际上，康熙末到乾隆初，沈榠元宅旁的园子，只是传到现在的这张沈氏园图中很小很小的一部分，图上西边的一大片不归沈榠元。

沈德荣家传出来的这张沈氏园图，年代不明，沈德荣的祖父1920年在葫芦池旁造的两栋平屋，1981年以前已为陆游纪念馆。现在院内的葫芦池与沈氏园图所绘的荷花池相符，但是现在这一处小院，仅仅是图上住宅和傍宅园的西北一部分，东边三善堂、明德堂和楼屋等一组住宅院落，今已不存，图上所绘，葫芦池之西有大方池，池中有凸形路面或桥面，正中间注明曰"飞阁"，大方池之北隔一桂林，又有一方形鱼池。《越风》上所记沈橚元的柯园"内一方池澄泓，可鉴毫发"，不知是否即指此池。拿现在传下来的沈氏园图去对照孟樊《柯亭十咏为沈大宜士赋》，柯亭十咏中的念昔堂、书香阁图上都没有，图上有三善堂、明德堂、白驹轩、冠芳轩等，不仅不见于孟樊的柯亭十咏，也不见于李果的《纪越东游》。沈德荣的祖父在1920年于此造屋两栋，沈德荣之妻贺培英说沈德荣曾祖的上世已居住于此，沈德荣的曾祖约在清末光绪年间，曾祖的上世说得太活络，不知是几世，推出这个说法，无非是想一直往上推到沈橚元的时代，我们假定平均大约三十年为一代，那么沈德荣的高祖约在咸丰年间，五世祖约在道光年间，六世祖约在嘉庆年间，七世祖约在乾隆中，八世祖约在乾隆初，九世祖才到康熙末。这就是说，沈橚元康熙末到乾隆初在这里购有园宅的时候，大约是沈德荣的祖父再上推六七辈才行。从沈德荣的祖父自1920年算起，往上推七世是二百年的时间，当年沈德荣根据他祖父传下的上辈的追忆，达不到这么长的时间。况且沈德荣的祖父是不是沈橚元的直系后裔，也没有拿出真凭实据。再说，沈德荣往他曾祖的上世去推溯，很快就碰上一系列的硬伤，其一是，道光时周晋镳著《越中怀古百咏》，其沈园一律末联云"寺桥春水流如故，我亦踟蹰立晚风"，当时已找不到遗迹。其二是，乾隆五十九年悔堂老人《越中杂识》说的"沈园已莫可稽考"。其三是，清凉道人《听雨轩笔记》中所说，乾隆三十年他到现场查访，"遍寻沈园，杳不可得"。乾隆五十九年（1794）大约是沈德荣六世祖在世的时代，乾隆三十年（1765）大约是沈德荣七世祖在世的时代。如果乾隆中到乾隆末年时候，沈氏园还有像沈园图上画出的那样忽拉拉一大片可观的宅第，和宅第旁边一大片更可观的山水园，又怎么可能是"莫可稽考""杳不可得"了呢？乾隆三年（1738）李果来游下榻园中，乾隆五年商盘作《沈园看牡丹》诗，沈樾元还在世，仍住于园中。可是到乾隆三十年清凉道人著《听雨轩笔记》的时候，沈氏园已遍寻而不可得。清凉道人这个记载不应有误，沈樾元的园子本来不大，故去以后，他的儿孙可能出外居官做事或经商谋生，已不再住于此地，于是人们也就不再知道这个沈园了。沈德荣之妻贺培英传下此图，追溯到沈德荣的曾祖，沈德荣的曾祖大约清末光绪中前后在世，上距沈樾元还有几代人之远，沈德荣家传出的宅园图绘制时代不明，不过不会太早，肯定到不了沈樾元时代。现在最关键的事实是，如今错认错定的沈氏园，和沈姓人士联系起来，最早始能追溯到沈樾元时代，在康熙末到乾隆初这二十多年间，大约是1717—1740年，距今大约有二百五十多年的历史，现在《中国历史文化名城丛书·绍兴》一书中却说"园主沈樾系宋代越州大户"，"距今已有八百多年的历史"。这个说法完全是编造，八百多年是硬套陆游的时代，仅此而已。

　　关于现在这个沈氏园，据我所知，就在1920年沈德荣的祖父在这里造屋居住之后，1932年周作人先生曾作《姑恶诗话》一文，重提一再误传的所谓《钗头凤》故事，然后说，"沈园早不知哪里去了，现在只剩了一片菜园。禹迹寺还留下一块大匾，题曰古禹迹寺，里边只有瓦砾草菜，两株大树。但是桥还存在，虽是四十年前新修时圆洞石桥，大约还是旧址，题曰春波桥，即用放翁诗句的典故，民间通称罗汉桥，是时常上下的船步"。周作人先生是绍兴知名人士，他记下这一段事存当时一段典故，故备记于此。

　　七百多年以来，由于人们对陆游《钗头凤》的错解和错传，导致了后来人们对于绍兴沈园的错认和错定，每况愈下，愈走愈远，弄成今天这样的局面。回顾这七百多年的历史，南宋人陈鹄最先对《钗头凤》作出错解，刘克庄开始错传，又对沈园诗作出错解；元初人周密添枝加叶，进一步把《钗头凤》故事推演成小说，后人多半因袭周密之说，明代祁彪佳开始错认城内禹迹寺南为沈园遗址；清代孟骙认为他家的宅园可能是南宋沈园旧址，但是还能取客观态度，承认"或曰非是"，到沈櫺元购有此园，也没有一口咬定就是南宋沈园，沈櫺元购住此园的时候，已是康熙末年，正是《林下词选》《康熙御选历代诗余》等书记出有人编造出所谓唐氏和词之后，沈櫺元卒后《越风》上才说定陆游逢其故妇即是此地，后来又有人编造出她的名字叫唐琬，或作婉，清代和民国年间将错解错传的《钗头凤》故事编为戏曲，中华人民共和国成立后编为话剧，拍成电影，一直到现在我们把沈园辟成陆游纪念馆，已是集一切历史错讹的最后大成，把承袭下来的七百多年讹传文化的恶果，最后铸定在大地上，并且倾动政府部门的力量，按着所谓宋代式样"修整""复原"，著书写文章，还要立碑炫颂其事，说是"将这一宋代名园景观，再现于人们眼前！"一个大的错案，导致造出了一个大的假古董，还愚弄和牵动了当代许多大名人，郭沫若先生生前为题写"沈氏园"匾额，夏承焘先生生前为书写《钗头凤》词，还有一些著名的教授、专家、学者也著文鼓吹和传述，一般人也就更加容易误信了。我在本文开头说过，这不是哪个部门，哪位个人的失误，这几百年来封建社会发展迟缓走向呆滞，我们的民族也日益走向衰微和荼弱，我们民族的整体素养，正日趋低下，这才有今天的浅薄和轻佻。为此，我们每一个人，都应该负有不同的责任。历史文化名城作践历史、亵渎文化的事太多，可我们只有一个绍兴，只有一位陆游。

　　陆游是南宋最伟大的爱国诗人，应该有个像样的纪念馆。陆游祖居绍兴鲁墟，生在淮上，晚年定居绍兴城南三山，卒后葬在云门卢家岙，纪念馆应该建在三山，不应该凑合在无关的假沈园，与错解错传的《钗头凤》故事牵扯起来，《钗头凤》毕竟只是他感情生活的一段插曲，现在错定的沈园，肯定不是陆游时的沈园，标榜是所谓陆游题《钗头凤》时的沈园，最早只能上溯到沈櫄元购住于此的康熙末至乾隆初。何况《钗头凤》更不是错解错传的那样，与现在的沈园，当然更是风马牛不相及。现在的沈园与陆游无干，却辟作陆游纪念馆，纪念的到底是何人，纪念的又是什么，都是较真不得，也令人哭笑不得了。我在一篇文章中曾说起一段笑话，宋代禅僧有一段语录说："赵州牛吃禾，益州马腹胀。扬州请医人，炙猪左膊上。"哭笑不得的时候，只好引一段笑话以为解嘲。我们都愿意听侯宝林说的相声《关公战秦琼》，讹传文化的怪圈，往往都造成时空的大错位，历史的大错讹。"国耻填胸恨未平，忧时恋主可怜生。"陆游生前要活得不快，逝后未得安宁，如今这样的纪念，他老先生作何感想，我们对得住他老先生吗？我们自己不觉得脸红害羞吗？

　　沈园新建后，我没有去看过。立听自吹，都成胜迹，究竟怎样把这一"宋代名园景观""再现于人们眼前"，我还不知其详。《红楼梦》里有几句话说："正恐非其地而强为其地，虽百般精巧，终不相宜。"智能资源是一个社会的总和，我国园林史学科还远远没有建立起来，建筑史学科也还远远不尽如人意，对于宋代园林，我们所知甚少，绍兴城外南宋陆游时的沈园，算不上宋代名园，其中的景观，我们更是一无所知，怎么能"再现"于人们眼前，又怎么能做得百般精巧呢？何况陆游时的沈园原本就不在这个地方，更何况陆游

《钗头凤》原本更不是错解错传的那个样子，根本就不是发生在沈园！我们现在能够"再现"的，其实是一堆荒唐，前人的荒唐和我们自己的荒唐。据一些旅游宣传材料的炫述，现在建成的沈园有孤鹤轩、冷翠亭、半壁亭、宋井亭、六朝井亭、冠芳楼、闲云亭等景观，好不热闹，可这都是些什么呀，这种"再现"，除了一堆荒唐，又能是些什么呢？

我这篇文章的标题和整个的考证论述，是着眼于《钗头凤》的错解错传后和沈园的错认错定，有了错解错传错认错定，跟着必定是错建，参与错建的人们，终究也是受害者。我希望沈园这件事能够成为一个严重的历史教训，我们建筑家们应该自竖脊梁，用自己的头脑思辨真伪，不要受人捉弄，跟在人家后面，以讹传讹，人云亦云。不要给人家拉帮唱影，逢场作戏，制造假骨董。已故大文学家、史学家郭沫若先生生前为题"沈氏园"三字匾，著名词学家夏承焘先生重题《钗头凤》词，也都不过是他们自己的不幸，受人愚弄，正是他们逢场作戏的悲哀，让人愧笑。名人错了，如果大家仍然跟着以为是对的，那世道人心，可就都没有救了。历史文化名城不知道尊重历史与文化，如此瞎折腾，捅娄子，弄出作践历史、亵渎文化的丑剧，正是这个城市的耻辱。绍兴历史上出现过那么多的文化名人，还号称报仇雪耻之乡，现在总不至于没有有识之士。这个问题我在三年前已发表文章论及，可惜绍兴仍无动于衷。知耻近乎勇，希望绍兴市及早下定决心，洗刷这个耻辱。

石涛叠山「人间孤品」，一个婟浅而粗疏的园林童话

　　扬州城南南河下，何芷舻寄啸山庄的旁边，有一处小园名片石山房，刚发现时存水池一处，楠木厅一所，水池西北角靠墙假山一区。1962年陈从周先生写出《扬州片石山房——石涛叠山作品》一文，刊载在《文物》1962年第2期上，正文之外，收有两幅假山平面图、一幅假山立面图和两幅假山照片。这篇文章后来在1980年收入《园林谈丛》一书，两幅照片收在书前，假山平立面图未再收。《园林谈丛》重收此文，注明是原载在《文物》1962年第2期，全文之后附记一条补注。

　　陈先生在文章开头便说，石涛是我国明末杰出的一个大画家，在园林建筑的叠山方面，他也很精通。《扬州画舫录》《扬州府志》及《履园丛话》等书，都说到他兼工叠石，并且在流寓扬州的时候，留下了若干假山作品。接着便说起这处片石山房的发现：

扬州石涛所叠假山，据文献记载有二处：其一，万石园。《扬州画舫录》卷二："释道济字石涛……兼工垒累石，扬州以名园胜，名园以垒石胜，余氏万石园出道济手，至今称胜迹。"《嘉庆扬州府志》卷三十："万石园汪氏旧宅，以石涛和尚画稿布置为园，太湖石以万计，故名万石。中有樾香楼、临漪槛、援松阁、梅舫诸胜，乾隆间石归康山，遂废。"其二，片石山房。《履园丛话》卷二十："扬州新城花园巷又有片石山房者，二厅之后，潆以方池。池上有太湖石山子一座，高五六丈，甚奇峭，相传为石涛和尚手笔。"万石园因多见于著录，大家比较熟悉，可是早毁于乾隆间，而利用该园园石新建的康山今又废，因此了无痕迹可寻。现在唯一幸存的遗迹，便是这次我发现的片石山房了。

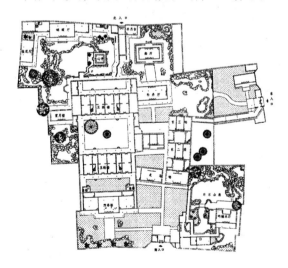

扬州何园与片石山房位置关系图（原载《古建园林技术》2005年3期）

中国造园艺术

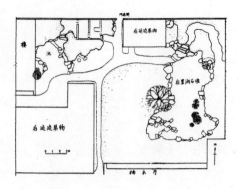

扬州片石山房假山底层平面图（原载《文物》1962年
2期）

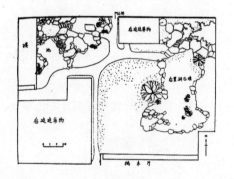

扬州片石山房假山顶层平面图（原载《文物》1962年
2期）

扬州片石山房西首假山立面图（原载《文物》1962年
2期）

石涛叠山"人间孤品",一个婧浅而粗疏的园林童话

5

扬州片石山房假山老照片（原载《园林谈丛》卷首）

6

扬州片石山房假山老照片（原载《园林谈丛》卷首）

7

经修整和重叠后的片石山房假山

8

陈从周撰书《重修片石山房记》拓本，转引自吴肇钊《夺天工》

9

先前陈从周题"片石山房"，刻在剑环式洞门内照壁上

10

新建园门新挂石涛伪款"片石山房"门匾

　　文章接着又说，他在扬州对古建筑与园林住宅作较全面的调查研究，发现在市区东南花园巷东尽头何宅内有倚墙假山一座，虽面积不大，池水亦被填没，然而从堆叠手法的精妙，以及形制的古朴来看，在已知现存扬州园林中年代最早，其时间当在清初，确是一件不可多得的精品。从其堆叠的手法分析，再证以钱泳《履园丛话》的记载，传出石涛之手，是可征信的，确是石涛叠山的"人间孤品"。陈先生自己炫露说是他发现的石涛叠山孤本片石山房，因此他自己喜形于色而溢于言表。

　　陈先生又写有《扬州园林与住宅》一长文，1961年8月初稿，1977年11月修订，后载在《社会科学战线》1978年第3期，随后亦收入《园林谈丛》一书。文中先谈园林后谈住宅，于"园林"一章，开头就写的片石山房，约占32开本两页，内容大体与《文物》所载相近。扬州片石山房的发现引起重视，扬州方面后来进行了整理维修，拆除了后建建筑物，扩大了水池，重新叠了东部假山和池岸，面貌大为改观（图7）。1990年陈先生手书《重修片石山房记》，刻石立于园中。《重修片石山房记》云："世之叠石能手胥工画，石涛高名，艺垂千秋，人所共鉴，欲求其构山之作，难矣。然余不信世间未有存者。曩岁客扬州成《扬州园林》一书，非敢步武《画舫录》，留真况耳。其时终于发现片石山房，考之乃出石涛之手，孤本也。小颓风范，丘壑犹存。近吴君肇钊就商于余，细心复笔，画本再全，功臣也。石涛有知，亦当含笑九泉。而扬人得永宝此园，洵清福，无量矣。"此记后收入《世缘记》，吴肇钊《夺天工》发表有此记刻石之拓本，碑题之下刻"江南石师"四字印章（图8）。

陈先生对石涛叠山"人间孤品"的发现颇为自喜而溢于言表，在园林界很快引起不小的反响，一些扬州人更认为是给扬州园林争了一口气，添了一段光彩。但是当时也有人持不同看法。《刘敦桢文集》第二卷收有《对扬州城市绿化和园林建设的几点意见》一文，是1962年所作，应当是陈文在《文物》上发表之后，扬州人士有觉得不无可疑的，特向刘敦桢先生请教，刘先生在扬州座谈会上发表讲话说："片石山房的历史，未经研究不敢妄下断语。假山有些旧有的石头堆得很好，但有些被破坏了。"刘先生这段话说得很严正，"不敢妄下断语"的"妄"字分量不轻，虽然不是说的别人，可都应该是闻者足诫。实际上刘先生已明确表态，对那种称片石山房为石涛叠山孤本的断定未予承认。

陈先生的文章后来在《园林谈丛》一书上重刊时加了一

条尾注说：

> 检1820年刊酿花使者纂著《花间笑语》谓："片石山楼为廉使吴之黼字竹屏别业，山石乃牧山僧所位置，有听雨轩、瓶榼斋、蝴蝶厅、梅楼、水榭诸景，今废，只存听雨轩、水榭，为双槐茶园。"此说较迟，乃酿花使者小游扬州时所记，似为传闻之误。

这条尾注透露出的消息非常重要，陈先生自己说是"检1820年刊酿花使者纂著《花间笑语》"云云，开头用一"检"字以为管领，好像是说这条材料是他自己检索出来的，仔细一琢磨却又不是。这样加出的尾注，正表明是别人查出这条记载，向他请教或提出疑义，他马上解释，三两句话便把别人的请疑质疑搪塞过去，根本没当一回事。他所说的"此说较迟"和"传闻之误"，更是全然不对。这条尾注初见于《园林谈丛》，《园林谈丛》是1980年出版的，前两年1978年刊出的《扬州园林与住宅》在说到片石山房"初系吴家龙的别业，后属吴辉谟。今尚存假山一丘，相传为石涛手笔"一段时，加了三条注释，引及嘉庆《江都县续志》卷五："片石山房在花园巷，吴家龙辟，中有池，屈曲流前为水榭，湖石三面环列，其最高者特立耸秀，一罗汉松踞其巅，几盈抱矣，今废。"光绪《江都县续志》卷十二："片石山房在花园巷，一名双槐园，歙人吴家龙别业，今粤人吴辉谟修葺之。园以湖石胜，石为狮九，有玲珑夭矫之概。"续纂光绪《扬州府志》卷五："片石山房在徐凝门街花园巷，一名双槐茶园，旧为邑人吴家龙别业。池侧嵌太湖石，作九狮图，夭矫玲珑，具有胜概，今属吴辉谟居焉。"现在摆在我们面前的，关于片石山房的记载总共有三种五

件,一是钱泳《履园丛话》,他说片石山房的假山"相传为
石涛和尚手笔"。二是酿花使者《花间笑语》,说是片石山
房"为廉使吴之黼字竹屏别业,山石乃牧山僧所位置"。两
说大相径庭。三是府县志中的记载,一共是三条,后两条记
的是同治光绪年间的事,陈先生引的续纂光绪《扬州府志》,
实为同治年间修纂。前一条记的是道光年间的事,三条记载
大同小异,后两条基本一致,都说片石山房是本地人吴家龙
的别业,后归粤人吴辉谟,吴辉谟与吴家龙不是一家,事又
晚出,可置而不论。前一条记道光时事,说片石山房为"吴
家龙辟",亦较后两条说是吴家龙别业更为明确。事实上后
两条虽未明言是吴家龙辟,只说是吴家龙别业,但是又没
有记出吴家龙之前是属于别人,所以也就和"吴家龙辟"一
说并无不合。地方志中这三条材料,显然以嘉庆《江都县续
志》的记载为最早又最好,另外两条也没有错。这三条记载
强调片石山房为"吴家龙辟"、为"吴家龙别业",与《花间
笑语》称片石山房"为廉使吴之黼字竹屏别业"又不尽相同。
这些个记载为什么会有同有异,尤其是吴家龙与吴之黼到底
是怎样的关系,都需要一一考证和综合鉴辨,这些问题全部
考清,片石山房的初辟和传人,片石山房初建的年代,和片
石山房的假山作者等,也就可以彻底弄明白了。

这三种五件材料,钱泳《履园丛话》和当地府县志的记
载,陈从周先生在撰写《扬州片石山房 —— 石涛叠山作品》
和《扬州住宅与园林》时都已见到。酿花使者《花间笑语》
的记载,陈先生是后来见到,至迟在1980年《园林谈丛》成
书时已经见到,并引作附注。可惜陈先生已经有成说在前,
为了维护成说,便三言两语搪塞过去。其实如果仅就扬州
府志江都县志提供的片石山房为"吴家龙辟"、为"吴家龙

别业"的线索，做史源学年代学考证，已足可以考清吴家龙初辟片石山房的年代不早于乾隆初年，与石涛流寓扬州的时间远不相及，当时石涛早已卒去，钱泳所说片石山房假山"相传为石涛和尚手笔"显系误传，不能成立，只是还不能考出不是石涛又是谁人的手笔。因此酿花使者《花间笑语》提供的材料，说是片石山房的"山石乃牧山僧所置"，就显得极其重要，考证论证清楚，就成了颠扑不破的铁案。

我做学问的宗旨力主博大精深，致广大而尽精微，以至后来识破当今学术界的种种学风浮浅学术腐败和文化水平太低，更锐意于正言辨物祛假寻真，督意于陈垣先生提倡的史源学考证和年代学考证。陈垣先生初开史源学实习一课时在黑板上写出的精辟导言"莫信人之言，人言实诳汝"，真是石破天惊。《红楼梦》上说"刘姥姥信口开河，贾宝玉寻根问底"，史源学的考证，就是寻根问底。为了弄清石涛叠假山"人间孤品"的真假，为了弄清片石山房的假山不是石涛所叠，而是牧山僧所位置，只有一个办法，那就是寻根问底。现在关于片石山房假山及其作者的一些原始材料，已经用不同的方式一一转引出来。寻根问底，依次要考证的程序是，首先考证钱泳《履园丛话》"相传为石涛和尚手笔"之说，和《履园丛话》与《花间笑语》的孰先孰后，考证《花间笑语》的作者以及他和片石山房吴家的关系，考证《花间笑语》所记片石山房事的年代和可信程度，还要考证片石山房宅园的主人始创者吴家龙与继有者吴之黼的辈分关系，吴家龙始建片石山房的年代，和片石山房假山作者牧山和尚的事迹，这些问题全都考清，结论自然也就出来，片石山房假山确是"牧山僧所位置"，吴家龙初辟片石山房在乾隆初年，石涛和尚早已卒去。所谓石涛叠山"人间孤品"之说，不过是一个婵浅而粗疏的园林童话，打造拙劣，经不起推敲和考证。

石涛兼工叠石之说，是以李斗《扬州画舫录》的记载为最早。《扬州画舫录》卷二："释道济，字石涛，号大涤子，又号清湘陈人，又号瞎尊者，又号苦瓜和尚。工山水花卉，任意挥洒，云气迸出。兼工垒石。扬州以名园胜，名园以垒石胜。余氏万石园出道济手，至今称胜迹。次之张南垣所垒白沙翠竹江村石壁，皆传诵一时。"《扬州画舫录》有乾隆六十年（1795）自序，和乾隆五十八年（1793）袁枚序、嘉庆二年（1797）阮元序，成书当在乾隆末至嘉庆初。石涛生于明崇祯三年（1630），卒于康熙四十六年（1707）。李斗与石涛存殁不及，相去甚远，说余氏万石园出道济手，全是凭空推测，余元甲建万石园时石涛也已卒去。《扬州画舫录》说起扬州园林的叠石名作，石涛万石园之后，又标举张南垣所叠白沙翠竹江村石壁。李斗推举的曾在扬州留有作品的叠石名家，以石涛为首，次之则为张南垣，其实他原本并不知道，张南垣本是我国历史上首屈一指的造园叠山大师。张南垣生于明万历十五年（1587），卒在康熙十年（1671）前后，时代也远较石涛为早，何况说石涛兼工叠石，更是原本没有的事。《汉书》上说："如小儿买瓜，捡大个儿的拿。"《扬州画舫录》不过是为"扬州以名园胜，名园以垒石胜"而虚加张扬，攀附名家，捡大个儿的拿而已。这种张扬拿大，自欺欺人，蒙骗和坑害后人不浅。钱泳《履园丛话》卷十二《艺能》篇《堆假山》条："堆假山者，国初以张南垣为最。康熙中则有石涛和尚，其后则仇好石、董道士、王天于、张国泰皆为妙手……"这条记载的前几句提到清初叠山名家张南垣和石涛和尚，正是与李斗的说法一脉相承，只是把两个人的次序换了一下，把张南垣排在石涛的前面。《履园丛话》卷二十《园林》篇《片石山房》条："扬州新城花园巷又有片石山房者，二厅之后，潄以方池，池上有太湖石山子一座，高五六丈，甚奇峭，相传为石涛和尚手笔。"片石山房为石涛和尚手笔之说未详所出，推崇石涛善堆假山正是受了《扬州画舫录》的影响。

钱泳这个说法顶多是一种风影之谈，甚至是一种无根的游谈。他说片石山房的假山"相传为石涛和尚手笔"，前面加上"相传"二字以为管领，可见他自己也没有多大把握。想不到后来的陈从周先生却信以为真，居然认定就是石涛和尚的手笔了。陈先生因为要相信和引用，张扬和推崇钱泳这一说，所以在《扬州片石山房》一文的最后说了不少恭维钱泳的好话。陈先生说钱泳是一个多面发展的艺术家，在园林与建筑方面有很独到的见解，尤其是对当时各地的一些名园，都亲自访问过，还做了记录，不失为我们今日研究园林史的重要资料。他亦流寓过扬州，扬州名胜和园林的匾额有很多是他所写，因此他的记载比一般人的笔记转录传闻的要可靠得多，一定是有根据的。陈先生对钱泳的推奖，大致如此。

我们都知道，钱泳的《履园丛话》论园林有专门的一卷，主要是记他道光初年游历各地所见，的确是有一定的史料价值和参考价值。我研究清代园林史事，写《戈裕良传考论》和《网师园的历史变迁》等文章，都引用过其中一些有用的资料。钱泳以当时人记当时的事，多半还是可靠的，同时我也发现书中还有不少疏漏和错失。比如我研究网师园的历史变迁，海查历史文献，发现是九易其主，其中道光初这一次，只靠《履园丛话》的记载，一直没能查到当时人的诗文描述，只靠钱泳所写的《瞿园》一条，其中记出嘉庆年间的一段事，还是属于瞿家的时候，末尾一句却说

"今又归天都吴氏矣"。不知这"天都吴氏"是从何说起，更不知到底是何人，连个字号也未交代，好像是故意周旋卖关子打马虎眼，一时真叫人来气，怎么可以这样不负责任地做记实文字呢？又如仪征朴园，钱泳的记载较详，称作淮南第一名园，我作《戈裕良传考论》亦曾加以称引，但是文中竟有一个关键性的错字，朴园本在仪征东北，钱泳却错记称东南，因为非常重要，又是戈裕良最好的作品，不少人都想去寻找那个故址。因为他把仪征东北错记成仪征东南，害得陈从周先生两次到仪征东南去寻找，都未能找到。钱泳记载最不确实，最令人搔头的是，凡是说到从前过去的历史事实时，往往都是捕风捉影攀大个儿标榜名人，《履园丛话·园林》篇记园林叠山，有三处最明显的错认和错记，都是说的相传为谁谁手笔，一加追究和考证，竟然全都不对。

这三处错认错记当中，最误人害事的，便是说扬州片石山房"相传为石涛和尚手笔"。此外又有一处是记苏州阊门内蒋深的绣谷，说是"园中亭榭无多，而位置颇有法，相传为王石谷手笔"。其实王石谷只是在园子建成后画过绣谷图。还有一处记北京西单郑亲王府惠园，说是"引池叠石，饶有幽致，相传是园为国初李笠翁手笔"。片石山房和绣谷相传为石涛、王石谷手笔，那还都是追记前事而捕风捉影，北京郑亲王府惠园他曾在嘉庆四年（1799）往访奉命赋诗，有《己未三月望日郑亲王招游惠园因登雏凤楼即席赋诗应教二首》，约略同时袭封礼亲王的昭梿亦有《游雏凤主人惠园》诗。惠园的历史钱泳不会不知道，两年之前著名文士裕瑞还专门应郑亲王之请写过一篇《惠园赋》，其中说道："缅当年之肇创，亭高境敞，隔街之梵塔迎眸；岭峻墙低，远巷之行人入望。疏篱点景，仿石田之萧闲；层洞穿纤，本笠翁之意匠。"裕瑞笔下的惠园假山和山洞，不过是说本着李笠翁的意匠，他的说法很对。这座惠园当年之肇创，是始建于简献亲王德沛时期，德沛卒于乾隆十年（1745），去李笠翁的时代已远。德沛建造惠园时，李笠翁早已卒去多年，怎么还能来到北京为惠园假山留一手笔？裕瑞的《惠园赋》作于嘉庆二年（1797），开头已自作交代，说是"丁巳春初，惠园主人见招，游于邸西别墅，见树石奇古，池台幂历，颇足赏心，遂归而赋之，以志一时之胜"。裕瑞应惠园主人郑亲王之招游园作赋，在嘉庆二年，钱泳应惠园主人郑亲王之招游园作诗，在嘉庆四年（1799），中间只隔一年。裕瑞与钱泳相识，有唱和之欢，裕瑞有《赠梅溪》诗："梅溪工诗隶又精，十载之前已闻名。今来重游京师道，坐我小窗当新晴。"又有《和梅溪京师冬日八咏》诗。裕瑞诗题诗句中的梅溪都是指钱泳。裕瑞和钱泳二人脚前脚后应招游惠园，裕瑞先有《惠园赋》，钱泳不会不知道，裕瑞赋中那句关键的话"本笠翁之意匠"，遣词命意都十分明白而又准确，但是到了后来，钱泳把惠园的事写入《履园丛话》，却说是相传为国初李笠翁手笔。李笠翁的生平年代与后来郑亲王德沛初建此园的时间大不相合，他就置诸脑后而不顾了。

照这样看来，钱泳这一类的说法，不但全不可信，他的思维逻辑好像是又出了点毛病，他这种讲法的模式，相传是石涛手笔、相传为王石谷手笔、相传为李笠翁手笔等等不负责任的说法，居然一个也靠不住，可他还是一个劲地喋喋不休，成为一种套话。钱泳所说扬州片石山房假山"相传为石涛和尚手笔"，完全是无根的游谈，没有任何根据，他写到片石山房，说是其地系吴氏旧宅，后为一媒婆所得，以开面馆，已经是嘉道年间片石山房作为吴家私家宅园废去以后，在他之前，和他同时之人酿花使者在《花间笑语》一书卷五记扬州园林事，明确记出片石山房"山石乃牧山僧所位置"，他可能不知道，是不是也许是听到点什么风闻，而把牧山和尚错记到石涛和尚头上，也未可知。不管怎样，钱泳所说片石山房的山石"相传为石涛和尚手笔"是全无根据，全不可信。我说到这里，若是还有人不相信我这个判断，那么在读完了和读明白了本文的全部考证之后，就一定会完全相信了。

陈先生根据钱泳说的片石山房假山"相传为石涛和尚手笔"，未能深考，便加以认定和坐实，干脆说成就是石涛的作品。文章一发表，一定是有人不能同意，有人请刘敦桢先生表态，刘先生明确表示不能认可。可能是过了一段时间，又有人查出酿花使者《花间笑语》上有一条明确记载，说是片石山房假山"乃牧山僧所位置"。陈先生在1980年将《扬州片石山房——石涛叠山作品》一文收入《园林谈丛》一书时，新加了那条有趣的尾注，说是"检1820年刊酿花使者纂著《花间笑语》谓："片石山楼为廉使吴之黼字竹屏别业，山石乃牧山僧所位置……'"随即下一断语，称"此说较迟，乃酿花使者小游扬州时所记，似为所闻之误"。陈先生此注开头加一"检"字，好像是说他自己检查出来的这条史料，又像是他听人说起自己检对过这条史料，我不知道这里面的内情，推测是陈先生的文章在《文物》上发表后，有人查出这条材料提供给陈先生，向他请教和请疑，请他研究考证，可是陈先生已成文在先，生米做成了熟饭，什么都来不及了，只好这样处理，三言两语把这条材料的价值否定，以维持成说。陈先生用一"检"字，我相信他后来是检对过，但是还是未能细读细看。这里面有两件事实能证明我的推测大体不误，一个是，如果陈先生是在《扬州片石山房》成文之前自己已检索到这条材料，文章就一定不会写成这个样子，《花间笑语》这条材料就不能一字不提，如果当初是已经知道而又压下一字不提，则后来将旧文收入《园林谈丛》一书时，也不会再加这条尾注。如果是《扬州片石山房》一文在《文物》上发表之后自己又检索到这条材料，我想先生一定会仔细寻读《花间笑语》一书，就不会在追加这条尾注时，加上"此说较迟，乃酿花使者小游扬州时所记，似为传闻之误"那样的断语。酿花使者《花间笑语》初刊在嘉庆十一年（1806），仅四卷，重刊于嘉庆戊寅，为嘉庆二十三年（1818），足成五卷。扬州片石山房一条出在第五卷。《花间笑语》卷五记扬州园林之前，作者加一自记云："扬州四达之冲，古今素称佳丽。以余五十余年往来而论，当乾隆癸未间两淮业禺荚者，城中宅畔皆设园林，艳雅甲天下，近颇有倾圮拆售者，恐日后更甚，因以现游各园及故人黄锡之所述园林旧基而并记之。时嘉庆二十二年（1817）四月八日。酿花使者记。"酿花使者片石山房"山石乃牧山僧所位置"之说出在嘉庆二十二年，《花间笑语》五卷足本刊行在嘉庆二十三年。钱泳《履园丛话》清代仅有道光十八年（1838）述德堂一种刊本，比《花间笑语》晚出二十年，怎么能说《花间笑语》之说晚出，"此说较迟"呢？酿花使者嘉庆二十二年自称"五十余年往来"扬州，片石山房的末一代宅园主人吴之黼是酿花使者的表兄，酿花使者乾隆嘉庆年间往来扬州一般都是住在吴家的片石山房，怎么又能说是"酿花使者小游扬州时所记，似为传闻之误"呢。根据这些事实，所以我推测酿花使者记片石山房这条极关重要的史源学材料，一定是一位好心热心而又细心的读书人检索出来，提供给陈先生，又被陈先生否定掉了的。可惜我一直不知道，又一直问不出他到底是何人，我非常希望能够找到他，以文会友，和他交上朋友，我想他若是能够看到我这篇文章，也一定会设法同我联系，我正希望他能提供出当时的情况，以验证我的推测是否有误。

再者，陈先生加的那条尾注，开头便说"检1820年刊酿花使者纂著《花间笑语》"，1820年刊的《花间笑语》亦不知出在何处，我见到的《花间笑语》扉页上刻有"嘉庆戊寅年"的字样，是为嘉庆二十三年（1818），1820年为嘉庆二十五年，一书刊行后两年又有另一刊本，也叫人不敢相信，所谓1820年刊《花间笑语》，也许是推年有误。陈先生说他检索过1820年刊《花间笑语》，我们不好不信，但是不知道陈先生检过此书是在哪一家图书馆还是哪一位私人藏书家手中？《花间笑语》这部书应该说还是较为冷辟，少为人知。我是20世纪70年代在辽宁省图书馆的古籍善本室见到此书，据说是一个孤本，善本室的负责人后来做了副馆长的韩希铎先生还嘱我考证酿花使者其人，中华书局的资深编辑张忱石先生还盛情邀我点校此书，作为明清笔记小说丛书重刊，我后来写了《酿花使者〈花间笑语〉》一文，刊载在《学林漫录》第十四集上。我因为太忙，点校此书实在是分不出时间。我最初在辽宁图书馆读到《花间笑语》，当时说是一个孤本，北京图书馆、中科院图书馆和北京大学图书馆都没有此书，孤本之说我也信了。可是看到《园林谈丛》追加的那条尾注，始知还有人在别处，可能是扬州、上海、南京等地，不可能还是在辽宁沈阳读到过此书，那以后我又在首都图书馆的卡片目录中查到有此书，这才知道，辽宁省图书馆所藏的《花间笑语》，并不是一个孤本。我在辽宁见到的那个本子，现在有复印本在我手中。那是一个五卷本，扉页已极残破，上有"嘉庆戊寅年□"字样，卷首的酿花使者《叙》，自署"嘉庆十一年九月望日书于都门枣林"。嘉庆戊寅是二十三年，当公元1818年，与《叙》文称嘉庆十一年不合。全书五卷，是一个木活字本，正文半页九行，满行二十字。但是卷一至卷四是一种字形，并且连排页码，自一至百六。卷五仍是半页九行，满行二十字，但已是另一种字形，并且自己单排页码，自一至二十八。细检书中文字，卷一至卷四记事至嘉庆十一年为止，卷五记扬州园林前后，两见"时嘉庆二十二年四月八日酿花使者记"。因知我见到的这部《花间笑语》是嘉庆二十三年戊寅第二次印刷的一个全本，其中卷一至卷四还是用嘉庆十一年原版重新刷印，卷五是嘉庆二十三年新摆印。陈先生的补注说是他检过1820年刊酿花使者《花间笑语》，是不是嘉庆二十三年（1818）之后还会又有一种二十五年（1820）刊本传世，想来恐怕是不会有的，所以我推测那1820年或是推年有误。

11

辽宁省图书馆藏嘉庆二十三年刊本酿花使者《花间笑语》扉页书影

12

辽宁省图书馆藏酿花使者《花间笑语》卷五记扬州片石山房牧山和尚叠假山事之书影

13

辽宁省图书馆藏酿花使者《花间笑语》卷五遍记扬州园林后作者自署嘉庆二十二年四月八日之题记

　　《花间笑语》的作者自署酿花使者,用今天的话说是用了一个笔名,可是又不想让自己的本名全掩,叫人摸不清头脑,嘉庆十一年(1806)《叙》后自署酿花使者之下钤有两方印章,上一印白文"楚香",下一印朱文"红雨庵主"。"红雨庵主"是个室名别号,楚香应是他的字。《花间笑语》卷五收汤洽名赠诗二首,前序云"毗陵汤名洽字又卿,精天文,通青鸟,工古近体,为广西方伯雄业孙,其别楚香熊丈云……"赠诗二首之后又收汤洽名《题酿花吟》十首。赠诗二首之一云:"感君忘迹更忘年,聚首天涯岂偶然。犹有宦情甘作客,欲修花史已成编。"《题酿花吟》十首之一云："前生合是散花仙，沦落尘寰几十年。诗酒半身行乐地，酿花两字可题笺。"之六云："作画题诗喜著书，花间笑语最堪娱。闲来亦有吟芳句，续得长安品艳无。"汤浩名为武进人，字谊卿，嘉庆时为州同知，学于张惠言，以能文名。《花间笑语》引其诗事作"汤名洽字又卿"，名与字皆有误。根据汤浩名这些诗序诗句，可知楚香姓熊，汤浩名称其为熊丈，熊楚香有《酿花吟》，又有《花间笑语》，《花间笑语》最知名。

据《清画家诗史》《画传编韵》等书的记载，熊楚香，名之垣，南昌人，自号江湖载酒人，工诗文，兼工山水，尝从外弟吴之黼学画，兼长梅石兰竹，书法董其昌。熊之垣一生游历过许多地方，《花间笑语》嘉庆十一年《叙》自题"书于都门枣林"。汤浩名《题酿花吟》之二咏及他在杭州，之三咏及他到过甘肃，之四咏及他扬州事迹云："珠帘碧月扬州梦，杜牧当年在此间。怪得词人犹抱恨，莺花时节忆康山。"《花间笑语》卷五最后有一段较长文字专记当时扬州园林的情况，开头便是"扬州四达之冲，古今素称佳丽。以余五十年往来而论，当乾隆癸未间两淮业禺荚者，城中宅畔皆设园林，艳雅甲天下……"所记扬州园林以康山江春草堂为首，第六条即记片石山楼，"楼"应是"房"之误。所记园林三十余处，记文之后自署"时嘉庆二十二年四月八日，酿花使者记"。记文开头之序说及乾隆癸未是二十八年（1763），末署嘉庆二十二年，上推"五十余年往来"，算到乾隆二十八年，已是五十五年。这五十余年往来扬州，曾亲见扬州园林和片石山房的兴衰。

熊之垣称吴之黼为表兄，《花间笑语》卷一"乾隆辛丑（四十六年，1781）九月自西安入都，道经华阴宿西岳大王庙，闻廉访吴竹屏表兄"云云。同书卷一又有"乾隆庚寅

（三十五年，1770）九月一日，先观察蔗泉公在邗上寓花园
巷瓶欐轩小集"。"先观察蔗泉公"指的是其父熊学鹏，熊
学鹏为一代闻人，袁枚《随园诗话》曾论其诗句，《春日闲
居》句"伴我三春消永日，垂帘一月不烧香"最为随园先生
激赏。片石山房在花园巷，中有瓶欐斋又见《花间笑语》卷
五片石山房条。按《清代职官年表》，吴之黼乾隆四十七年
（1782）为江西观察使，四十九年（1784）革职。按《淮海英
灵集续集》，吴之黼革职"归田后日坐小阁，摩挲跋尾，有
赵明诚之风"。乾隆四十九年吴之黼革职归田，正是回到扬
州花园巷之片石山房。

　　按《花间笑语》所记，在嘉庆二十二年（1817），片石
山房之作为吴之黼家的别业，其中的瓶欐斋、蝴蝶厅、梅
楼诸景都已废掉，只存听雨轩、水榭，已改作双槐茶园。
对照嘉庆十六年（1811）《江都县续志》卷五的记载，说是
"片石山房在花园巷，吴家龙辟，中有池屈曲流，前为水
榭，湖石三面环列……今废"。与《花间笑语》的记载大
体相合，末了都说是"今废"，更完全相合。嘉庆《江都县
续志》的记载比《花间笑语》的记载早六年，作为吴家龙、
吴之黼一家宅园别业之片石山房，至迟在嘉庆十六年已废
去。片石山房应该是吴家龙所辟，传到吴之黼时，已是最
后一代园宅主。嘉庆十六年《江都县续志》和《花间笑语》
卷五嘉庆二十二年所记片石山房之事不谋而合，经过种种
推敲考证，两处记载都是完全可靠的，没有半点差错。一
说片石山房为吴家龙辟，一说片石山房为吴之黼别业，好
像有所不同，其实也都正确无误，吴家龙与吴之黼本是一
家，吴之黼为吴家龙的直传后人，经下文的考证，吴之黼
正是吴之龙的孙子，片石山房正是在吴家龙时初辟为宅园，

下传到吴之黼这一代，之后在嘉庆年间废掉。嘉庆十六年《江都县续志》和《花间笑语》卷五嘉庆二十二年记片石山房事，都完全正确，更大体相合，《江都县续志》的突出贡献是记出片石山房为吴家龙所辟，《花间笑语》卷五的突出贡献是记出片石山房的太湖石假山"乃牧山僧所位置"。再经下文的考证，牧山僧与吴家龙正是同时代的人，牧山僧为吴家龙宅园叠山石，约在乾隆初年。

《扬州画舫录》卷十三《桥西录》记"长堤春柳在虹桥西岸，为吴氏别墅"，但是并没有记出所说吴氏究竟是何人。讲完了长堤春柳的景物之后，依次记出吴氏尊德、吴老典、吴景和、吴楷、吴家龙、吴志涵、吴重光、吴承绪、吴之黼、吴绍芳、吴绍灿、吴应诏、吴鲁、吴均等十四位吴姓之人。接着又记出李鸣谦、周叔球二人，李鸣谦工制艺，与吴承绪同选《春霆集》，周叔球工画，长堤春柳位置林亭皆出其手。《扬州画舫录》只记周叔球"与吴氏友善，是园（指长堤春柳）位置林亭，皆出其手"。还是未能指出是与吴氏何人友善，建造长堤春柳的园主人吴氏到底是何人。《扬州画舫录》的可气，多是这一类。

扬州片石山房的园主人，牵涉到吴家龙、吴之黼，吴家龙的事迹，多见于《扬州画舫录》，大约在乾隆初年，《花间笑语》记及吴之黼的若干事迹，则在乾隆中晚期，嘉庆二十二年记扬州园林事还提到吴之黼。《扬州画舫录》卷十三记吴氏诸人，第五位为"吴家龙，字步李。好善乐施，载在郡志"。第九位为"吴之黼，字竹屏，官按察使。工诗，画兰竹"。吴家龙、吴之黼之前有"吴志涵，字蕴千。副榜，工制艺"。"吴重光，字宣三。举人，官代州知州。""吴承绪，字芬瑜。举人，官赣南道。工制艺，与李鸣谦选《春霆集》。"从吴家龙到吴之黼，中间隔了三个人，这五位人士都是什么关系，是否都是一家，《扬州画舫录》上没有交代。从吴尊德到吴家龙、吴之黼，最后到吴均，这十四个人到底是几家人，为什么排成这样一个次序，都让人觉得糊涂，弄不明白。十四个人中打头的是吴尊德，未有年代，据朱江先生《扬州名园品赏录》，吴尊德为乾隆四十年（1775）候选知府，年代显然要比吴家龙为晚。吴家龙事迹，《扬州画舫录》卷七又载，扬州城南瓜洲吴园为大观楼旧址，后为"歙人吴氏别墅，赐名锦春园"。"吴氏名家龙，子光政同建。"吴家龙有子光政，乾隆年间父子同建瓜洲吴园，乾隆十六年南巡过此，赐名锦春园。吴家龙之子光政，《扬州画舫录》卷十五列出长堤春柳吴氏别墅吴姓名人十四人中，吴家龙之后吴之黼之前又无此人。吴家龙事迹，《扬州画舫录》卷八又载，扬州城西静慧寺本席园旧址，康熙赐名静慧园，"歙县人吴家龙重修"。"家龙字步李，襁褓而孤，奉母至孝。好施与，与汪应庚齐名。达于朝，赐盐运副使。"这已经是《扬州画舫录》记吴家龙事迹最详细的材料了。《扬州画舫录》卷十三称"吴家龙，字步李，好善乐施，载在郡志"。李斗《扬州画舫录》成书在乾隆末，书中所说吴家龙事迹载在郡志，无疑是指的乾隆《扬州府志》，可惜乾隆府志今已不传，雍正、康熙两部府志太早，不及记吴家龙事，嘉庆府志又已晚，已无吴家龙事迹。倒是乾隆八年（1743）《江都县志》卷二十二《笃行》中记有吴家龙事较详，且有明确的年代坐标，因此最为难得，兹全文转引如下：

> 吴家龙字步李，世家歙县，迁江都。襁褓而
> 孤，及长，奉母以孝称，笃赋醇谨，其于乡党缓

急，多所赒恤，每遇荒歉，辄倾赀筹赈，以乐善
好施著，事达朝廷，予爵盐运副使。乾隆三年岁
馑，助赈七千余金，七年复赈三千余两。铨部题
请议叙，累予加级记录。尝修扬郡之宝轮寺、静
慧园，整圮植废，梵宇肖然。以及治道途而便行
人，施纩袄以衣贫乏，所费不可胜计，凡所以见
义勇为而恐后者，盖根乎天性之肫笃，家庭雍睦，
子孙孝友，里闬咸以敦善行而获报者，首推之。

乾隆《江都县志》记吴家龙事迹较详，且非常及时，县
志成书于乾隆八年，已记出吴家龙赐盐运副使及乾隆三年
（1738）、七年（1742）助赈救灾事。乾隆八年县志成书时自
然还在世，"家庭雍睦，子孙孝友"，已经是有子有孙的人。
瓜洲吴氏别墅为吴家龙与其子光政同辟，嘉庆《瓜洲志》记
载，乾隆十六年南巡过此换舟渡江，赐名锦春园。《瓜洲志》
卷首《宸翰》引"府志谨按"云："（锦春园）在城南三十里，
门临水次，奉宸苑卿吴家龙园，四周杂植花木，斓若舒锦，
仰蒙睿赏赐名并赐书额，野岸楼台，永光不朽。"因知乾隆
十六年时吴家龙尚在世，并且已由盐运副使晋爵为奉宸苑
卿。嘉庆《江都县续志》卷四载吴家龙为奉宸苑卿，与《瓜
洲志》记载相合，《江都县续志》卷五又载吴家龙外任宁波
府同知，应该是晋爵奉宸苑卿之后。

《扬州画舫录》卷十三记有吴家龙、吴之黼简略事迹，
吴之黼次在吴家龙之后，中间间隔三人，看不出是否为一
家，更弄不清二人的辈分关系。《扬州画舫录》卷十三记吴
之黼事迹，仅云"字竹屏，官按察使。工诗，画兰竹"。《江
苏诗征》卷十五收吴之黼诗附小传云："吴之黼字有含，号

竹屏,江都人。官至江西按察使,著《乐山堂诗集》。"《淮海英灵集》《续集》收吴之黼诗附小传云:"竹屏善画兰竹,书法绝肖吴兴。起家虽不由甲乙科,秉雅操,读书务精审,雠校丹青弗缀,尤喜读金石文字,尝官关中,搜罗碑碣殆遍,归田后日坐小阁,摩挲跋尾,有赵明诚之风。"此外《清画家诗史》《国朝画识》《国朝书人辑略》《墨香居画说》等,亦皆收存吴之黼小传,也都很简略。

前文提到酿花使者熊之垣著《花间笑语》卷一记"乾隆辛丑九月,自西安入都,道经华阴,宿西岳大王庙,闻廉访吴竹屏表兄"云云,辛丑为乾隆四十六年(1781)。熊之垣称吴之黼为表兄,二人关系密切。另据《清代职官年表》,乾隆四十七年(1782)十月廿三日,吴之黼自川东道迁江西按察使。乾隆四十九年(1784)五月十九日革职。截止到目前为止,我能查到的吴之黼编年事迹,仅有这么几条,但是已经大体清楚。再根据我上面的耙剔考证,已可基本弄清,片石山房为吴家龙所辟,大约在乾隆初年,后来传为吴之黼的别业,至迟在乾隆四十九年吴之黼革职回扬州后是归了吴之黼。直到嘉庆十六年《江都县续志》成书时说片石山房"今废",嘉庆二十二年吴之黼之表弟熊之垣著《花间笑语》卷五专记扬州园林时又说吴之黼之片石山房"今废","只存听雨轩、水榭,为双槐茶园"。可见吴之黼已是片石山房的最后一代宅园主人。吴家龙至吴之黼之间有一段记载缺失,或者是我读到的书还不够,原本有记载我还未见到,但是吴之黼为吴家龙一家的直传后人,已毫无疑义。按《扬州画舫录》的记载,吴家龙有子光政,光政与之黼显然不像是同辈兄弟行,因疑片石山房自吴家龙传至吴之黼应该是祖孙三代,后来查明,吴之黼果然正是吴家龙之孙。嘉庆《江都县志》卷六记载：

> 吴之黼，字竹屏，家龙孙。少习举业，屡试
> 不遇，入赀为比部郎，时无锡秦文恭主部事，驭
> 属严，面试谦稿，心器之，指示得失，授以古文
> 章疏数十首，令公余熟复，益谙练当意。有能声，
> 出为湖北武汉黄德道，擢江西臬使，平反轻重，
> 悉当情实。以大吏牵连谪台论，牍后栖迟一小阁，
> 日校阅所藏书史，闲与同人相唱和，兴至手作兰
> 竹，自加题识，淋漓潇洒，人间得之以为珍，竹
> 杖芒屦，超然在尘埃之外。孙景恩，郡学生。

考证至此，已可彻底明白，片石山房的历史沿革和假
山堆叠，只要把嘉庆《江都县志》和《花间笑语》卷五中的
那段记载，对合起来就全然清楚了。两处记载全都正确无
误，则片石山房假山为牧山和尚所叠，也就毫无疑义了。

为片石山房堆叠湖石假山的牧山和尚亦大体可考。乾
隆时称牧山者，有世俗之人图清格，号牧山，善画，学石
涛和尚，为郑板桥好友。又有周笠，字牧山，工山水，善
刻竹，见王鸣诏《嘉定三艺人传》。《扬州画舫录》卷四载枝
上村有竹圃，周牧山为作《让圃图记》。《花间笑语》明确记
出叠片石山房假山的是僧牧山，不干图牧山、周牧山的事。
乾隆时字或号牧山之僧人，有无锡释二泉，字牧山，又有
扬州莲性寺住持僧牧山，字只得。近代学者洪业辑校《清
画传辑佚三种》之《读画随笔》云："释二泉，字牧山，无
锡人。能山水，多奇构。饮酒食肉任侠，轶浮屠规。辟佛
者遇之，转得把臂入林也。"据洪业先生说，《清画传辑佚
三种》是从前燕京大学图书馆藏写本《画人备考》中辑出，

备考之编纂及抄录"皆在乾隆五十二年至六十年间（1787—1795）"，"其中各有乾隆中叶以后人"。扬州莲性寺住持僧牧山，年代较无锡僧二泉字牧山者为早，正与吴家龙初建片石山房的年代相合。为片石山房叠山的牧山和尚，不会是无锡僧二泉字牧山者，只能是扬州莲性寺僧牧山字只得者。

莲性寺僧牧山工诗，曾参与一些扬州的造园活动，还曾为扬州著名园林贺园题过醉烟亭联。扬州僧牧山的事迹，散见于《扬州画舫录》。《扬州画舫录》卷十三记莲性寺，称莲性寺本名法海寺，创于元至元年间，康熙锡今名，并赐御制诗与书，及"众香清梵"匾。后建白塔，仿京师万岁山塔式，塔左便门通得树厅，厅角便门通贺园。莲性寺这一段记文之后，突然加一句"僧牧山，字只得，工于诗"。而再无下文，可知僧牧山为莲性寺僧。下一段文字讲白塔，塔身中空，供白衣大士像，其外层级而上，加青铜缨络，鎏金塔铃，最上簇鎏金顶。接下去又说"寺僧牧山，开山年例于十二月二十五日燃灯祈福。徒传宗，精术数。乾隆甲辰，重修白塔甫成，传宗谓向来塔尖向午由左窗第二隙中倒入，今自右窗第二隙中倒入，恐不直，遂改修"。

我手中的《扬州画舫录》为1984年江苏广陵古籍刻印社出版，错字错标点很多，这里的引文"寺僧牧山、开山"一句，牧山、开山旁各加有人名号，遂成寺僧牧山与开山二人，其实开山绝不是僧人名。但是这一句中的"开山"二字还是有些费解，也不好断成"牧山开山"，我觉得还是应该把"开山"点到下一句，认定是"开山年例于十二月二十五日燃灯祈福"。这样一来，前面说"寺僧牧山"，与下面说的"徒传宗"，从文句上也还成对仗关系。传宗下面说到乾隆甲辰，是为乾隆四十九年（1784），当时牧山之徒传宗已升为莲性寺住持，其师牧山或已退老西堂，或许很可能已过世不在了。同书同卷记贺园事后，又载"僧牧山，字只得，题醉烟亭联云：'绕槛溪光供潋滟，隔江山色露嵯峨。'僧天池书'林外野人家'五字于偶寄山房，僧一庵书对薇亭额"。醉烟亭为贺园一景，贺园始建于雍正年间，贺君召创建，"迨乾隆甲子，增建醉烟亭、凝翠轩、梓潼殿……嘉莲亭十二景，征画士袁耀绘图，以游人题壁诗词及园中匾联集之成帙，题曰'东园题咏'。"从这一段记载来看，牧山僧为醉烟亭题联是在乾隆九年甲子（1744），当时牧山还是莲性寺住持僧。吴家龙家的片石山房假山，熊之垣《花间笑语》记为牧山僧所叠，无疑正应该是这位工于诗，又曾为贺园题醉烟亭联的莲性寺住持僧牧山。片石山房的建造和假山堆叠确年不明，初步推测大约在乾隆初，应该在乾隆九年牧山为贺园题醉烟亭联之前。牧山和尚为片石山房叠湖石山，年代约在乾隆初，这两个问题至此可以说已经大体解决，只是苦于材料有间，还不能定出确年。但是已经查到牧山和尚这个人，又知道他是扬州大寺莲性寺住持僧，工诗，热心园林方面的事，为贺园醉烟亭题过对联，具备为片石山房堆叠假山的资格，时代又正与吴家龙初建片石山房相合，这些情况，可以说也就够了。

关于扬州片石山房假山究竟是石涛和尚的手笔，还是牧山僧所位置的考证，至此可以结束，用不着再做结论和附说一些题外的话。我近来所作建筑史园林史方面的一些考证文章都是为的正言辨物，去假寻真，总之是只以是非真假为权衡，是对事不对人的。当然在考证论证是非真假的时候，难免要牵涉到当事人的一些说法和错失，这时就只能本着我一向主张的直不伤人，婉不害意，真诚地发表自己的看法。陈先生说他发现了片石山房假山为石涛和尚

叠山的"人间孤品"，有时又称是"人间孤本"，颇为自喜
并溢于言表，甚至说是石涛有知亦当含笑九泉，而扬州人
得永宝此园，也是一种无量的清福。若果真是石涛叠山的
"人间孤本"，这个说法当然并不过分，可惜先生有疏于考
证，误信了钱泳的不实之辞。当年的钱泳也还知道留了点
分寸，只说是"相传为石涛和尚手笔"，到了陈先生的笔下
才拍板说死咬定真是石涛的手笔。开头是钱泳已误，陈先
生再误上加误，最后做成了一个婊浅而粗疏的园林童话。
有趣的是，钱泳不过是捕风捉影，从《扬州画舫录》上说的
石涛兼工叠石，引申出片石山房叠山"相传为石涛和尚手
笔"，陈先生便信之不疑，后来见到《花间笑语》上说的片石
山房假山"为牧山僧所位置"，那样真实确凿的说法，只要
稍加考证，就会知道那完全是记实，陈先生却判定为"传闻
之误"。把钱泳的传闻之误当真，把酿花使者的真实记录当
作"传闻之误"，这真是一个有趣的、双料的幽默。陈先生
说他给扬州人发现一处珍宝，"而扬人得永宝此园，洵清福，
无量矣"。这些妙语都已堂而皇之地刻字立碑于园中，园中
的假山也已重叠一新。陈先生自题"片石山房"四字，也已
刻立在园中显眼的位置剑环门内的照壁上。后来还嫌不够，
又再请石涛先生出马，新题了四个大字的门匾。据说是集石
涛的字，集人家的字也不可公然替人家落款。现在有不少人
在诊痴符炫卖浮浅公开造假，谁还在乎这个？扬州一些人陶
醉在陈先生给他们打造出来的"清福"中走得更远，也是理
之必然。可我还是弄不明白，错拉一位古代名人，用现代的
拙劣，包装作假，也算是扬州人的清福？难道扬州文物界、
园林界和文化界就没有一个明白人了吗？恐怕不会吧，先前
那位检索出《花间笑语》那一条材料，向陈先生提出请疑质

疑的，也许就是一位扬州人。再说，经过严密考证，认定片石山房假山的作者不是错传错定的康熙中晚期流寓扬州的石涛和尚，而是乾隆初年扬州莲性寺的高僧牧山和尚，在扬州现存的园林假山中，还是年代最早的一座。刘敦桢先生当年也曾说过，片石山房有些旧的石头还是叠得很好，我想还是会得到扬州有识人士的珍爱和呵护。还有，据陈先生的原文报道，说是片石山房还存有面阔三间的楠木厅一座，"其建筑年代当在乾隆间"。这个判断应该不误。现存江南园林中的建筑，多半是太平军之役以后重建的，乾隆时的楠木厅已极难得。因为错认假山为康熙年间石涛所叠，便以为楠木厅较晚，没拿它当一回事，现在考清片石山房及其假山都是乾隆初年建造，楠木厅或许正是吴家龙初辟片石山房时所建，成了片石山房初建时代的历史见证，将来取样做碳14检测，再用树木年轮检测校正，便可以确定出那些楠木的准确采伐年。楠木厅和片石山房初建确年就可以最后认定下来。当然，这又是我的傻心眼，现在的浮躁浮夸和学风浮浅学术腐败，谁还在意真假，只管一个劲地猛吹，已经有人在片石山房的图上标注成明代楠木厅了。

陈先生说片石山房是石涛和尚叠山传世的"人间孤品""人间孤本"，是认为扬州所传余氏万石园出石涛之手也是真的，只是实物不存，早毁于乾隆年间，利用该园旧石新堆的康山草堂假山又已废掉无迹可循。陈先生认为现在唯一幸存的石涛遗迹，便是他发现的片石山房，所以才说是"人间孤品""人间孤本"。实际上扬州旧传所称余氏万石园假山出石涛之手也是误传，这个误传的始作俑者，正是李斗，《扬州画舫录》卷二所记石涛"兼工垒石"，"余氏万石园出道济手，至今称胜迹"。前面已经引出过。李斗称万石园出石涛手查无实据，万石园建造时石涛已经卒去。《扬州画舫录》成书时万石园已废，山石已归康山草堂，还说是"至今称胜迹"，更不可信。余氏万石园主人为余元甲，为雍正、乾隆时的扬州名人。《扬州画舫录》卷十五："余元甲，字葭白，一字柏岩，号苗村，江都邑诸生，工诗文，雍正十年通政赵之垣以博学鸿词荐不就，筑万石园，积十余年殚思而成。今山与屋分，入门见山，山中大小石洞数百，过山房有屋，厅舍亭廊二三，点缀而已，时与公往来，文酒最盛。葭白死，园废，石归康山草堂。"《淮海英灵集乙集》卷三："余元甲，字葭白，一字柏岩，号苗村，江都诸生，资敏学博，少饶于财，以好施致贫困，然灶头无烟苦咏不缀。雍正甲寅，赵通政之垣以博学宏辞荐，坚谢不就。诗宗韩孟，参以皮陆，乾隆乙酉苗村没，嘉兴蒋德选其自订集与遗稿得九十六首，为《余先生诗钞卷》。"乾隆《江都县志》卷二十："余元甲字葭白，遂宁张冢宰所得士也。读书好探颐索异，雅爱交游，四方之宾客资为外府，遇人危难，恒不惜出千金救之，家本素封，久之遂自即于贫，耻以穷困干故人，唯肆力于诗，发纤浓于简古，寄至味于澹泊，益都赵宫赞执信以宗工自诩，睥睨一世，独谓元甲为风雅种子。会天子征鸿博之士，有司上其名，辞不就，朝贵有欲表荐之者，亦以书辞，畏荣怀古、贫日益甚，年逾六十，竟以憔悴死，世咸惜之。"余元甲一生事实清楚，但是卒年记载又有不同，《淮海英灵集乙集》说他卒在乾隆乙酉，是为乾隆三十年（1765）。乾隆八年（1743）《江都县志》说他年逾六十憔悴以死。余元甲为厉鹗好友，厉鹗说他卒于乾隆七年壬戌（1742），见《樊榭山房续集》卷二，乾隆县志之说与厉鹗相合，都是当时人记当时事，所记甚是。余元甲乾隆七年卒，年逾六十，年轻时候赶得上石涛在世，但是余元甲建万石园是在雍正十年（1732）荐博学鸿词坚辞不就以后，当时石涛早已卒去。民国《江都县续志》卷十三："万石园……以石涛上人画稿布置为园，太湖石以万计，故名万石。中有樾香楼、临漪槛、援松阁、梅舫诸胜，后石归康山，遂废。"同书卷二十六："释道济字石涛……画兼善山水花卉，笔意纵恣，脱尽窠臼，工垒石，余氏万石园出其手。"一书两说竟自相矛盾如此。民国县志都是转引旧说，前一条出嘉庆《重修扬州府志》，后一条出《扬州画舫录》。石涛早卒，不及见余元甲建万石园，还是嘉庆府志所说余氏万石园是"以石涛上人画稿布置为园"最有见地。扬州当地一般虚传误传错认错定所谓石涛兼工叠石之说，仅有吴家龙片石山房和余元甲万石园两个例证，陈先生全都认可了，但是全都不能成立。此外还有扬州个园系就寿芝园旧址重筑，寿芝园假山亦相传为石涛所叠，这个说法连陈先生也都不予承认，这里也就不用多说了。

《扬州画舫录》说余氏万石园出道济手，实际上余元甲造万石园是以石涛和尚画稿布置为园。《履园丛话》说片石山房假山相传为石涛和尚手笔，实际上吴家龙造片石山房，园中假山乃牧山僧所位置。哄传错传石涛叠山作品一个都不是，所谓石涛兼工垒石善叠假山，自然也就不能成立。

网师园的历史变迁

　　网师园在苏州旧城东南隅，前临阔街头巷，后倚十全（泉）街。小园面积不大，但高洁典雅，得体合宜，为苏州古典园林的杰出实例，代表江南私家小园和我国传统园林文化的一个精致，是为苏州，乃至全国，并且是全人类的宝贵的文化遗产，在国内外享有盛名。网师园1982年被列为全国重点文物保护单位，1997年作为苏州古典园林之一列入世界文化遗产名录，受到精心的保护。

　　网师园的前身传为南宋史正志万卷堂故址，仅一传不能保[1]。原梅花铁石山房前有老梅一株，传为史正志手植，后枯死不存。现在看松读画轩前原有古老罗汉松，也已枯死。今存古柏有八百年树龄，主干已枯，枝干尚绿。池南又有"槃涧"二字石刻，传系宋时旧物。[2]

　　史正志的万卷堂可算是网师园历史地块上的前代旧址，

本文考述网师园的历史变迁,上限断自清乾隆中宋宗元始创网师园时,南宋万卷堂及元明时期的变迁历史,则略去不论。

网师园之名创始于清乾隆中之宋宗元,又名网师小筑。宋宗元卒后家世败落,其子保邦维持十余年后已不能守。后归瞿兆骙,兆骙卒,传其子中灏,又继有二十余年。瞿氏以后又递传数姓,中间一度还曾做过长洲县衙。二百年来网师园至少七次易姓有八姓园主,直至20世纪50年代,最后一代园主何澄的子女将此园献给政府,纳入国家保护。网师园在宋宗元初建时正逢乾隆盛世,当时已颇负盛名。乾隆末年归瞿兆骙,兆骙目营手画,加以整治增修,一时更负盛名。瞿氏父子慷慨好客,园中诗酒宴游,亦一时之盛。瞿氏父子继有网师园始于乾隆末,跨越整个嘉庆年间而至于道光中。可是好景不长,随后不久鸦片战争爆发,清王朝走向衰落,列强入侵,我国沦为半封建半殖民地的痛苦深渊,传统园林文化亦随之而走入衰势。网师园大好园林,也已是"音响久歇绝,池台生暗尘"。[3]从这个角度来看,网师园正是乾隆以降这一段时期的历史界标和国家衰败的实例见证,并且很为典型。网师园至今还能大体上保持着乾隆年间宋宗元,乾隆嘉庆年间瞿兆骙父子时期的基本面貌,甚属难得。咸丰年间太平军之役,清军太平军烧城拆屋,网师园因地处偏僻而幸免于兵燹,但是遭到了严重破坏。同治年间清军收复苏州,收拾残破做了县衙,光绪年间又复归为私家园林,但李鸿裔、李廞猷父子切割网师园,在园中东部铲除旧迹改建豪宅高楼轿厅,讲排场摆阔气而大煞风景,造成极大的硬伤,成为一大败笔,又正是园林文化急剧走向衰落的一个恶果。李格非《洛阳名园记》云"园林的废兴，洛阳盛衰之候"，"洛阳之盛衰者，天下治乱之候也"，信焉。网师园之作为一个园林精品，前辈贤达每有叙说和赞扬，网师园的历史变迁，干系巨大。我们切不可停留在浅层表面认识之上，傻乎乎乐呵呵地人云亦云安然自得，还得从史源学年代学的角度，做深入的研究和考证。考清她的历史变迁，剖取一个纯真，网师园乾嘉年间宋氏、瞿氏时期的高品精妙和光绪年间李氏时期的荒唐改造，才能够认准看透。为此我们别无他法，还得从头开始，一一检阅披寻一切相关的历史文献，进行原典阅读和史源学考证，并且按着历史编年的序列，走进年代学考证。考清网师园的历史变迁，才能作出精确的鉴定和评价。

宋氏网师园的始建年代未见明确记载。沈德潜《网师园图记》云，宋宗元"位两府，乃年未五十，以太夫人年老陈情，飘然归里。先是，君在官日命其家于网师旧圃筑室构堂，有楼有阁，有台有亭，有沜有陂，有池有艇，名'网师小筑'，赋十二景诗，豫为奉母宴游之地，至是果符其愿"。[4]宋宗元卒以乾隆四十四年（1779），年七十。沈德潜图记称年未五十归里，当在乾隆二十三年（1758）前。彭启丰有《戊寅岁元夕网师园张灯合乐即事》，戊寅正是乾隆二十三年。彭启丰又有《题宋悫庭杏花春雨图卷》及《网师小筑吟》，以其在集中之编年次第考之，作于乾隆二十四年。[5]

宋宗元字光少，又字鲁儒，号悫庭，生于1710年，卒于1779年。世居长洲，历官至光禄少卿。生平事迹详见彭绍升《仲舅光禄公葬记》。[6]彭启丰为宋宗元的姐夫，彭绍升的父亲，网师园乾隆二十三年元夕已在张灯合乐，宋宗元之归苏州养母，似在乾隆二十二年（1757）。彭启丰张灯合乐诗之二结句云"莫怪比邻来往熟，同赓将母赋旋归"。彭启丰是乾隆二十年（1755）归里乞养老母，见《外姑陈太夫人墓志》和《亡妻宋夫人述》。[7]《外姑陈太夫人墓志》又载，宋宗元由天津知府擢天津道，又改清河道，署泉司藩司事，太恭人怀思欲南归，宗元不敢违，越五年吁请归养，蒙恩谕允，因葺网师旧圃为宴游地。

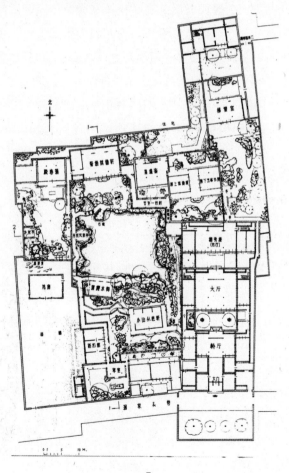

1

网师园总平面图

2

网师园中部水池和西北景物

3

濯缨水阁

　　沈德潜记称宋宗元"在官日命其家于网师旧圃筑室构堂"，彭启丰志称宗元告归养母，"因葺网师旧圃为宴游地"。两文皆称网师旧圃，因知宋宗元之网师园并不是始于乾隆二十二三年，还要更早。

　　宋宗元著有《经巾纂》一书，自序称"一行作吏，雅俗殊轨"，"薄书之旁，偶参剩简；轮蹄之会，间扶残篇"。因知是居官时公事和宦游之暇所作。序末题"乾隆辛未夏五梅花铁石主人宋宗元悫亭甫识"。辛未为乾隆十六年（1751），

作者已自称梅花铁石主人，用的是唐代名相宋璟铁石心肠
而有《梅花赋》的故典。凡造园林先定厅堂为主，宋宗元的
网师园正是以梅花铁石山房为主堂。《经巾纂》一书扉页右
栏题"元和宋悫亭辑"，左栏题"尚网堂藏板"。尚网堂之名
虽不见于后来的网师园十二景中，必定是网师园的书堂名。
《经巾纂》书口鱼尾上刻"悫庭慵书"，鱼尾下各卷目之下俱
刻有"网师园"三字。扉页与书口题刻表明，《经巾纂》成
书时已有网师园，书板则藏于网师园中之尚网堂。因知网
师园至迟在乾隆十六年已建成定名，这就已经与沈记彭志
的记载，说他居官在外时已有网师旧圃，正好相合了。

　　宋宗元的母亲卒于乾隆三十年（1765），守制之后宗元复
出，彭启丰又作《网师说》，说他"再上长安，授天津道，鞅
掌王事，而田园之乐荒矣"！"俯仰之间，鸟啄于林，鱼游
于沼，而昔时丝竹之声，吟咏之会，不可复得"。[8]对他因
为复出而抛弃田园之乐深表惋惜。宗元复出后于乾隆四十年
（1775）罢官归里，乾隆四十四年（1779）卒去。彭绍升《仲舅
光禄公葬记》载宋宗元卒以乾隆四十四年五月壬子，年七十。
"自公病笃时有妾叛去，既卒，遭奸人构颂反覆，嗣子保邦
憨弱不能支，不五六年罄所遗金，以半宅鬻他姓，而田亦变
卖尽矣。"宋宗元卒后家世急剧败落，网师园遂衰败不堪。褚
廷璋《网师园记》称"迨乾隆丁未秋，奉讳旋里，观察久为
古人，园方旷如，拟暂僦居而未果"。[9]丁未为乾隆五十二年
（1787）。钱大昕《网师园记》称"光禄既殁，其园日就颓圮，
乔木古石，大半损失，惟池水一泓，尚清澈无恙。瞿君远村
偶过其地，惧其鞠为茂草也，问旁舍者，知主人方求售，遂
买而有之"。[10]钱大昕作记在乾隆六十年（1795），瞿兆骙买得
网师园，至迟在乾隆五十九年（1794）。宋宗元的网师园历时

四十余年，只传一代，其子保邦求售之时，已经荒败不堪。

宋宗元中岁抽簪，啸歌自得，喜欢结客会友赋诗，园内吟哦之会与丝竹之声不断，留下的诗文记载也较多，一时名流为他写的园记亦复不少。宋宗元时期，最早的网师园记，首推沈德潜《网师园图记》，记及宋宗元有十二景诗。标题称图记，是亦有网师园图。彭启丰《网师说》称宋宗元"筑园于沧浪亭之东，名曰网师，沈尚书为之记"。因知是作于沈德潜记之后。前引彭启丰《戊寅岁元夕网师园张灯合乐即事》《题宋悫庭杏花春雨图》《网师小筑吟》，先后作于乾隆二十三和二十四年（1759）。沈德潜亦有《题宋悫庭观察杏花春雨图》，[111]与彭启丰同题诗同时，俱用红杏尚书宋祁的典故。沈德潜又有《宋悫亭园居》诗，作于乾隆三十年，[112]后来王昶作网师园诗，说及还有刘墉题诗，刻石嵌在壁上。刘墉题诗也是宋宗元时的事。[113]

沈德潜图记只说宋宗元有十二景诗，没有记出景观名目。明确记出宋宗元网师园十二景观名称的，今仅见于署名苏叟的《养疴闲记》。《养疴闲记》记载"宋副使悫庭宗元网师小筑在沈尚书第东，仅数武。中有梅花铁石山房、半巢居、北山草堂……"接下又记载有濯缨水阁、花影亭、小山丛桂轩、西溪小隐、斗屠苏、度香艇、无喧庐、琅环圃，共十一景。其中北山草堂、濯缨水阁、花影亭等六景俱附对句。这段记载陈从周先生《苏州网师园》一文曾转引作附注。[114]据说《养疴闲记》是一个抄本，藏于上海文管会，我去上海寻访两次均未看到，但总觉得应该是十二景才是。苏叟其人旧无考，今按《吴门表隐》卷十八："陆锦，字素丝，贡生，官保宁知府。躬行孝友，能文章，两举乡饮宾，筑涉园，名小郁林，名流觞咏……著有《周易统宗》

《秀眉堂诗稿》《养疴闲记》。"陆锦的涉园建于乾隆十四年（1749），[15]《养疴闲记》应是他晚年所作，"苏叟"正是"素丝"的谐音。《养疴闲记》记宋宗元园叫网师小筑，与沈德潜记正合，彭启丰诗题亦称网师小筑。现在网师园东南轿厅西首门洞上方仍有"网师小筑"四字门额，标记着网师园的早期历史。

沈德潜图记说网师园"有池有艇"，十二景中有度香艇，彭启丰张灯合乐诗云"画舫新移景又添"。当时的网师园另有水门，渔舟游艇可以出入。沈德潜《宋悫庭园居》诗有"引棹入门池比镜"之句，自注云"引河水从桥下入门，可以移棹"。所以彭启丰的《网师小筑吟》说是"江湖余乐，同泛吴船"，"踔尔游赏，烟波浩然"。

网师园第二代园主为瞿远村。但远村是号，长期以来人们多不知道他的本名，[16]瞿远村名兆骙，字乘六，号远村。生于1741年，卒于1808年。先世为嘉定人，其父连璧迁苏州，入长洲籍。事迹详钱大昕《瞿封翁墓志铭》[17]和潘奕隽《瞿远村墓志铭》。[18]瞿兆骙幼学勤敏，因家境中落，十五岁随父从商，助二弟学。致富后父劝捐官，兆骙不愿意捧檄趋走，而以园居为乐。瞿兆骙在苏州虎丘东山浜另有别业抱绿渔庄和瑶碧山房，见顾禄《桐桥倚棹录》[19]。

瞿兆骙购得宋氏网师园的年代未见明确记载。钱大昕为作《网师园记》，园中刻石末题"乾隆六十年岁在乙卯夏至"。褚廷璋《网师园记》末署嘉庆元年，冯浩《网师园序》末署嘉庆四年。[20]诸家作记序共有三个年代，须加考证。

范来宗有《网师园看牡丹》长诗一首，诗云"北里笙歌喧曲榭，南皮宴乐醉芳筵。豪华胜事付樵苏，夕阳池馆颓垣在。即今整旧又重新，新喜名园得主人"。集中编年乙卯，作于乾隆六十年（1795）。[21]"豪华胜事""夕阳池馆"指宋氏网师园，新得主人即瞿兆骙。范来宗《洽园诗余》卷一又有《壶中天·网师园赏牡丹》词一首，亦是同年所作。潘奕隽《壶中天慢·网师园牡丹》云"罗袂环歌席，昼锦楼台弹指换"。"良会欢，今夕清平重按"[22]也是指宋氏网师园归了瞿氏，正是与范来宗诗词同时所作。王昶有《瞿远村兆骙招饮网师园》诗二首，又有《网师园杂咏》九首，按集中编年考之，是乙卯即乾隆六十年所作[23]。瞿兆骙购得网师废园，整旧重新之后接待亲朋好友，相从作记赋诗，是在乾隆六十年，可以论定无疑。

网师园在瞿兆骙时期名声最大，留下的诗文记载也最多，有些记载更明确交代，网师园是瞿兆骙自己动手整旧重新的。钱大昕《网师园记》说网师园有八景，"皆远村目营手画而名之者也。地只数亩而有纡回不尽之致，居虽近廛而有云水相忘之乐。柳子厚所谓'奥如旷如'者，殆兼之矣"。钱大昕又说他"因其规模，别为结构。叠石种木，布置得宜。增建亭宇，易旧为新"，"石径屈曲，似往而复；沧浪渺然，一望无际"。冯浩《网师园序》称"网师之园，将因远村而盛传于后，岂不增吴中一胜赏哉"，也是指瞿兆骙自己动手整治。不仅瞿兆骙自己，他的两个儿子也先后参与动手整治，韩崶《赋网师园二十韵》诗注云"远村太守得是园重新之，令嗣邺亭、亦陶俱肯构焉"。[24]瞿兆骙父子俱通诗文，喜好书画。我国园林强调诗情画意的写入，精通诗文书画的园主人常常自己动手造园改园，一般又认为改园比造园还难。网师园在宋宗元时的基础上又经过瞿兆骙父子两代的不断努力，果然成为苏州园林的一个精品，嘉庆、道光年间一直受到有识之士的高度赞扬。梁章钜说

"网师园结构极佳"[25]。朱珔题诗赞扬说是"文章结构本天成"[26]。韩崶题诗更说"东南此绝胜,足冠阖闾城"[27],已经是称为苏州园林之冠了。

网师园八景见载于钱大昕记中是"有堂曰'梅花铁石山房',曰'小山丛桂轩',有阁曰'濯缨水阁',有燕居之室曰'蹈和馆',有亭于水者曰'月到风来',有亭于厓者曰'云冈',有斜轩曰'竹外一枝',有斋曰'集虚'。皆远村目营手画而名之者也。"褚廷璋园记列出的也是这八景。褚廷璋列叙八景名之后又说,"读钱少詹前辈记,王少寇同年诗,已略悉梗概"。王少寇指王昶,王昶有《瞿远村兆骙招饮网师园》诗,又有《网师园杂咏》九首[28]。瞿氏网师园八景,钱褚二记只记出名目,王昶杂咏则一一咏赞各处景物,每处景物各赋五言绝句一首。加上开头总述《网师园》一首,总共是九首。

4
曲廊

$\overline{5}$
西北角黄石池岸

$\overline{6}$
小涧

　　钱大昕记说，宋氏网师园经过瞿兆骙的整治重新，园已非昔，而犹存网师之名，不忘旧也。这种不忘旧谊的做法，当时舆论一致加以称扬。褚廷璋记云："远村于斯园，增置亭台竹木之盛，已半易网师旧规，何难别署头衔，而必仍其旧者，将无念观察当时经营缔构于三十前，浪费一番心力，兹以存其名者，存其人，即雪泥之感，于是乎高焉！"冯浩序云："吴郡瞿君远村，得宋悫亭网师园，大半倾圮，因树石池水之胜，重构堂轩馆，审势协宜，大小咸备，仍余清旷之境，足畅怀舒眺，统循旧名，不矜己力，其寄情也远，其用心也厚。"瞿兆骙尊重历史尚友古人，因而颇受时流舆论的敬赏。石韫玉有《曲游春·网师园感旧作》词一首，后半阕云："回忆俊游陈迹，在红杏花边，曾睹吟客。转烛韶华，叹园林依旧，主人非昔，偶蜡寻芳屐，忽遇着山阳吹笛，只怕后会，重来风光又别。"[29]石韫玉为当地名人，他感叹园林依旧，主人非昔，是已看到人世沧桑，"只怕后会重来，风光又别"，他不赞成大变大改和焕然一新，希望保持历史面貌，也是颇有见地。我们今天强调的文物建筑保护要保持原貌，维修时要整旧如旧，不可大拆大改，国际古迹保护《威尼斯宪章》，历史园林保护《佛罗伦萨宪章》都主张原样保护，不许添加新的东西，也正是为的尊重历史，保持纯真。瞿兆骙的网师园八景，景观名称与宋宗元时完全相同的有梅花铁石山房、濯缨水阁和小山丛桂轩三处。梅花铁石山房本是宋宗元借用历史上同姓名相的典故而命名，易姓之后瞿兆骙还把它保留下来，正是对宋宗元的一种尊敬和纪念。这八处景点，除梅花铁石山房以外，全都保留到现在。宋宗元网师园十二景，瞿兆骙只命名八景，又正是尚友古人，自己谦让，实际上则不止八景。潘奕隽《小园春憩图为瞿远村》有"滋兰堂外岚翠浓，濯缨阁下晴光溶"之句，[30]朱琦《网师园主人索题绝句六首》之五注云"五峰书屋为园中最胜处"[31]。滋兰堂和五峰书屋都在八景之外。韩崶《赋网师园二十韵》称颂月到风来亭、看松读画轩、树根井、竹外一枝轩、小山丛桂轩和濯缨水阁，这其中的看松读画轩和树根井也是在八景之外。潘锺瑞《香禅精舍集·香禅词》中《满庭芳·外舅琢堂先生其章招游网师园容斋良斋两内兄偕》云："珑玲环绕遍，濯缨水阁，娄尾春庭，问主人何处万卷横？看竹还应感旧，滋兰种又冷，余馨斜阳外，渔歌一曲，前梦网师醒。"词尾原注："园本史氏万卷堂旧址，瞿氏始筑滋兰堂，今又易姓矣。凌波榭、濯缨水阁、娄尾春庭皆园中额。"潘锺瑞此词及词注中提到的凌波榭和娄尾春庭两处景名，又是在八景之外。

瞿兆骙时候的网师园仍然保持着宋宗元时的水陆两个园门，水门仍可有渔舟游艇驶入。潘奕隽《小园春憩图为瞿远村》云"相从溪上斸流霞，科头时复来君家"。《网师园二十韵为瞿远村赋》云"途回宜巾车，濠通可理榜"。洪亮吉更有《网师园》诗云："太湖三万六千顷，我与此君同枕波。却羡水西湾子里，输君先已挂鱼蓑。""城南那复有闲廛，生翠丛中筑数椽。他日买鱼双艇子，定应先诣网师园。""买鱼双艇子"应是"买只鱼艇子"之误。繁体"隻"字为"雙"字的一半。[32]瞿兆骙心态开放，愿意有人来游，苏州水乡水网纵横交织，四通八达，水路有更大的优势，他家在虎丘东山浜另有抱绿渔庄和瑶碧山房两所别墅，更需要水路联系。

瞿兆骙卒于嘉庆十三年（1808），网师园传其子瞿亦陶。著名诗人张问陶有《瞿园》诗，题下注云"即网师园，丙辰夏日曾寄二诗"。诗云"十八年如春梦杳"，知为嘉庆十八年（1813）所作。[33]丙辰为嘉庆元年（1796），瞿兆骙之子中泌在北京应试，得与张问陶交游。瞿中泌字范源，号邨亭，为兆骙长子，卒于嘉庆十二年（1807）。[34]张问陶《瞿园》诗必是赠瞿亦陶，潘奕隽有《瞿奕陶招饮网师园出示尊甫远村太守所装园中题赠诸同人诗册俯仰今昔慨然成咏》，按集中编年，是为丁卯即嘉庆二十三年（1818）所作。[35]瞿亦陶一直随其父母住在网师园，瞿中泌和瞿兆骙卒后，他继承家业成了网师园主人。韩崶《赋网师园二十韵》诗注中还提到他，韩崶诗作于道光八年（1828）。[36]朱琦的一首长题诗提到问梅诗社有一次在网师园集会，邀请园主人瞿君中灏入座。（详下文）朱琦诗作于道光十年（1830）。兆骙五子，长子中泌先卒，次子中滋、中瀚在外居官，亦陶在家，必是四子中灏。[37]

　　钱泳《履园丛话》记《瞿园》事云"嘉庆戊寅四月，余尝同范芝岩、潘榕皋、吴槐江诸先生看园中芍药，其花之盛，可与扬州尺五楼相埒。范有诗云：'看花车马声如沸，谁问尚书旧第来。'今又归天都吴氏矣"[38]。戊寅为嘉庆二十三年，但这个纪年有误。范芝岩即范来宗，卒于嘉庆二十二年（1817），焉能在二十三年再来游园看花？陈植先生《中国历代名园记选注》不知考年，即据钱泳误记称网师园嘉庆二十三年归天都吴氏。实际上一直到道光中，网师园仍属瞿氏。道光三至四年（1823—1824）成书的《苏州府志》载"网师园在阊门内阔堦头巷，清河道宋宗元所居，彭启丰有记，今归太仓瞿氏"[39]。梁章钜《浪迹续谈·瞿园》条载："苏州之瞿园即宋氏网师园故址，后归嘉定瞿远村，复增筑之。园中结构极佳，而门外途径极窄，陶文毅公最所不喜。盖其筑园之初即藉此以避大官之舆从也。余在苏藩任内曾招潘吾亭、陈芝楣、吴棣华、朱兰坡、卓海帆、谢椒石在园中看芍药……今则如抟沙一散，不可聚矣。越十年重到，为之慨然。"[40]梁章钜道光七至十二年（1827—1832）任江苏布政使，与巡抚陶澍共事[41]，当时网师园尚属瞿氏。钱泳的时间概念比较混乱，不知道注意年代。他记自己经历走访过的园林好说"今归……"今归某某的"今"用得很泛，而指代不一，上下文意中又往往看不出暗示和交代，叫人拿不准是什么年代。《履园丛话》有道光五年（1825）孙原湘序，自序则称道光十八年（1838）七月刻成。所记各地园林，有道光十（1830）、十二、十三年（1833）的事，记杭州长丰馆"戊戌六月余借寓楼上"，已是道光十八年六月，下距《丛话》刊成仅一个月。[42]钱泳说瞿园"今归吴氏"的"今"，只能约略知道是在道光十八年前。钱泳的可气又只说是"今又归天都吴氏"，半吞半吐没有交代出吴氏的字或号，叫人弄不清楚到底是谁。童寯先生早年著《江南园林志》，称瞿园"道光时瞿远村增筑之，遂称瞿园，后归吴嘉道"。瞿兆骙增筑不是在道光时，称后归吴嘉道，又不详所据，吴嘉道其人的事履和年代亦无交代，其人其事迄今仍未能考出，"天都吴氏"亦不知是否即指吴嘉道，姑备记于此，以待知者。

　　网师园道光中的记历可考，园中的唱和仍然甚盛。潘曾沂《功甫小集》卷九有《冬至后二日集瞿家花园作》，按卷中编年次第为丁亥即道光七年所作。[43]彭希郑《汲雅山馆诗钞》卷下有《四月十二日同人集网师园看芍药为诗社第六十七集》，《汲雅山馆诗钞》分体编排，诗中有注云"海帆将赴都门，琴涵将赴滇南"，为道光八年事。[44]朱琦《小万卷斋诗稿》卷三十一有《彭苇间举诗社借瞿氏网师园看芍药以红药当阶苍苔分砌分韵得苍字》，紧接着又有《网师园主人索题得绝句六首》，编年为戊子即道光八年作。《小万卷斋诗续稿》卷三《彭苇间约社友网师园看芍药忆前岁集此者八人今海帆在都琴涵在滇而吴偏山刺史友籛适新与会并邀园主人瞿君中灏入座仍得八人诗纪之》，为庚寅即道光十年作。同书卷五有《苇翁招社友集瞿园分

韵得雨字时芍药以翻土未著花代为解嘲》，为辛卯即道光
十一年作。卷六有《彭咏荄招社友集网师园即事六首》，
为壬辰即道光十二年作。卷七有《司寇招同人集网师园看
芍药属为蒋篆香上舍题其先世复园嘉会图》，为癸巳即道
光十三年作。以上潘曾沂、彭希郑、朱珔都是问梅诗社之
人。[45]朱珔诗题中的彭苇间、苇翁都是彭希郑，彭咏荄则
是彭希郑的侄子。彭希郑卒后由他招社友借网师园举行诗
会。彭希郑是瞿兆骙的姐夫。朱珔诗题中的司寇指韩崶，
韩崶与朱珔同是在道光八年开始参加问梅诗社的诗会。道
光八年、十年、十一年（1831）网师园诗会，韩崶都和朱
珔一起参加并作了诗。韩崶的《还读斋续刻诗稿》六卷，
收诗到道光十一年截止，因此网师园诗会的诗比朱珔少两
首。朱珔的《小万卷斋诗续稿》编诗到道光十三年为止。
卷末又附《小万卷斋诗遗稿》，收道光十九至二十八年
（1839—1848）的遗诗，已不全。朱珔直到道光二十八年
年已八十，才因为时局动荡而回到泾县老家，两年后老死
于家中。道光十三年后朱珔还有没有网师园诗，今已无从
查考。瞿中灏属有网师园不会是止于道光十三年。吴嘉诠
有《冬日网师园堂集》云："江湖小集系人思，高会欣逢到
网师。各有传家富文字，可无吟社与支持。"又云："谁共
山公常载酒，风流未减习家池。"[46]吴嘉诠有《仪宋堂集》
已佚，此诗未得确年。吴嘉诠道光十四年（1834）以《尧
言》诗投苏州巡抚林则徐，十八年成进士，网师园诗当作
于这段时间。钱泳说的"今归吴氏"，可能是道光十八年
成书时或稍前一点的事。

　　道光十八年以后网师园归天都吴氏之后，园中唱和情
况记载甚少，道光二十年即1840年爆发鸦片战争，这前后

的江南一带正是战乱频仍，人心惶惶，人们很难再有游园赋诗的好心情。道光纪元共三十年，这期间的网师园可能是一直归天都吴氏，是不是也可能又换过园主，因为材料有间，还不能确定。到了咸丰初年，网师园的记载似乎又多了起来。潘遵祁《西圃集》有《集网师园》诗，作于咸丰二年（1852），可惜未提及园主人之事。前引潘锺瑞《香禅词•满庭芳》有《外舅琢堂先生其章招游网师园容斋良斋两内兄偕》，亦咸丰二年所作，词尾自注称"园本史氏万卷堂旧址，瞿氏始筑滋兰堂，今又易姓矣"。词题中的容斋为海盐陈德大，良斋为陈骥德，俱是陈其章之子。王寿庭《吟碧山馆词•阳台路》有《重过网师巷访宋悫庭观察别墅已屡主矣》词云："怎缃桃屡换东风，犹是冶红无恙。"为咸丰三年（1853）所作。潘锺瑞词称网师园"瞿氏始筑滋兰堂，今又易姓"，王寿庭词称网师园为"宋悫庭观察别墅，已屡易主矣"。"今又易姓""已屡易主"的交代已属明确。张源达《学为福斋诗》《将赴都门留别三首》之二注："外舅瞿亦陶先生因余远行，许割宅以居，先于春杪移居东庄。"张源达字子上，嘉庆二十三年生，咸丰十年（1860）卒，他的这次远行之前，外舅瞿亦陶宅已在东庄，网师园也早已不归瞿氏所有了。

道光二十三年（1843）洪秀全创立拜上帝教，开始酝酿反清。咸丰元年（1851）洪秀全在广西桂平金田村领导起义，建号太平天国。咸丰三年（1853）攻下南京，十年攻下苏州。同治二年（1863）十二月，清军收复苏州。清军撤出苏州时曾放火烧城，太平军进入苏州亦有兵燹，长洲县署于咸丰十年毁去，太平军进城后网师园得以幸存，清军收复苏州后便以网师园做了临时县衙。金兰《碧螺山馆诗钞》

卷一有《网师园歌呈吴长洲承潞》长诗一首，诗中有云："城南胜地多园林，网师夙擅幽且深。吴长洲寓此听事，折柬招我重登临。"以其在集中之先后次第考之，当作于同治八九年。金兰，字子春，是参加修纂同治《苏州府志》的当地老儒，他的诗提供出一个重要情况，长洲县令吴承潞当时借寓网师园听事，因知是做了长洲县署。吴承潞，字广盦，浙江归安人。同治四年（1865）进士，八年（1869）知长洲县，十年（1871）补太仓知州，光绪十九年（1893）授苏松常镇太粮储道，二十四年（1898）迁福建布政使卒，年六十四。见俞樾《春在堂杂文六编》五《福建布政使吴君墓志铭》。承潞为吴云次子，吴云历官苏州、镇江知府，为著名金石收藏家和鉴赏家，家有两罍轩，即以两罍轩为室名别号。吴承潞亦著名文士，官至江苏太仓知州。亢树滋《随安庐诗稿》卷七《补遗》有《蒯子范邑侯以网师园消夏诗索和次韵敬呈》。亢树滋为同光年间著名文士，他称蒯子范为邑侯，蒯亦是当地县令。此诗收在《补遗》卷内，不得考年。蒯子范，名德模，合肥人，同治三年（1864）为长洲县令，后历官夔州知府，《清史稿》有传，入《循吏》。蒯德模《带经堂遗诗》卷一有《甲子秋权篆长洲留别沪上诸同人》，甲子即同治三年。《带经堂遗诗》卷二《长洲杂诗》之四云："当年衙署掩蓬茅，暂寄鸠居借鹊巢（县署贼毁，借住网师园在近郊之地）。"明确指出是借网师园为长洲县署。《遣兴》之七云："取来铁石好山房，更有梅花树树香。我到此间闲领略，神寒骨重两相当（园内有梅花铁石山房，今作判事处）。"此诗诗注更进一步指出是借网师园中之梅花铁石山房为县衙正堂判事之处。按民国《吴县志》卷二《职官表》，同治年间长洲县令依次为蒯德模、厉学湖、钱宝

传、吴承潞、顾思贤、高心夒、顾思贤再任、万叶风。蒯
德模为同治年间清军收复苏州后第一任长洲县令，同治三
年八月二十五日任，第二任历学湖，七年（1868）四月十二
日以元和知县兼。吴承潞为同治年间第四任长洲县令，八
年二月初一代理，七月二十二日正署。下一任顾思贤，九
年（1870）七月十四日署。长洲县治旧在府治东南一里，县始
分于唐，旧治在府治后东北二里，明洪武元年（1368）移置太
平桥西北，见民国《吴县志》卷二十九上。《县志》又载，长
洲县治"咸丰十年毁，同治十二年拨公款重建"。同治建元共
十三年，前后八任县令，自第一任蒯德模开始，至第四任吴
承潞，有明确记载都是借网师园为长洲县治。同治九至十二
年（1870—1873），顾思贤等三人四任县令，显然也应该是借
网师园为县署。长洲新县署同治十二年（1873）才重建。

吴承潞未见有诗文集传世，蒯德模诗集有《长洲杂诗》
四首，《遣兴》八首，《消夏八首》，其中多半是咏网师园诗。
《遣兴》之八云："移将衙署住园林，去听莺声到柳阴。为助
宰官琴韵远，一齐山水有清音。"《消夏八首末一首兼怀刘
培甫茂才》之七云："一领荷衣与葛巾，水云深处静无尘。
宰官恐惹名园笑，强学风流作主人。"能借住大好园林网师
园为县署，乃是一段风雅韵事，他显然是心情愉悦。所咏
园中景物，则《消夏八首》之三云："濯缨此去向清流，歌
罢沧浪水阁幽。""濯缨水阁"至今尚在。其五云："西山一
幅画图装，中有湾头泊野航。我学卧游湖上路，振衣似觉
芰荷香。"是当时园中仍可乘舟，并可通向城外。其六云：
"一座池亭一池水，几人到此热中消。"一座池亭指的是月
到风来亭，今尚在，但原来全在水池之中。前引《遣兴》八
首之七咏梅花铁石山房，今已不存，可知当时做县衙时，

现在园林东部轿厅大厅一组宅堂尚未改建，如果有了现状这样的居中对称的合院式轿厅大厅，更适合做县衙大堂，也就不会在梅花铁石山房开衙听事了。这更是一个重要的信息。总而言之是，从蒯德模这些诗篇来看，同治年间的网师园经过战乱之后，权作县衙的时候，还大体保持着嘉庆、道光年间瞿兆骙父子时代的园林格局。

网师园第二次易主，由嘉定瞿氏归天都吴氏以后的一段时间，大清帝国已是风雨飘摇，社会不得安定，网师园的花事和诗酒宴游已十分冷落。后来有陈任作网师园诗云："音响久歇绝，池台生暗尘。至今城南隅，寂寞伤芳春。"陈任是民国时的人，记的是当时情况。音响久歇池台寂寞的感叹非常真切，从瞿氏父子以后，直到民国年间，网师园都是这种状况。

网师园在同治年间做了长洲县衙以后，再一次易主是在光绪二年（1876）归了李鸿裔。李鸿裔（1831—1885），字眉生，号香岩，四川中江人。咸丰元年（1851）举奉天乡试，入赀为兵部主事。又入胡林翼、曾国藩幕镇压太平军。同治五年（1866）曾国藩奏补为淮扬徐兵备道，守城有功授江苏按察使。因耳鸣重听请开缺，赏布政使衔，到苏州闲居，购得网师园，以近沧浪亭而改称苏邻园[47]，自称苏邻，又署四十不出翁。工书法，能诗，有《苏邻遗诗》，亦曰《髯仙诗舫遗稿》。俞樾有《布政使衔江苏按察使李君墓志铭》，黎庶昌有《江苏按察使中江李君墓志铭》。[48]民国《吴县志》有《李鸿裔传》，入《流寓》。[49]

李鸿裔购得网师园，一般都说是在同治中，或推断在同治七年（1868）。同治《苏州府志》卷四十六也说网师园"同治中归李鸿裔，易名苏东邻"，其实误也。同治府志迁延到光绪七年（1881）才成书。李鸿裔确是在同治七年来到苏州，但初住铁瓶巷，住进网师园则是光绪二年（1876）的

事。《苏邻遗诗》所收网师园诗，仅有《苏邻园元日雪和儿
侄辈作》一首，主旨是敦励儿侄读书。诗的开头说："岁星
来去若风帆，林居不觉三年淹。小园得雪已欣快，丰年况
在王正占。"其前有《戊寅十一月朔同李质堂朝斌军门乘铁
甲舰出巡东洋便道游普陀山登洛伽洞瞻谒观音化身得诗二
首》。戊寅为光绪四年（1878），则元日雪诗必作于光绪五
年（1879）元旦，已住进园中三年。以此反推，李鸿裔来住
网师园，应是光绪二年。现存网师园殿春簃匾额是他所题，
并书跋云："庭前隙地数弓，昔之芍药圃也。今仍补植，已
复旧观。光绪丙子四月，香岩造记。"丙子为光绪二年。李
鸿裔卒于光绪十一年（1885），其子赓猷（后改名贵猷），字
少眉，继住此园。光绪二十二年（1896）在园中建楼，俞樾
为题额，并书跋云："少眉观察大世兄于园中筑楼，凭栏而
望，全园在目。即上方山浮屠尖亦若在几案间。晋人所谓
千岩竞秀者，具见于此！因以'撷秀'名楼，余题其名。光
绪丙申腊月曲园俞樾记。"李赓猷卒于光绪二十八年（1902），
俞樾为作挽联，序云："少梅乃眉生廉访嗣子，寓吴下蘧园，
有泉石之胜。"赓猷之子友娴为俞樾外孙婿，光绪三十一年
（1905）请俞樾题其祖父所传《蘧园七老图》。网师园在光绪
初归李鸿裔时曾改名为苏邻园，根据俞樾为李赓猷所作挽联
及为李友娴所题《蘧园七老图》，可知至迟光绪二十八年前
又有了蘧园之名，是取"蘧"与"瞿"谐音可通假。

李鸿裔四十不出，闭门却扫，未见有亲友来园中游宴
赋诗。他不知好歹，不晓得网师园乃是苏州私家园林之冠，
第一次破例改了园名妄附于沧浪亭名下，称作苏东邻，这
才觉得荣耀。他本来工书法，能作诗，但是不见有优游园
中流连光景的抒情记事之作。月到风来亭和琴室西廊壁镶

嵌他的书条石十余块，大都是从前官场应酬给人家写的扇面。这些墙面上原来都不会是空的，不少以前有名时刻石后来都不见了。更有甚者，网师园原有水门，到李鸿裔时水门不见了，水面缩小了。李鸿裔父子还在网师园东南盖起一片豪宅高楼，成三进院落的大院，有门厅、轿厅、大厅和楼堂。轴心对称，硬山大脊，与网师园原有的园林情调格格不入。这片豪宅占地1000㎡，占据了一部分水面，铲平了一部分地面景观。这种做法和现在的一些房地产商开发旧区一样，看中的只是地皮，管你什么水石树木，古迹建筑，一律铲平。沈秉成的耦园也是后插进来一大片豪宅高楼，把原来涉园拆剩下东西两片。[50]他们这种官僚最喜欢带轿厅和高楼的豪宅，喜欢讲排场比阔气，抄来抄去都是一个模式。宋宗元、瞿兆骙时的网师园本是一处别墅园，"但教随曲折，浑不辨西东"，没有方整成片的大宅区。大宅后再起楼在光绪二十二年（1896）李赓猷时期，楼前的深宅大院应该是李鸿裔时始建。网师园的水门什么时候废掉还不能尽详，但是光绪二年（1876）李鸿裔一住进网师园就先整建殿春簃，最值得注意。网师园前临街后倚河。陆门开在东南巽位，水门正该开在西北乾位，这才合乎布局的情理，也符合人们避凶趋吉的风水心态。推测殿春簃前的庭院原来是水面，芍药圃还在它的南面，即早年平面图上标为苗圃的那处别院。蹈和馆北侧廊道西端门额有"宜春院"三字篆刻[51]，原是芍药圃的入口。水门应该就是殿春簃和它的西挟屋一带。有一个证据表明殿春簃前的水面是光绪初填起来的。同治年间顾文彬新建怡园，从苏州各名园选择蓝本，怡园的水面据说是仿自网师园。怡园的水池正是从西北向东南铺展，东西一大一小，中间以小桥分割，东部大池中间又有五曲桥。当年宋氏瞿氏网师园的水面，直到同治年间应该都是这样的格局，所以才为怡园所取，照搬过去。网师园的水面比现在大得多，才能有"碧流渺弥，芙蕖娟靓"，"沧浪渺然，一望无际"那样的情景。[52]钱大昕园记称"有亭于水者曰'月到风来'"，正表明当年是亭于池中，现在已在池旁靠墙了。原来大水池东部被填掉一部分建了豪宅高楼，以至于撷秀楼前轩前庭一带的地面上，走起来下边咚咚有声。[53]这套豪宅格局僵挺，高楼更大煞风景，俞樾还为之叫好。因为整个是后加的，搭接之处免不了鲁莽生硬，是一大败笔。刘敦桢先生《苏州的园林》已看破住宅西墙下"有叠石数处……造型不甚理想"。又说住宅的西墙"饰以假窗，附以藤萝，以分割偌大墙面，不失为上乘的手法"，则是没有考证网师园的历史演变，还不清楚这片豪宅高楼的偌大墙面是后来硬插进来的。[54]"不甚理想"正是李鸿裔时腰斩网师园大好园林乱建豪宅高楼时的一个败笔。说是西墙饰以假窗、附以藤萝，用以分割过大的墙面，"不失为上乘的手法"，"上乘"的夸赞，似乎也隔了一层。这些过节只有理解了之后才能感觉出来，单凭感觉便

7

中部鸟瞰——东南角光绪年间改建的四合院宅楼

8

水池东面大宅高墙和墙上的假窗，池岸上琐碎小气
的盆景式叠山，均为网师园光绪时改建的败笔

9

殿春簃及其前庭，光绪二年（1876）改建

10

怡园总平面图，怡园的水面仿自同治时的网师园。
网师园水池东部在李氏父子改建宅楼时填掉了

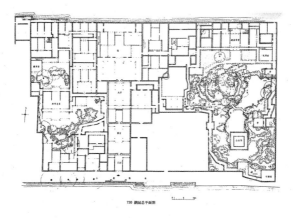

730 耦园总平面图

11

耦园总平面图，中部的宅楼将园林切成东西两部

看不到节骨眼上，甚至难免看走了眼，做出不正确的判断。

李氏之后，网师园又一次易主，是在光绪三十三年（1907）归了退官吉林将军达桂。达桂（1860—？），字馨山，汉军正黄旗人。历任盛京、阿勒楚克副都统。《清史稿》卷二百八《疆臣年表》记载他在光绪三十年（1904）署黑龙江将军，三十一（1905）至三十三年在吉林、黑龙江历任将军、巡抚，云阳程德全和他轮流交替担任这些要职，二人同在光绪末罢官。达桂有《网师园记》云："丁未嘉平余始来此园，水木明瑟，池馆已荒，以芟以茸，乃复旧观。""越明年七月中元，余友雪楼中丞引疾还山，迂道来访。""雪楼与余为患难交，生年同，志趣同，宦游之地同，退居之迟早又同。""余爵雪楼，雪楼亦逡巡起而反觞焉。""时多君竹山与雪楼偕来，多君亦从事白山黑水间者，因嘱直书事，并以记此园。"末署光绪三十有四年秋七月望日长白馨山达桂记。记后又附云阳程德全跋语，谓戊申夏月因足疾乞归省亲迂道访馨山将军于网师园，遂与馨山同嘱竹山纪其事。[55]成多禄竹山有《戊申七月随程雪楼中丞谒达馨山将军于网师园因成五律六章》。刻石今在蹈和馆北廊壁上。这一组诗又载在《澹堪诗草》卷一，题作《蘧园六首》。蘧园之名始见于光绪末李赓猷、李友娴时期，一直沿用到达桂这个时期。近人费树蔚《费韦斋集》诗八有《上巳日修禊蘧园次韵》，作于甲子即1924年，已是张锡銮为园主时。如今一般人多不注意这一类细节，随意称呼蘧园，甚至有称瞿兆骙时的网师园俗称"蘧园"的，造成一些混乱。达桂时期做过的好事是清理网师园题刻，轿厅西侧廊壁书条石上于鳌图《远村主人招集诸同人网师园看牡丹即席作》诗后有达桂印记，洪亮吉《网师园》诗可能也是达桂时重刻重置的。成多禄的题诗还郑重提到池南石刻"槃涧"二字系宋时原物。

程氏之后网师园再次易主归杭县张锡銮。张锡銮（1843—1922），字今颇，一作今波、金波，钱塘人。幼年习武，光绪初在奉天讨马贼有功，任通化知县、锦州知府。光绪二十年（1894）练新军，署东边道兼税务监督，安东开府局总办等。善骑马，人称辽东快马张。好作诗，有《张都护诗存》。辛亥革命后任直隶总督、奉天都督兼吉林都督、奉天将军、巡按使等。招抚张作霖，收作义子。袁世凯图谋帝制，封张锡銮为一等伯，任职将军府兼参政院参政。1916年袁世凯称帝失败，张锡銮退出政界，闲居天津。[56]张作霖从达桂手中买下网师园，当作礼品赠给他，他自己却不曾来住。今人《吴门园墅文献》记网师园"宣统三年复归满人达将军，寻即归杭县张广建锡銮，更名逸园"。称1911年归达桂年代误，归张锡銮的年代又未记出，唯"更名逸园"一事，旧有黎元洪赠匾为证。近人费树蔚《费韦斋集》诗三有《网师园六言》云"城南竹树清澄，天付聋翁武陵"。自注"谓李眉孙廉访"。此诗作于丁巳即1917年，网师园即于是年归张锡銮。陈任有《上巳日刘逊夫慎怡费韦斋树蔚招集网师园修禊》诗云"言为修禊事，来访苏东邻。"句下注云"园今归杭县张锡銮将军，旧为李观察鸿裔别业以在沧浪亭东，故自号苏东邻"。此诗当作于1924年。[57]著名画家张大千、张善子弟兄与张锡銮之子张师黄交游，1932年来住园中。金天羽《天放楼诗集》卷十八有《张大千邀饮网师园》诗。张善子善画虎，遂在殿春簃养一乳虎，一时传为佳话。叶恭绰亦曾借住园中。[58]

张锡銮家之后网师园最后一次易主是归何澄所有。何澄（1880—1946），号亚农，山西灵石人。早年留学日本，参加同盟会，1906年受中山先生派遣回国到山西宣传革命，辛亥革命时佐陈其美督师沪上。1916年解甲归苏州，在十全街南购地建屋，1940年从张师黄手中买下逸园，恢复原名网师园。何澄1946年故去，夫人王季山1950年故去。何澄子女八人，均为著名科技专家或教授，一片赤诚爱国之心，商得家属同意，一致决定把网师园及大批书画文物全部捐献给国家[59]。从此这座传世200年，至少八姓递传的私家园林，化私为公，纳入国家保护。一开始免不了还受"左"的干扰，不能认识这一珍贵历史文化遗产的价值，一度用作兵营，"大跃进"年代差一点被拆除，另建工厂。有识之士奔走呼吁，这才幸存下来。1958年归苏州园林管理处，全面整修，对外开放，掀开网师园历史新的一页，接着才有1982年列为全国重点文物保护单位，1997年列入世界文化遗产名录的与时俱进的圆满结局。

"大好园林说网师"，网师园原来是乾隆年间江南园林极盛时期的一个精品。梁章钜说，"园中结构极佳"，还是在李鸿裔父子局部改建之前，保持着宋宗元、瞿兆骙以来的全貌。李鸿裔父子在东南部改建豪宅高楼，平掉西部水面，给网师园造成很大的硬伤。但是中部主体还保留着瞿氏网师园时的面貌，西部虽有改造，尚不甚俗恶，已经是很不容易了。和网师园同时建造的陆锦涉园，六易其主，今为耦园，乾隆年间的面貌一概无存。网师园虽然已经不是十全十美，但主体部分依然是一个精品。这个情况有点像《红楼梦》，后四十回乃狗尾续貂，前八十回则人人叫好，读之心醉。也有点像《浮生六记》，后二记遗失不传，有好事者妄为补足，伪作很快遭到唾弃，盛行不衰的还是老汤老味的前四记。

> 1997年初夏初稿
>
> 2004年初夏改定

附记

本文是一篇旧作，今年逢中法文化年，法国文化界人士坚约，并由他们邀请专家译成法文，收入 *Le Jardin du lettre* 一书，已在巴黎出版，这里发表的是中文原稿。

注释

[1]　史正志，字志道，丹阳人，赋籍江都，绍兴二十一年（1151）进士，官至户部侍郎，奉祠居苏州。元陆友仁《吴中旧事》："史发运宅在带城桥，淳熙初宅成，计其费一百五十万缗，仅一传不能保……万卷堂内环列书四十二橱。"同治《苏州府志》卷四十六："万卷堂，侍郎史正志所居，在带城桥南，旧有石记为僧庵磨毁。《施氏丛钞》云，正志扬州人，选此为宅，及对门花圃佳处号渔隐。淳熙初落成，费一百五十万缗。仅一传不能保，园废。先售宅索价十万缗，

孙支伶丁，后得一万五千缗，售于常州丁卿昆季，绍定末丁析而为

四，其后提举赵汝櫗占为万有仓和籴场。"元末至清初未见记载。

[2] 成多禄《戊申七月随程雪楼中丞谒达馨山将军于网师园因成五律六
章》之二结句云"史公遗迹在，惆怅几槃阿"。注云"池南有石刻二
字系宋时物"。成多禄诗有刻石存网师园蹓和馆北廊壁上。

[3] 近人陈任《上巳日刘逊夫慎怡费韦斋树蔚招集网师园修禊》，载今
人范广宽辑《吴门园墅文献》卷三。

[4] 沈德潜《归愚文钞全集》卷四《网师园图记》。

[5] 三诗俱见彭启丰《芝亭先生集》卷四。

[6] 《长洲彭氏家乘》彭绍升《二林居十集》卷十《仲舅光禄公葬记》。

[7] 彭启丰《芝庭先生集》卷十八《外姑陈太夫人墓志》，卷十七《亡妻
宋夫人述》。

[8] 彭启丰《芝庭先生集》卷七《网师说》。园中刻石题作《网师园记》，
不确。

[9] 褚廷璋《网师园记》刻石，在轿厅西廊壁。

[10] 钱大昕《网师园记》刻石，在轿厅西廊壁。

[11] 沈德潜《归愚诗钞余集》卷二。

[12] 沈德潜《归愚诗钞余集》卷六。

[13] 王昶《春融堂集》卷二十二《存养斋集》《瞿远村兆骙招饮网师
园》："酒罢长廊还散步，摩挲宝刻兴无穷。"自注"壁上刻刘石庵
冢宰诗"。

[14] 因为《养疴闲记》抄本很难看到，这条记载仍需依陈从周先生的引
文再次转引，仍作为附注。苏旲《养疴闲记》卷三："宋副使悫庭宗
元网师小筑在沈尚书第东，仅数武。中有梅花铁石山房，半巢居。
北山草堂附对句'丘壑趣如此，鸾鹤心悠然'。濯缨水阁'水面文章
风写出，山头意味月传来'。(钱维城) 花影亭'鸟语花香帘外景，
天光云影座中春'。(庄培因) 小山丛桂轩'鸟因对客钩辀语，树为

循墙宛转生'。(曹秀先)溪西小隐,斗屠苏附对句'短歌能驻日,闲坐但闻香'。(陈兆仑)度香艇,无喧庐,琅玕圃附对句'不俗即仙骨,多情乃佛心'。(张照)"宋宗元网师园明确是十二景,这里却是十一景。有的有对句,有的无对句,对句的引法和作者亦参差不齐。因未见原抄本,只能照陈先生录文转引。

[15] 涉园始建年代旧未详,一般笼统含糊云清初所建。彭启丰《芝庭先生集》卷三有《涉园二首》,其一云"十亩开新筑,垂虹映画桥"。其前为《丁巳元旦偶成二首》,因知是乾隆十四年(1749)所作,当时涉园新筑成。涉园的初建年代,约略与宋宗元网师园同时,大小亦相近。涉园六易其主,今为耦园。

[16] 童寯先生《江南园林志》、陈从周先生《苏州网师园》都只称瞿远村。陈植先生《中国历代名园记选注·网师园记》注8:"瞿远村,嘉定人,名未详。"

[17] 钱大昕《潜研堂文集》卷四十八《瞿封翁墓志铭》,封翁,名连璧,字朴存。兆骙为连璧长子,有弟二人。

[18] 潘奕隽《三松堂集》文集卷四《瞿君远村墓志铭》。

[19] 顾禄《桐桥倚棹录》卷八。顾禄称抱绿渔庄"在东山浜,本瞿兆骙宅。"称瑶碧山房"在东山浜,本为瞿氏宅"。未指明瞿氏为谁人。潘奕隽《三松堂集》卷十六《虎丘杂事诗十四首》之十一尾注"瞿远村别业临河,余为题额曰瑶碧"。

[20] 冯浩《网师园序》刻石在网师园轿厅西廊壁,末署"嘉庆己未孟冬朔日,桐乡冯浩手稿"。《网师园序》为手稿,《孟亭居士文稿》未收。

[21] 范来宗《洽园诗稿》卷七。卷七所收诗编年乙卯,是为乾隆六十年(1795)。

[22] 潘奕隽《三松堂集》卷二十。

[23] 王昶《春融堂集》卷二十二《存养斋集》。《存养斋集》编年自甲寅(乾隆五十九年)至丁巳(嘉庆二年),《瞿远村兆骙招饮网师园》前

一首为《元旦》，再前有《还家即事》。元旦已是乾隆六十年。

［24］ 韩崶《还读斋续刻诗稿》卷二。

［25］ 梁章钜《浪迹续谈》卷一《瞿园》条。

［26］ 朱珔《小万卷斋诗稿》卷三十一《网师园主人索题得绝句六首》
之二。

［27］ 韩崶《还读斋续刻诗稿》卷二《赋网师园二十韵》诗最后结句。

［28］ 王昶《网师园杂咏》与《瞿远村兆骙招饮网师园》同载在《春融堂
集》卷二十二《存养斋集》。王昶《网师园杂咏》是网师园诸诗中一
组具体描述八景内容的难得之作。兹一一转录。"网师不可作，独
有园名在。羡君蹑前踪，幽居倍爽垲。（网师园）""本为万卷堂，
今剩梅花瘦。须搜七录书，用继二游后。（梅花山房）""入径闻浓
香，满植淮南桂。招隐间招贤，相于咏秋霁。（小山丛桂轩）""小
阁远连空，明漪清见底。未许二分垂，濯缨差可喜。（濯缨水
阁）""讵屑同其室，颇欲履而至。中虑亦中伦，似希柳下季。（蹈
和馆）""海月迥未生，山风澹将歇。此景应更幽，何当叩康节。（月
到风来亭）""非雾复非烟，缭绕层冈右。知君高卧余，一笑谢出
岫。（云冈）""竹外一枝斜，仿佛花光画。准拟风雪中，小轩共清
话。（竹外一枝轩）""妙道本非常，既虚何所集。与之相委蛇，名
言岂能及。（集虚斋）"

［29］ 石韫玉《独学庐二稿》词二《微波词》卷一。

［30］ 潘奕隽《三松堂别集》卷十三。

［31］ 朱珔《小万卷斋诗稿》卷三十一。

［32］ 洪亮吉《网师园》诗刻石在轿厅西侧廊壁，末署嘉庆四年（1799），
有题名和"卷施阁"印章。嘉庆四年诗应编入《卷施阁集》卷二十，
《洪北江先生文集》《卷施阁集》未收。

［33］ 张问陶《船山诗草》卷二十《药庵退守集》。

［34］ 彭希郑《酌雅斋文集》《光禄寺典簿邶亭瞿君传》。

〔35〕 潘奕隽《三松堂续集》卷四。是卷收诗始丁丑春至乙卯春。丁丑为
嘉庆二十二年（1817）。

〔36〕 韩崶《还读斋续刻诗稿》卷二，是卷编年为戊子，即道光八年（1828）。

〔37〕 瞿兆骙五子见潘奕隽《瞿君远村墓志铭》。瞿中灏未见原始传记材
料。据潘奕隽、韩崶等人诗，知嘉庆中至道光中网师园主人或称亦
陶或称中灏，显然是同一人，亦陶应是中灏的字或号。

〔38〕 钱泳《履园丛话》卷二十《园林》《瞿园》条。

〔39〕 道光《苏州府志》卷四十七《第宅园林》。

〔40〕 梁章钜《浪迹续谈》卷一《瞿园》条。此条又载见梁章钜《退菴随
笔》卷七。

〔41〕 梁章钜《退菴诗存》卷十九《沧浪主客图诗并序》："余于道光丁亥
春仲日自山左移藩来吴，抚吴者为安化陶云汀宫保，偶以公余葺城
南沧浪亭为宾僚觞咏地。"丁亥为道光八年。同人同书卷二《道光壬
辰仲夏由护理江苏巡抚任内因病具折陈情仰蒙恩准开缺回籍调理濒
行留别吴中同人四律》，壬辰为道光十二年（1832）。

〔42〕 《履园丛话》卷二十《园林》记太仓《南园》："道光庚寅冬日，偶
见程芳墅所画《南园瘦鹤园》，不胜今昔之感。"庚寅为道光十年
（1830）。记杭州《潜园》池中一峰"道光壬辰岁，嘉兴范吾山观察得
之"。壬辰为道光十三年（1833），记杭州《玉玲珑馆》"道光癸巳冬
日，余偶访顺德张云巢都转，曾一至焉"。癸巳为道光十三年。记
杭州《长春山馆》"戊戌六月，余借寓楼上"，戊戌已是道光十八年
（1838）。

〔43〕 潘曾沂此诗有"尚记初游六七岁，已同小别一千年"。诗后注云"记
余六七岁时，曾一游此园，将及三十年矣"。潘曾沂为潘世恩之子，
潘奕隽侄孙。生于乾隆五十七年（1792），六、七岁时为嘉庆二、三
年（1797、1798），至道光七年（1827），正是"将及三十年"。

〔44〕 海帆为卓秉恬，琴涵为董国华，俱是问梅诗社之人。朱琦《小万卷

斋诗续稿》卷三《彭苇间约社友网师园看芍药忆前岁集此者八人今海帆在都琴涵在滇而吴偏山刺史友篪适新与会并邀园主人瞿君中灏入座仍得八人诗纪之》，为道光十年作，前岁为道光八年。

[45] 韩崶《还读斋续刻诗稿》卷三《题问梅诗社图卷并引》："吾乡问梅诗社始自故主事黄尧圃，于道光癸未春偕同人探梅城西积善院，相率赋诗为社，自是月必一会，会必有诗。"癸未为道光四年（1824）。

[46] 吴嘉诠此诗今载见《吴门园墅文献》卷三。

[47] 沧浪亭为宋人苏舜钦始建。

[48] 俞樾、黎庶昌所撰二墓志俱见附《苏邻遗诗》。

[49] 民国《吴县志》卷七十六下《流寓》。

[50] 沈秉成，字仲复，湖州人。退官后到苏州买下顾氏涉园，改为耦园，中部今为方整宅楼一区，有门厅、轿厅、大厅和后楼。网师园宅楼格局和耦园相同。

[51] "院"字石刻篆书作"𨙻"，人多不识，只照录之。

[52] "碧流渺弥，芙蕖娟靓"出沈德潜园记，"沧浪渺然、一望无际"出钱大昕园记。宋宗元、瞿兆骙时期的网师园水面都较大。

[53] 我在1996年最近一次造访网师园时，注意及此，亲自验证。并和管理处书记贺评同志说起，老贺同志很赞成我的推断，又告诉我说，前两年网师园水池清淤抽水，把东邻圆通庵的水池也抽干了。

[54] 《苏州的园林》原载《南京工学院学报》1957年4期。后又收入《刘敦桢文集》四。

[55] 达桂书《网师园记》、程德全书跋和多禄竹山书网师园诗刻石俱在蹈和馆北廊壁。程德全（1860—1930）清末又出为江苏巡抚，响应辛亥革命，在苏州起义，推为江苏都督。二次革命宣布江苏独立，失败后避居上海，受戒常州天宁寺，1930年卒。见《民国人物志》。

[56] 《奉天通志》卷一百四十八《官绩》《张锡銮》只记有早期事迹。《张都护诗存》编成于宣统二年（1910），未附传记材科。《己巳初度》诗

云"纵横两国兵戈际，六十三年劫外人"。为光绪五年（1879）日俄战争时作，是年63岁，因得考知其生年。《民国人物志》始记其生卒年及后期历官等事迹。

[57] 费树蔚《费韦斋集》诗八有《上巳修禊蘧园次陈栎宵韵》，疑即和陈住《上巳日刻逊夫慎怡费韦斋树蔚招集网师园修禊》。费树蔚诗作于甲子即1924年。费诗仍称蘧园，是用旧名。

[58] 今人邵忠《张大千与"虎儿"》，载《苏州园林》1995年2期。

[59] 网师园近期资料大体参照贺评同志的介绍和苏州市园林管理局修志办公室1986年编《网师园志》初稿油印本而斟酌去取。《网师园志》稿本提到的何澄之女何泽瑛女士的信件等原始材料至今尚未见到。

曹汛建筑手稿欣赏

五塔寺　北京

西山晴雪　北京

金山，灰色的印象　1982年　承德

普陀宗乘庙的一个白台　承德

颐和园昆明湖　1967 年　北京

颐和园扬仁风　北京

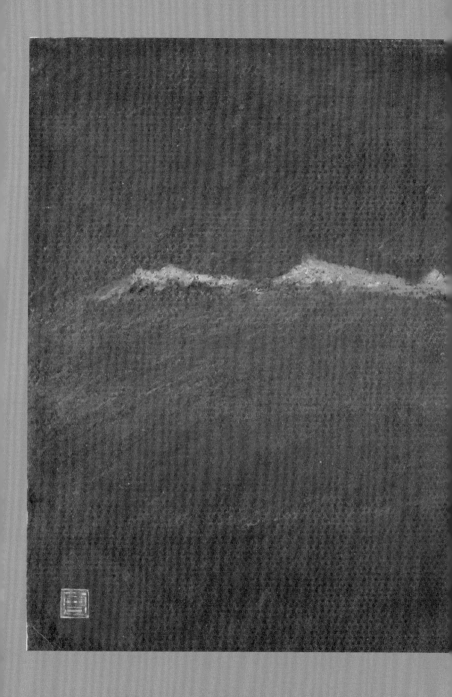

玉山月夜　台湾

大雨泼珠　台湾猫岭

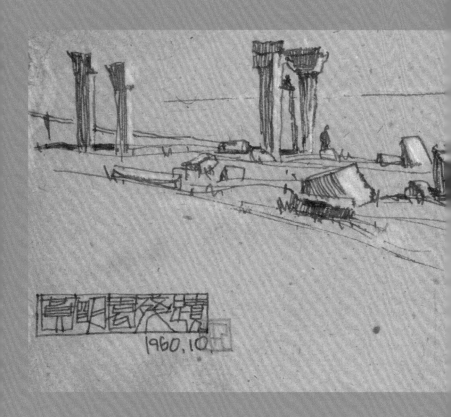

1960, 10

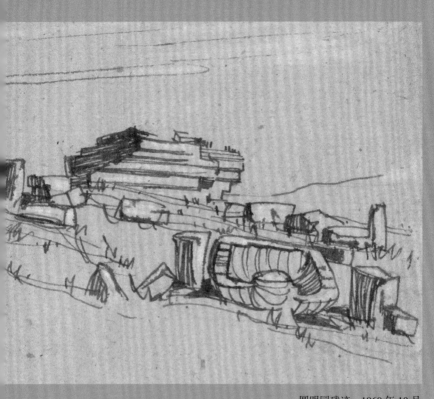

圆明园残迹　1960 年 10 月

彭县北关龙兴寺四
分之一残塔
巴蜀有古塔历世已
千年几经地震毁伤
残足可惜一伏此着尽
树株纪元

一九七七年七月九日

龙兴寺残塔　1977 年　四川彭县

下编

明末清初的苏州叠山名家

凡例代前言

本文题称"明末清初"，断自明代万历至清代康熙年间，跨越明万历、天启、崇祯三朝和清顺治、康熙两朝，前后二百余年。这段时期正是我国造园史上的黄金时代。这段时期产生了我国首屈一指的造园叠山大师张南垣，出现了文震亨《长物志》、计成《园冶》、李渔《闲情偶寄》等造园学和起居环境装饰美化的专著。张南垣的出现，标志着我国造园叠山艺术的最后成熟，他开创一个时代，创新一个流派，对我国造园叠山艺术，做出了极大的贡献。

苏州园林的发展史与全国同步，而成就突出，明末人称"苏州园林甲洛阳"，说的是当时苏州园林超过了宋代的洛阳。本文称"苏州叠山名家"，只著录在苏州留下过造园叠山作品者，不问其是苏州人还是外地人。张南垣为松江华亭人，后迁嘉兴，又为嘉兴人，在苏州地区留下过不少造园叠山名作，对苏州地区造园叠山艺术的发展，有重大的影响，因予著录。计成为苏州吴江人，后迁镇江，在苏州地区没有留下作品，故不著录。李渔为金华兰谿人，也不曾在苏州留下过作品，或称李渔出于此都，是一时猜测或误记，故不著录。戈裕良为常州武进人，在苏州有环秀山庄及一榭园，环秀山庄假山为苏州一绝，但他是乾隆至道光时人，苏州两处作品都是嘉庆年间所造，不在明末清初断限之内，故亦不著录。

本文著录明末清初的苏州叠山名家，还只是迄今为止，我所知见的少数几位。这两百年间苏州造园叠山红红火火，人才辈出，可惜大部分都被埋没了。就是本文著录介绍的几位，事迹每亦不能尽显，事迹大体清楚的，也肯定远远不全。我自愧寡陋，还是外地人，对苏州园林所知甚少，亟盼当地专家学者和有关人士，能继续作此课题，将苏州地区明末清初的叠山名家，一一挖掘介绍出来，则幸甚矣。作者自识，一九九五年六月二十八日。

许晋安

张凤翼《乐志园记》载：

> 会许晋安自吴门来，许故畸人，有巧思，善设假山，为余选太湖石之佳者，于池中梯岩架壑，横岭侧峰，径渡参差，洞穴窈窕，层折而上，其绝顶为台，可布席坐十客。城外诸山，若"鸿鹤"，若

"磨笄"，若"天福"，若"五洲"，环回带拥，烟岚变现，每冬雪初晴，予与客振衣其间，远近一色。池之东仿大痴皴法，为峭壁数丈，狰狞崛兀，奇瑰博人。上建文昌阁，下立一亭，与峭壁正相对。

按张凤翼这一记载，许晋安为他的乐志园叠造假山，很受他的推奖，张凤翼称许晋安为畸人，有巧思，善叠山。许晋安是自吴门即苏州来到镇江为张凤翼叠造假山的，他显然是苏州的叠山匠师，很有名气。晋安可能是字或号，其人之事迹此外别无可考。

名叫张凤翼的不止一人。陈从周、蒋启霆选编的《园综》中收有张凤翼《乐志园记》，列入明代。编者在本文前所加按语和收在书后的作者小传，都认为张凤翼的事迹不可考，举出同名四人认为都不合。《古今图书集成》"园林部"收此记，而未记出处。今按乾隆《镇江府志》卷四十六收有这一篇《乐志园记》，记文末尾书"万历己酉中秋后一日，惺怀居士张凤翼君羽撰"。因知此张凤翼字君羽，号惺怀居士，撰记之己酉为万历三十七年（1609）。记文开头说起，郡城之南有戴氏之圃二，一归之邃庵杨少师，一归之戒庵靳少傅。靳少傅园"岁久不治，荒塘数亩，老树岭崎，去予家不一牛鸣地。予过之，爱其幽旷，辄作濠濮间想，癸未首夏，靳氏以属于予"。于是建造乐志园，而请吴门许晋安为选石叠山。癸未为万历十一年（1583），作记是在万历三十七年。许晋安开始为张凤翼造乐志园的时间，比周秉忠为徐泰时造东园石屏还早十年。万历十一年张南垣还未降生。许晋安的叠山风格是于池中梯岩架壑，横岭侧峰，径渡参差，洞穴窈窕，与周秉忠、周廷策父子的叠山手法大体相同，是晚明张南垣之前的流行常见手法，代表一时的叠山风尚。后来的张南垣才一变旧模，后人赠诗说："一自南垣工叠石，假山雪洞更谁看。"

周秉忠

袁宏道《园亭纪略》："徐冏卿园在阊门外下塘，宏丽轩举，前楼后厅，皆可醉客。石屏为周生时臣所堆，高三丈，阔可二十丈，玲珑峭削，如一幅山水横披画，了无断续痕迹，真妙手也。"江进之《后乐堂记》："太仆卿渔浦徐公解组归田，治别业金阊门外二里许，不佞游览其中，顾而乐之，题其堂曰后乐……径转仄而东，地高出前堂三尺许，里之巧人周丹泉，为叠怪石作普陀天台诸峰峦状，石上植红梅数十株，或穿石出，或倚石立，岩树相间，势若拱迓。"袁宏道《园亭纪略》作于万历二十四年（1596），当时袁任吴县知县，江进之为袁宏道好友，当时任长洲知县。徐冏卿即徐泰时，字渔浦，一作与浦，官太仆寺少卿，所造东园即今留园之前身。周秉忠，字时臣，号丹泉。范允临《明太仆寺少卿与浦徐公暨元配董宜人行状》记载，徐泰时归里后，"一切不问户外事，益治园圃亲声伎。里有善垒奇石者，公令垒为片云奇峰，杂莳花竹，以板舆徜徉其中，呼朋啸饮，令童子歌商风应苹之曲"。范允临为徐泰时女婿，行状所称"里之善垒奇石者"，无疑是指周秉忠。

周秉忠所造园林假山，还有为归湛所造之洽隐园。韩是升《小林屋记》："按郡邑志，洽隐园台榭皆周丹泉布画，丹泉名秉忠，字时臣，精绘事，洵非凡手云。"洽隐园至顺治年间为韩馨所有，韩是升为乾嘉时人，是韩馨后裔，住洽隐园，有《洽隐园文钞》。洽隐园最早记载始见于康熙《苏州府志》，园中有水假山，盛传最久。

周秉忠精绘事，笔墨苍秀，善画人像，赋性巧慧，曾至景德镇烧造瓷器，善仿古，所仿定鼎兽面戟耳彝等皆逼真，能烧陶印，以垩土制成印文或辟邪龟象等火范而成，又善以古木寿藤裁为几杖，得老竹根雕为佛柄如龙虾状，善作漆器，又善妆塑，尤能匠心独运，点缀假山，出人意表。生平事迹见《紫桃轩杂缀》《妮古录》《广印人传》《韵人斋笔谈》《古瓷考略》《名人书画集》等。

钟惺《隐秀轩诗》宇集有《赠丹泉周翁时年八十二》诗云："闻名久不信同时，敢谓今朝真见之。万石转丸如未动，群贤落笔即相知。儿皆白首身无恙，意在青山梦亦随。豫指余年申后晤，劳劳翻虑我衍期。"钟惺诗集未编年，但分体之后按年代先后，宇集第一首七言律为《戊午元旦》，题下注"时万历四十有六年也"。《赠丹泉周翁》亦万历四十六年（1618）所作。以此反推，周丹泉生于嘉靖十六年（1537）。徐树丕《识小录》记载，周丹泉"造作窑器及一切铜漆物件，皆能逼真，而装塑尤精"。周秉忠在隆庆万历时曾往景德镇烧造瓷器，万历二十一至二十三年（1593—1595）为徐泰时造东园，二十六年为湘南写像，后来又为归湛叠洽隐园假山。《识小录》又载，周丹泉"究心内养，其运气闭息，使腹如铁，年九十三而终"。周秉忠之子一泉名廷策亦工叠石，"太平时江南大家延之作假山，每日束脩一金，……年逾七十，反先其父而终"。徐树丕为明季诸生，明亡隐居不仕，康熙间卒。他所指的"太平时"即万历崇祯年间。周丹泉卒年九十三，推当崇

祯二年（1629）。其子年逾七十，又先其父而终，卒还在崇
祯之前。

　　周秉忠是画家、雕塑家和工艺美术家，兼能造园叠
山，而成就亦非凡。我国造园艺术的传统特征是诗情画
意之写入，宋元以来有不少画家参与造园，大显身手，
明末画家仍多有以构筑自家小园为能事者，如无锡邹迪
光建愚公谷，北京米万钟建勺园，南翔李流芳建檀园，
长洲文震亨建香草垞等等。周秉忠是为他人造园叠山，
已经有所不同，其时代则在张南阳之后，张南垣之前。
周秉忠善写人像，这一点又正与张南垣相同，也是有趣
的巧合。工艺美术家兼能为人造园叠山者，与周秉忠约
略同时而稍后，又有嘉定著名竹刻家朱三松名雅征，为
闵士籍建造了古漪园。从《识小录》的记载来看，周秉忠
之子廷策，江南大家延之作假山，每日束脩一金，已经
是职业叠山家了。

周廷策

　　周廷策为周丹泉之子，事迹见徐树丕《识小录》，附
其父事迹之下。称"一泉名廷策，即时臣之子，茹素，画
观音，工叠石，太平时江南大家延之作假山，每日束脩一
金……年逾七十，反先其父而终"。

　　周廷策善叠假山，一时称为能手，身价甚高，又能妆塑
佛像。顾震涛《吴门表隐》卷六："不染尘观音殿在北寺东，
像甚伟妙，脱沙异质，不用土木。"为宋绍光时名手所塑，
边知白记。万历三十二年（1604），郡绅徐泰时，配冯恭人同
男洌、泫、潮重建。"得周廷策所塑尤精，并塑地藏王菩萨

于后，内殿又塑释迦、文殊、普贤三像，颇伟，管志道记。"

周廷策又善画，亦为一时高手。沈德潜《归愚文钞》卷六《周伯上画十八学士图记（薛虞卿书传）》："前明神宗朝广文先生薛虞卿益命周伯上廷策写唐文皇十八学士图……伯上吴人，画无院本气。虞卿，文待诏外孙，工八法。此册大平生注意者。"周廷策所画十八学士图是一幅名画，一时盛传。沈德潜此记称"周伯上廷策"善画，又称"伯上吴人"。正与善叠假山之周廷策相合。因知周廷策字伯上，沈德潜这段记载非常重要，虽然是后来追记，却事属可信。

周伯上在万历年间曾为武进吴亮叠造止园假山，建园之时正值周伯上六十岁生日，吴亮作诗为贺。止园山成，吴亮又赋诗称谢，对周伯上的叠山技艺作出极高的评价，并力劝其弟世于也要请周伯上为之造园叠山。

吴亮有《止园记》，载见《止园集》卷十七，记中说起水周堂后有玉兰海桐橙柏杂树，皆盘郁磊石为基，突兀而上，有轩曰鸿磐，磐之上有青羊石。南树两峰，一像蟹螯，一赭表而碧里，如玉蕴其中，题曰金玉其相。后复枕池，蹑石而下，若崖若壁若径，各具苍藓。一石子然立，曰介石，折而东得曲涧，履石焉而渡曰柏屿，古柏数十株，石台层累作岵崿形，曰狮子坐。"凡此，皆吴门周伯上所构。一丘一壑，自谓过之，微斯人谁与矣。"吴亮对周伯上的叠山技艺，推崇备至。吴亮，字采于，武进人，中行子。万历进士，历官大理寺卿。秉性刚直，不避权贵。后去官夺级，天启二年（1622）起南京礼部主事，累迁大理少卿，卒后赠大理寺卿，祀乡贤。吴亮晚年有止园，在常州青山门外，是一处水景园，亮自有记，友人范允临为书写上石。园中假山为吴门周伯上所叠，一时颇为有名。

吴亮《止园集》卷五又有《小园山成赋谢周伯上兼似世于弟二首》云：

> 雨过林塘树色新，幽居真厌往来频。
> 方怜砥柱浑无计，岂谓开山尚有人。
> 书富宁营二酉室，功超不数五丁神。
> 一丘足傲终南经，莫使移文诮滥巾。
>
> 真隐何须更买山，飞来石蹬缓跻攀。
> 乞将崒嵂千峰上，心自栖迟十亩间。
> 秀野苍茫开露掌，孤城睥睨对烟鬟。
> 肯教家弟能同乐，让尔声名遍九寰。

诗之二是其弟世于也要请周伯上为其叠山。

《止园集》卷六又有《周伯上六十》诗云：

> 雀门垂老见交游，谁复醇深似大周。
> 彩笔曾干新气象，乌巾争识旧风流。
> 每从林下开三径，自是胸中具一丘。
> 况有晚菘堪作供，用君家味佐觥筹。

这年秋天，周伯上六十岁生日，吴亮在家中宴请，为他祝寿。吴亮诗集无编年，此诗次在《壬子重九过赵凡夫》之后，壬子为万历四十年（1612）。这一年周伯上年六十，推当生于嘉靖三十二年（1553）。周伯上即周廷策，为周秉忠之子。按钟惺万历四十六年（1618）所作《赠丹泉翁时年八十二》反推，周廷策出生时，其父周秉忠十七岁，是早婚生子。吴

亮诗排在壬子诗之后，不像是下一年所作。钟惺诗作于万历
四十六年，是不是称周秉忠时年八十二有误，亦不可知。

吴亮卒后，止园传其子吴柔思。天启七年（1627）吴柔
思请著名画家为绘止园图册，至少有二十景，其中有一幅以
临水假山为主景，假山有个山峰高耸，似一对蟹螯，应该正
是《止园记》中所记"一像蟹螯，镌王弇州绝句"者。《止园
集》卷五收止园诸景诗有《蟹螯峰》云："溪边石蟹小如钱，
留得双螯大似拳。把酒持螯浑不解，醒来高枕石头眠。"张
宏止园图册还有一荷池后面亦画一组山石，也是以高峰显
胜。看来当时叠山的主流风范还是以高架叠缀为工，不喜见
土。与后来张南垣父子的风格大不相同。止园图册又有大慈
悲阁一景，阁前道旁是用黄石散乱布置，平冈小坂，和环境
很是协调，又表明周廷策并不是一味追求高架叠缀。

1

（明）张宏《止园图》之飞云峰，柏林东方美术馆藏

周廷策为名匠之子，擅长绘画，兼善雕塑，又能为人造园叠山，身兼绘画、雕塑和造园叠山三种绝技。成名后身价甚高，"江南大家延之作假山，每日束脩一金"，已经是职业叠山名家了。

周廷策万历四十年（1612）年六十，年逾七十先其父而终。他为人造园叠山并成名，是在万历年间，正是我国江南造园叠山的黄金时代。周秉忠周廷策父子接踵在张南阳之后，张南阳算是嘉靖年间的造园巨匠。周廷策的时代比张南垣、计成为早。周廷策为武进吴亮造止园之后，吴亮之弟吴玄请计成为造东第园，是在天启初年。张南垣虽比计成晚生五年，但成名更早，张南垣为翁彦陛造集贤圃在万历四十三年（1615），为王时敏造乐郊园在泰昌元年（1620）。因此可以说张南垣、计成是与周廷策接踵而至。张南垣开创一个时代，创新一个流派，把我国的造园叠山艺术推向最后的巅峰。周秉忠周廷策父子，则可以称为是继张南阳之后，为前张南垣时代之最为著名的造园大师了。

张南垣

吴定璋《七十二峰足征集》卷十收有陆燕喆《张陶庵传》，传云：

往年南垣先生偕陶庵为山于席氏之东园，南垣治其高而大者，陶庵治其卑而小者。其高而大者，若公孙大娘之舞剑也，其卑而小者，若王摩诘之辋川，若裴晋公之午桥庄，若韩平原之竹篱茅舍也。其高者与卑者，大者与小者，或面或

背，或行或止，或飞或舞，若天台、峨眉、山阳
（阴）、武夷，余不知其处，而心识其所以然也。

张南垣名涟，号南垣，陶庵名然，字鹤城，号陶庵，为南
垣第四子。这里说到的席氏东园，即洞庭东山席本祯之东园。
席本祯字宁侯，翁澍《具区志》、金玉相《太湖备考》以及《苏
州府志》等俱有传。吴伟业《梅村家藏稿》卷四七有《太仆寺卿
席宁侯墓志铭》云：“人谓君素苦肥疾，无声色玩好六情戏游之
乐，终日撺撺然劳身为物，晚年始构一园又不见其成就，夫富
贵直为君累耳，余则曰不然。”席本祯为洞庭东山大富户，崇
祯年间江南大祲，本祯捐金赈饥，多所全活，又愿输家财以佐
军，巡抚奏闻，授文华殿中书，加太仆寺少卿。据吴伟业所撰
墓志，席本祯生于万历二十九年（1601），卒于顺治十年（1653），
年五十五，“晚年始构一园”即东园，“又不见其成就”，则其构
筑东园，约在顺治九至十年（1652—1653）间。张南垣生于万历
十五年（1658），当时六十六七岁。

《太湖备考》卷十六记载：“东园在东山翁巷南，席太仆
本祯购翁氏集贤圃移筑。”又载：“集贤圃为东山第一名园，
翁亘寰所构，故俗称翁园，地滨太湖，故又称湖亭，来游
者多四方贤豪，题咏甚富。亘寰父子殁后，同里安定购得
之，惑于匠言，移置他处，即东园是也。故志言其尽失旧时
之胜，今集贤圃废址，人犹称湖亭云。”《具区志》载：“集
贤圃在东山具区风月桥北，一名湖亭，光禄寺署丞翁彦陞
筑，背山面湖，亭榭水石之胜甲天下。光禄任侠好客，云间
董其昌尚书、陈征君继儒，尝往来吟眺其间，今废。”

集贤圃始建年代不详，韩敬有《乙卯春日题积秀阁》
诗，积秀阁为集贤圃中的首要景点。乙卯当为万历四十三

年（1615）。后来陈宗之有《集贤圃记》，记云："一则得其时，当万历之季，物力宽饶，故得斥其资治此，若遇今日，山穷水涸，岂能闳诡坚亘若尔？"陈宗之此记为崇祯年间所作，山穷水涸当在崇祯末年太湖地区荒乱，经济衰敝之后。

席本祯东园是买下翁彦陞集贤圃以后，将其拆除，重新规划设计，移地再建的。或称东园的前身即集贤圃，其实不是一个地方。建议拆除集贤圃再建为东园的匠师不是别人，正是张南垣。而且不仅如此，集贤圃原来又正是张南垣早年设计建造。

吴伟业为作《张南垣传》在康熙七年（1668），南垣八十二岁，传中引述南垣的话说，"余以此术游于江南五十余年，先前所作名园，屡易其主，或荡于兵火，没于荆榛。奇花异石，他人辇取以去，又重为营置者，已数见焉"。拆了集贤圃，又重建为东园，正是这样一例。集贤圃建于万历四十三年，南垣二十九岁，自康熙七年上溯到万历四十三年，是五十三年，正合五十余年之数。张南垣为王时敏造东郊园，在万历四十七年（1619），南垣三十三岁，王时敏已称"其巧艺直夺天工"了。张南垣从事造园叠山之后，董其昌陈继儒亟称之，集贤圃建成，为东山第一名园，董、陈往来吟眺，备为称赞，亦正能相合。集贤圃为张南垣所造，虽未见明确记载，也可以判定无疑了。

陈宗之《集贤圃记》云："大凡此园之胜，一则得其地，城中购一奇石，汗牛耶许，仅乃得之，凿石浚沼，势如刺山望泉，而此以湖山为粉本，虽费匠心，其大体取资，多出天构。"张南垣造园风范，多依取真山真水，利用优越的自然条件，建造自然山水园，集贤圃正是很好的一例。多少年来，人们一直推崇惠荫园即洽隐园的水假山，按陈宗之

《集贤圃记》，峙立于群玉堂前，屹然高寨者，为假山主峰，其外支峰累累俯仰，"其下则洞壑嵌空，白石嶙嶙，水泉吞吐，与太湖通"。集贤圃中的主山，正是水假山的最好一例。

张南垣叠假山，有一系列的变革和创新，形成了他自己独特的风格，陆燕喆《张陶庵传》说："人见之不问而知张氏之山也。"黄宗羲《张南垣传》记载，他曾激切批评当时之为假山者"聚危石，架洞壑，带之飞梁，矗以高峰，据盆盎之智以笼岳渎，使入之者如鼠穴蚁蛭，气象蹙促"。张南垣叠假山，反对那种摆盆景式的所谓"小中见大"，他说群峰造天，不如平冈小坂，陵阜陂陀，错之以石，"若似乎处于大山之麓，截溪断谷，私此数石为吾有也"（吴伟业《张南垣传》）。张南垣叠假山还极力主张土石相间，土中戴石，康熙《嘉兴县志》载，"旧以高架叠级为工，不喜见土，一变旧模，穿深复冈，因形布置，土石相间，颇得真趣"。张南垣也叠造过水假山和全石山洞，则石取其易致者，太湖尧峰，随意布置，雅合自然。他能规模大势，使人于数尺之内，寻丈之间，落落难合，及其既就，则天堕地出，得未曾有。有学其术者，以为曲折变化，此君生平之所长，尽其心力，以求仿佛，初见或似，久观辄非。以此人服其能，请之者无虚日，有不能应者，用为大恨。江南大家名园，多出其手。

张南垣一生所造名园假山，数不胜数。据我掌握和考证过的材料，可以确认无疑的就有松江李逢申的横云山庄，嘉兴吴昌时的湖亭竹墅，朱茂时的放鹤洲，徐必达的汉槎楼，常熟钱谦益的拂水山庄，金坛虞来初的预园，太仓王时敏的乐郊园、南园和西田，吴伟业的梅村，钱陛的静逸园，钱增的天藻园，郁静岩斋前叠石，嘉定赵洪范的南园，吴县洞庭东翁彦陞的集贤圃，席本祯的东园等。这些作品都是当地颇为著名的园林别墅，集贤圃被称为东山第一名园，还是张南垣的早期作品。迄今所知张南垣的十几处名园作品中，它的年代为最早。

张南垣在洞庭东山的园林叠山作品，一定不止这两处，留心查考，相信会有更多的发现，张南垣在苏州又未必只到过东山，苏州城内外其他地方说不定也还有过他的园林作品。

张南垣的名园作品，在常熟、太仓、嘉定等地，已知的就还有九处之多，常熟、太仓、嘉定当时都是苏州府的属县。本文所论苏州以苏州府倚郭的吴县、长洲为界线，即今苏州市区管辖范围为主，其他属县就不再一一铺叙了。

文震亨与陆俊卿

《天启崇祯两朝遗诗》卷八收有文震亨《陆俊卿为余移秀野堂前小山》一诗，诗云：

> 重移岩岫借潺湲，总在经营意象间。
> 半壁笑人俱减样，一春与我共消闲。
> 生成不取玲珑石，裁剪仍非琐碎山。
> 君向迩时真绝技，分明画本对荆关。

从这首诗里可以看出文震亨的叠山思想和审美取向，对于了解文震亨的造园叠山艺术，至关重要。

文震亨（1585—1645），字启美，长洲人，文徵明曾孙，震孟之弟，以诸生卒业南京国子监，举恩贡选陇州判，先是，以琴书名达禁中，特改授武英殿中书舍人，协理校正书籍事务，崇祯制颁琴二千张，命震亨定名，并令监造御屏，图九边厄塞。黄道周以词臣建言触上怒，穷治朋党，下刑部狱，久之复职，奉命劳军，给假归里。福王立，召之复职，不久请旨致仕，南明亡绝粒死，清乾隆时追谥节愍。生平事迹见顾苓撰《武英殿中书舍人致仕文公行状》。震亨工书善画，精诗文、通音乐，能雕刻，善治印，又工造园叠山，是一个多才多艺的人。一生著述甚多，有《琴谱》《开读传绘》《载赟》《长物志》《清瑶外传》《武夷腾语》《金门集》《文生小草》《香草诗选》《香草垞前后志》《秣陵竹枝》《清溪新语》等。

文震亨虽然不是职业造园叠山艺术家，但在造园及叠山艺术方面，却有精深的造诣和独到的见解。所著《长物志》十二卷，其中论及室庐、水石、花木、禽鱼，属于造园学范畴，位置、几榻、器具、书画，属于室内环境装饰陈设，衣饰、舟车、蔬果、香茗，又属于日常起居衣、行、食、饮，内容很是丰富，总不外乎是用艺术创造美化生活，陶冶人生，使起居生活环境艺术化。文震亨有这方面的理论著述，多半得来于他自己的生活实践。顾苓所撰行状云："公长身玉立，善自标置，所至必窗明几净，扫地焚香。所居香草垞，水木清华，房栊窈窕，阛阓中称名胜地。曾于西郊构碧浪园，南都置水嬉堂，皆位置清洁，人在图画。致仕归，于东郊水边林下经营竹篱茅舍，未就而卒。"文震亨精通造园叠山艺术，在他的诗文中也有所反映，除《陆俊卿为余移秀野堂前小山》外，还有《宜晚亭落成坐月》《为端文侄补一笠庵诗次韵》等诗。《宜晚亭落成坐月》诗云："特移苍翠对虚亭，一片峰峦入画屏。"宜晚亭对面的苍翠峰峦，便是由他规划设计并参与叠造的。从《陆俊卿为余移秀野堂前小山》一诗来看，秀野堂前的假山，是他规划设计而由技术高超的叠山匠师陆俊卿为他经手叠造的。计成在《园冶》一书中曾议论起"三分匠七分主人"之谚，主人并非园主人，而是能主之人，即主持规划设计之人。以文震亨、陆俊卿二人来说，文是"主人"，即秀野堂前假山的规划设计人，陆是匠师，是动手堆叠假山的施工人，二人有合作有分工。不过像张南垣那样的造园叠山大师，往往自己设计自己堆叠，两重身份就都由自己一人兼任了。

秀野堂、宜晚亭都是香草垞中的胜景。香草垞在高师巷，天启间就冯氏废圃营构，对面即其曾祖文徵明之停云馆旧址。按《吴县志》记载，香草垞有四婵娟堂、锈铗堂、笼鹅阁、斜月廊、众香廊、啸台、游月楼、玉局斋诸胜，《雁门家乘》所载，又有扶桑亭、采山堂、游檀堂、秀野堂、小清闷诸胜。香草垞建于天启初年，钟惺有《过文启美香草垞》诗，钟惺卒于天启四年（1624）。《陆俊卿为余移秀野堂前小山》《宜晚亭落成坐月》二诗，都是香草垞初建时所作。

吴中所尚假山，多用太湖石，太湖石的玲珑秀润，一向受到造园叠山家和园主人的青睐。文震亨却在诗中说他不取玲珑的太湖石，不叠琐碎之山，表明他见识很高，不随众流。他在《长物志》中说："尧峰石近时始出，苔藓丛生，古朴可爱，以未经采凿，山中甚多，但不玲珑耳。然正以不玲珑，故佳。"这段精彩的话，正好和那首诗相对证。秀野堂前的假山，一定是用古朴顽拙的尧峰石叠成，且颇有一定的气势，非一般玲珑琐碎的俗滥假山可比。明末尧峰石的发现，是造园叠山史上的大事，文震亨很早就用它叠山，并且写到《长物志》中去。《长物志》成书在香草垞建成后不久。和他同时稍后的计成，还没有用过尧峰石，《园冶》中也没有提到。

陆俊卿能与文震亨配合叠山，受到文震亨的高度称赞。陆俊卿叠山技艺精绝，能用尧峰石按荆浩、关全笔意叠山，其人必精通绘事，绝非凡手，惜其事迹别无可考，仅知他与文震亨同时，为天启前后的叠山匠师。

陈似云

王心一《归田园居记》："东南诸山采用者，湖石玲珑细润，白质藓苔，其法宜用巧，是赵松雪之宗派也。西北诸山采用者，尧峰黄而带青，古而近顽，其法宜用拙，是黄子久之风范也。余以二家之意，位置其远近浅深，而属之善手陈似云，三年而工始竟。"王心一，字纯甫，号玄珠，天启初官御史，侯震旸论魏忠贤党客氏贬官，心一言之尤切，贬官如之。天启三年（1623）皇子生，大赦复官。崇祯四年（1631）以其父年高弃官，建归田园居之，后复出，官至刑部侍郎，十三年又归田，再居园中，修其颓坏，补其不足。崇祯十五年（1642）作《归田园居记》，因牵连明宗室玉哥案，顺治二年（1645）死于狱中，年七十四。著有《兰雪堂集》八卷。归田园居始建于崇祯四年秋，建成于崇祯八年（1635）冬，文震孟额之曰"归田园居"。园在拙政园之东，紧邻拙政园，后来王氏子孙世代居之，至道光年间钱泳撰《履园丛话》时，王氏子孙尚居其中，后荒废，今并入拙政园中。

王心一自云于绘事"稍知理会"，园中假山是他参照赵孟頫、黄公望的风范，位置其远近浅深，而请叠山好手陈似云叠造起来的。园中假山分成两组，太湖石秀润妍巧，尧峰石粗顽古拙，各是一种意趣，分而叠之，最是上策。太湖石假山在园之东南，即今缀云峰一带，当时厅堂廊榭等建筑较多，假山宜妍巧工细。除太湖石假山外，还有王心一采之于包山的巨大太湖石一躯，卧置于此，石长丈余，夭矫如龙。尧峰石假山在园之西北，即王心一记中之紫逻山，今放眼亭一带，这一区域景致疏朗，颇多野趣，假山宜古朴粗犷，山名紫逻，言其色也。紫逻山有紫盖、明霞、赤笋、含华、半莲五峰，又谓之五峰山。吴中假山一向崇尚的太湖石，所在甚多，尧峰石假山这时还方兴未久。文震亨谈尧峰石近时始出，在《长物志》中为之鼓吹提倡，至此时还不到十年光景，归田园居中的尧峰石假山，也应该算是较早的实例了。

王心一兼通绘事，归田园居中的假山，是他自己规划设计，由叠山善手陈似云叠造而成，其事亦绝类文震亨与陆俊卿，可见一时风尚如此。后来李渔在《闲情偶寄》中说："磊石成山，另是一种学问，别是一番技巧，尽有丘壑填胸，烟云绕笔之韵事（土），命之画水题山，顷刻千岩万壑，及倩磊斋头片石，其技立穷。"画家主持造园，往往要请专业匠师经手叠山，这是一个普遍的规律，而匠师的事迹则往往被埋没，王心一表出陈似云的名字，称为善手，本是应该的，也算有光荣了。

张　然

张然早在顺治九至十年（1652—1653）间，已与其父南垣先生合作，在洞庭东山为席本祯建造东园，其事备载于陆燕喆《张陶庵传》，并已引见于前文张南垣条下，《张陶庵传》又载：

居无何，南垣先生殁，陶庵以其术独鸣于东山。其所假有延陵之石，有高阳之石，有安定之

石。延陵之石秀以奇，高阳之石朴以雅，安定之
石苍以幽、折以肆。

这里延陵是吴氏郡望，高阳是许氏郡望，安定是席氏
郡望，说的是张然在其父南垣先生卒后，在洞庭东山建造
了吴氏园、许氏园、席氏园。

吴氏园即吴时雅的艿畦小筑。吴时雅字斌文，号南村，
隐居不仕。艿畦小筑在洞庭东山武山之麓锦鸠峰下，有水香
籁、飞霞亭、欣稼阁、花鸟间、桂花屏、芙蓉坡、凝雪楼、
鹤屿、藤桥诸胜。后来李仙根为题曰南村草堂，陶子师又节
取杜甫"名园依绿水"的名句，改题作依绿园。缪彤熟游于
东西两洞庭，尝言山中多好事，竞选胜地为园亭，不减洛阳
之盛，而最称吴时雅之南村草堂。康熙二十九年（1690），徐
乾学在东山开史馆，慕名来游其地，为作《依绿园记》。徐
记称："园之广不逾数亩，而曲折高下，断续相间，令人领略
无尽。"记又云："园成于康熙癸丑，云间张陶庵叠石，乌目
山人王石谷为之图。"癸丑为康熙十二年（1673），园成以后，
吴时雅有《陶庵张先生为余筑圃成赋诗志喜》诗二首，对张
然的造园叠山艺术，给予很高的评价，欣喜之情溢于言表。

陆燕喆为张然作传，提到延陵之石如何如何，势必在
康熙十二年艿畦小筑建成之后，陆传说到张然在东山所造
名园假山，还有许氏园、席氏园，许氏园一说即许莰田园，
已不能详，席氏园亦不详为谁，但显然不是指席本祯的东
园，席本祯东园本是张南垣父子合作所造，南垣卒后，张
然以其术独鸣于东山时，又造了席氏园，必定是另外的一
处。东山有招隐园，原为王鏊季子延陵所建，康熙时归席
本祯之子献臣、朝宗兄弟，加以改建而仍其旧名，又称席

园、南园。此席园亦不知是否经张然之手改建。

陆燕喆，字大生，吴郡人，明末清初甲乙之际隐居太湖武山之麓，锦鸠峰下，笔耕自给，学者称鸠峰先生。陆燕喆为张然作传，在康熙十二年以后，康熙十六年（1677）张然北上京师，为大学士冯溥建造万柳堂，然则作传又必在康熙十五年（1676）之前。陆燕喆《张陶庵传》在列举出张然所造四处名园之后又说："陶庵所假不止此，虽一弓之庐，一拳之宄，人人欲得陶庵为之。居山者几忘东山之为山，而吾山之非山也。"这还是作传当时，总结以前的情况，以后的情况，当然陆燕喆是无法预知的了。

汪琬《尧峰文钞》卷四三有《赠张铨侯》一诗，张铨侯即张然，李良年有《书张铨侯叠石赠言卷》，即是其人。汪琬此诗云："虚庭蔓草秋茸茸，忽然幻出高低峰。云根槎牙丛筱密，直疑天造非人工。"诗又云："西山之材本顽犷，略加驱遣俱玲珑。此间拳石易易耳，指挥自觉神从容。"汪琬有尧峰山庄，在尧峰山下。从这些诗句来看，张然当时正在尧峰山庄为汪琬叠造假山。尧峰山产尧峰石，粗犷顽拙，堆假山别有一种意趣。张然正是用本山所产尧峰石在尧峰山庄就地叠造假山，诗云"此间拳石易易耳"可为确证。汪琬此诗又云："往年供奉畅春园，一一结构超凡庸。""窃闻至尊屡嘉叹，一笑顾盼回重瞳。"张然供奉内廷，造畅春园，屡邀宠赉。康熙二十六年（1687）畅春园建成赐归，此诗称："往年供奉畅春园"，应是康熙二十七年（1688）所作。张然卒于康熙二十八年（1689），汪琬卒于康熙二十九年（1690）。张然为汪琬尧峰山庄叠造假山，在康熙二十七年，很可能是他晚年最后的叠山作品了。

张然早年事迹不详，顺治九至十年在洞庭东山，与其父南垣一起，为席本祯建造了东园，顺治十二年有重修瀛台之役，征召张南垣，南垣以老辞，遣张然前往。张南垣卒于康熙十年前后，南垣卒后张然以其术独鸣于东山，康熙十二年为吴时雅建造了芰畦小筑。康熙十二年前后，张然在东山建造了许氏园、席氏园，以及其他许许多多大大小小的园林假山。康熙十六年张然再次北上，为大学士冯溥建万柳堂，十七年为兵部尚书王熙建怡园，此后北京诸王公园林多出其手。康熙十七、十八年间，张然还为西郊广泉寺禅房堆造了假山。康熙十九年主持重修瀛台，同年主持建造玉泉山澄心园，二十三年建成，更名静明园。同年主持建造畅春园，二十六年建成赐归，二十七年又到洞庭东山为汪琬尧峰山庄叠造假山，二十八年卒于家。

张南垣为我国首屈一指的造园叠山大师，南垣有四子，俱能传父术，三子熊字叔祥，四子然字鹤城号陶庵，尤为著名。张熊活跃在嘉兴石门塘栖一带，嘉兴朱茂时的放鹤洲，是他和乃父共同建造；张熊独自建造的园林假山，在嘉兴有曹溶的倦圃、钱江的绿豀园，和姚思仁家别业水周堂假山等。在塘栖一个镇上他一连为卓家、吴家、宋家建了十来处名园。张然先是在洞庭东山建造私家园林，后来从苏州走出去，北上京师，供奉内廷，成了事实上的皇家总园林师，建造了南海瀛台、玉泉山静明园和畅春园等皇家园林。瀛台为水中岛屿，静明园依山就势，畅春园利用明代武清侯李伟清华园的山水地貌，部分古树名木和建筑基址，增大了水面，建成一座淡雅清秀、大方爽朗、弥漫着江南水乡气息的皇家园林。和后来的圆明园相比，畅春园的规模没有那么大，不那么富丽堂皇，也不堆砌拥挤，用真正造园艺术的水准衡量，那才不失我国自然山水园的真谛，代表着我国皇家园林的最高水平。这表明张然的造诣甚深，康熙的识趣不低。张南垣四子当中，张然的成就最高，贡献最大。张然两次供奉内廷之前，都曾在洞庭东山建造私家园林，大显身手。畅春园建成赐归，赏赐甚厚，他却又回到东山，不顾年高，重操旧业，这些都是苏州园林史上的重要佳话。

王君海

汪琬《尧峰文钞》卷八《赠叠山王君海》诗云："但得栖身洞壑间，饫春山色只如闲。不知贵客缘何事，栲栲量金堆假山。"汪琬（1624—1690），字苕文，号钝庵，又号尧峰，长洲人，顺治十二年（1655）进士，授户部主事，屡迁刑部郎中，因奏销案降北城兵马司指挥，再迁户部主事，被疾请假归，结庐尧峰山，称尧峰山庄。康熙十八年（1679）召试博学鸿儒科一等中试，授翰林编修，在史馆六十日又告病乞归，遂不出，自辑《尧峰类稿》六十二卷，《续稿》三十卷，又择其惬意者为《尧峰文钞》，诗十卷，文四十卷，属门人缮之，未竟而卒。

汪琬自己动手葺理尧峰山庄，多作诗以记其事，主要有《初置山庄二首》《咏山庄二首》《葺理山庄讫有感》《重葺山庄作》《山庄》《山庄游仙词》等。《咏山庄二首》之一云："水北山南地，渔樵并结邻。岁时仍汉腊，风土是尧民。怪石苔侵面，长松薜裹身。不因村舍僻，何以谢嚣尘。"《重葺山庄作》云："竹屋茅檐亦快哉，中间位置出新裁。结篱欲限邻鸡入，凿径愁妨好客来。旋滤石泉供茗饮，豫培桐树作琴材。暮年自笑忙如许，一半童心未肯灰。"文人士大夫休官罢官之后，每好选择山水胜地建造园林别墅。尧峰山庄在尧峰山麓胡巷村，依山面水，泉石清幽，有皆山阁、锄云堂、梨花书屋、墨香廊、羡鱼池、瞻云阁、东轩、梅轩、竹径诸胜。康熙十八年归来，改皆山阁为归来阁，康熙二十三年南巡，御笔临董其昌书以赐，供奉阁中，又改名御书阁。尧峰山庄成为胜地，有医士吴士缙屡来造访而乐其居，买宅其旁筑小园名南垞草堂，又有王鏊六世孙王咸中本居城中，有亭台池馆之美，来傍汪琬，卜筑石坞山房，亦擅泉石之胜。

汪琬赠叠山王君海诗虽然只有短短四句，内含的意蕴却极为深刻丰富。全诗是与请来的叠山匠师商榷叠山风范，换句话说，他是向叠山匠师交代甲方意图吹路子，不要学一些富贵人家的样子，不惜重金收买奇石，堆叠假山。诗句简略含蓄，结合当时当地具体背景分析，不外两种要义，一是不必用重金向别处购求奇石，一是不必追求高大瑰玮，尧峰产尧峰石，朴拙可爱，就地取材，何乐而不为呢？山压在真山脚下，自然也就不必再枉费气力，堆叠大体量的假山了。

《赠叠山王君海》一诗，在集中排列于《初置山庄二首》《咏山庄二首》的后面，下一首紧接着即为《葺理山庄迄有感》，推断约略作于康熙十至十二年间，还在张然在洞庭东山为吴时雅造芎畦小筑之前。张然至孝，其父南垣在康熙十年前后卒后，张然必定回乡守孝，尧峰山庄初葺时，张然不在苏州。

康熙十八年汪琬再乞归，从此不出。汪琬晚年还有苕华书屋，为读书歌咏之地，在阊门外陆家巷，不时往来于山庄和书屋间。康熙二十七年，又请张然在尧峰山庄叠山，有《赠张铨侯》诗云："虚庭蔓草秋茸茸，忽然幻出高低峰。云根槎牙丛筱密，直疑天造非人工。""一丘一壑未足道，定有三山五岳蟠胸中。"这时他对张然的叠山技巧，已经佩服得五体投地，可以听任其匠心独运，施展绝技，不必像先前赠叠山王君海那样抒发己见，与之商略。假山叠成后作此诗，通篇是称赞，给予了极高的评价。这时距上次请王君海叠山，前后也不过十余年的光景。

王君海的事迹又无考，或许是姓王单名海，君字是称谓。李渔《闲情偶寄》说："主人雅而取工，则工且雅者至矣。"汪琬请他叠山并郑重赠诗，其人必非凡手，但若和张然相比，又是不可同日而语了。

余论代后记

说来惭愧，我所知道的明末清初苏州叠山名家，就这么寥寥几位了，明末清初苏州有过那么多的名园杰作，活跃在苏州的造园叠山名家应该是群星灿烂，可惜大部分被埋没了。已知几位虽然不多，所幸内中却有极为重要的人物，有几个点便可连成一条线，疏理他们的业绩，还是可以看出这段时期造园叠山艺术发展演进的种种脉络。

我国造园艺术，自六朝以来已是文人士大夫自然山水园为主体，主要特征是诗情画意。"江山代有才人出，各领风骚数百年。"我们竖看历史，先是诗人们的鼓吹主导造园艺术的潮流，继而是画师们大显身手，执造园艺术之牛耳，最后是精通绘事或画家出身的专业造园叠山艺术家主宰这个世界。三个阶段的历史发展，不能没有交叉，一个时期有一个主流，大体脉络还是清清楚楚的。明末已经有张南阳等专业造园叠山家出现在前，周秉忠、文震亨还是画家工艺美术家身兼，而不是专业叠山家，文震亨自建傍宅园和郊外的园林别墅，经身孜孜于此事，还曾为亲属造园叠山，可看作是画师造园时代之终结和向专业造园艺术家之过渡。周秉忠之子廷策，为人叠假山以日计佣金，已经是专业造园叠山家了。计成生于万历十年，文震亨生于万历十三年，张南垣生于万历十五年，他们是同时人，而张南垣在造园叠山事业上成名，还在文、计之前。张南阳、张南垣、计成这样一些由画家脱胎出来的职业造园叠山家崛起，造园叠山艺术进入一个新时代，其中张南垣的成就最高，贡献最大，影响最深，躬操此业五十余年，所造名园假山不可胜数，我说张南垣的出现，标志着我国造园叠山艺术之最后成熟，诚有以也。

专门叠山的匠师古已有之，宋代时候苏州称作花园子，吴兴称作山匠，姓名都没有留下来，明代中叶杭州有陆叠山，亦仅传其姓。明末则有许晋安、陆俊卿、陈似云等人受人敬重，叠山匠师的社会地位在逐步提高。画家操持造园，每要与叠山匠师合作，因此有"三分匠七分主人"之谚，及至张南阳、张南垣、计成这样的专业造园叠山家，能集规划设计与叠造施工于一身，大显身手，造园叠山艺术才进入一个新阶段，明末清初产生了张南垣这样的大师，标志着造园叠山艺术的最后成熟。吴伟业《张南垣传》说乱石林立，默祝在心，及其叠造，借成众手，张南垣的"借成众手"是大匠师指挥小工和力工，是另外一回事了。

吴中假山，一向崇尚太湖石，且以高架叠缀为工，走向末路，则滥劣琐碎不堪，狮子林假山最为典型。乾隆识趣不高，还要附庸风雅，他最喜欢狮子林，作了不少诗，还在长春园、避暑山庄仿而再建。当时谁敢说个不字？轮到破落秀才沈三白才敢于说出狮子林如乱堆煤渣那样石破天惊的话来，已是嘉庆中的事了。其实还在明末，张南垣、计成、文震亨等有识之士，早就对那种叠山末流加以抨击了。张南垣批评那种聚危石架洞壑是"鼠穴蚁蛭"，那些话极其精辟。计成也曾讥评说是"罅堪窥管中之豹，路类张孩戏之猫"，"排如炉烛花瓶，列似刀山剑树"。文震亨诗云："生成不取玲珑石，裁剪仍非琐碎山。""琐碎"二字说得最温和不过，要害也给指出来了，真知灼见必来源于实践，有了正确的认识和指导思想，才能出现理想的作品。张南垣叠假山一变旧模，有许多创新创造，叠山风范于是大变，张英赠诗有云："一自南垣工叠石，假山雪洞更谁看。"嘉庆年间有了沈三白那样一类的认识和反思，才能出现戈裕良环秀山庄假山那样的杰作。戈裕良能继承张南垣之术，洪亮吉赠诗云："张南垣与戈东郭，三百年来两轶群。"那是后话。

明末始有尧峰石的发现，《长物志》中盛加推崇，吴伟业《张南垣传》说他叠假山，"石取其易致者，太湖尧峰，随意布置"。尧峰石之受到器重，和叠山风范的演变，关系至密。尧峰石古朴顽拙容易堆出深山大壑的真实意趣，假山真作，是这个时代的叠山特点。明确了尧峰石出现的年代，尧峰石假山的年代断定，就有了一个上限。

明末以来最崇尚郊野别墅园，山间村野，水边林下，和幽美的自然环境融为一体。张南垣一生所造名园杰作，大部分是郊野别墅，文震亨有傍宅园香草垞，还要在西郊构碧浪园，在东郊西曹庄水边林下再建别墅。沈三白记徐枋在上沙的涧上草堂，谓"园依山而无石，老树多极纡回盘郁之势，亭榭窗栏尽从朴素，竹篱茅舍，不愧隐者之居"。因此沈三白不无感叹地说："余所历园亭，此为第一。"明末清初的私家园林，风格朴雅，大方爽朗，招人喜爱。涧上草堂建于顺治年间，康熙年间张然所造的芝畦小筑，园林意味最浓，而朱固珍诗云："芳园乱石带沧波，复阁长廊野趣多。山鸟出林迎客语，矶渔布网隔溪歌。"可见一时风尚如此。张然此时自苏州崛起，两次北上供奉内廷，成为皇家总园林师，康熙时候的畅春园与后来乾隆时的圆明园大不相同。苏州私家园林尤其是郊野别墅园的意趣，影响到当时皇家园林的情调，更是园林史上的大事。

现存江南私家园林造园叠山艺术之最佳实例，应推无锡的寄畅园。园中人工假山与园外真山联为一体，虽由人作，宛自天开。寄畅园正是明末清初时期的作品。明末清初寄畅园那样的杰作，苏州地区不是没有过，而是没有传留下来。补救之策则敝意以为，不妨选取一两处明末清初名园遗址，山形水系建筑基址保存尚好，文献记载又较为齐全具体的，经过严密考证、科学发掘和精心设计，重新复原起来，沾溉后世，其功将不浅。

苏州古典园林是我国乃至全人类的优秀文化遗产，理应好好保护。保护首先就要研究，苏州园林的研究，应该纳入园林史研究的系列，更进一步，而不是相反，满足于现状，按现存的苏州园林去写园林史。中国园林史的研究，刘敦桢、童寯二位先哲奠定了一个基础，可是园林史这个学科却始终未能建立起来。由于多种原因，我国传统文化正面临着严峻的形势。苏州园林也同样如此。因此，苏州园林史的研究应引起高度重视，更要寄厚望于苏州园林工作者、文物工作者和各方面热心人士。本文只是为苏州园林史提供一点零星史料，而叠山艺术史又正应该是造园艺术史之最重要的一环。补充匡正，尤寄望于苏州各界人士。作者谨记，一九九五年七月五日。

原载《苏州园林》1995年第3期、第4期，收入本集时新增《许晋安》《周廷策》二节。

计成研究——为纪念计成诞生四百周年而作

　　计成是我国杰出的造园叠山艺术家，他所造的三处园林，当时较为著名，他所著的《园冶》，结合自己的创作实践，全面论述造园叠山，是世界上最早的一部造园学专著。计成以《园冶》一书蜚声中外，名传千古。

　　《园冶》一书，有计成自撰跋语云："崇祯甲戌岁，予年五十有三。"以此反推，计成生于明万历十年，当公元1582年。今年适逢计成诞生四百周年，学术界应该编制出美丽的花环，献给这位杰出的造园叠山艺术家。关于计成和他的《园冶》，国内外都有过一些研究，但是还不够深入。值此计成诞生四百周年之际，我只能勉为其难，结撰此文，以志纪念。

　　本文论述计成的生平事迹，他的交游以及知交对他的评价，还有他所造的三处名园和几处假山，力图以此勾勒出这位造园叠山艺术家的形象，他的为人，他的成就，以及他的命运、他的时代。关于计成的《园冶》，它的成书、出版和流传，《园冶》中的造园叠山理论，以及《园冶》行文散骈兼行[1]和骈体文散文小品化的特点等等，当然也都与计成研究有关，这一部分我将另撰为《园冶研究》一文，是为此文之姊妹篇。

一、计成的生平事迹

计成其人，惹人注目久矣。但是遗憾得很，迄今为止，国内外学者一直都还没有查到任何一段关于计成的原始传记材料。计成的生平事迹，仅能从《园冶》的自序自跋，以及书中自叙事迹出处的片言只语，还有同书所收阮大铖《冶叙》、郑元勋《题词》等，略见梗概。此外，值得注意的是计成交游诸人，如吴玄、阮大铖、曹履吉、郑元勋等人，这些人的诗文当中，都曾直接间接提到过计成，或与计成生平事迹直接有关的一些事情。计成主持建造的大江南北三处著名园林，常州吴玄的东第园、仪征汪士衡的寤园和扬州郑元勋的影园，实物虽已不存，有关的文献记载，内涵却极为丰富，是我们探讨计成造园叠山艺术实践的好材料。

研究计成的生平事迹，还得先从他的姓氏、名号和里贯说起。郑振铎先生旧藏明崇祯原刊《园冶》残本，正文首行题书名二字，二行下题"松陵计成无否父著"。正文之前有自序，序末钤有朱文章一，曰"计成之印"，又有白文章一，曰"否道人"。因知计成名成字无否，号否道人，江苏吴江县人。《园冶》自序又称中岁以后"择居润州"，即今镇江，故又为镇江人。

计成字"无否"，又号"否道人"，字与号中两出"否"字。字、号的全意，一个否定了"否"，一个又予以肯定，弄得迷离扑朔。"否"为双音字，两个"否"字该怎样辨读，学术界也迄无定说。今按"否"读pǐ时，意为坏、恶，"否"（pǐ）是《易经》里的一个卦名，《易·否》云："象曰：'天地不交，否'。""否"读fǒu时，意即否定，相当于口语的"不"，有"无"之义。《大学》："其本乱而未治者，否矣。"王引之《经传释词》卷十注云："言事之必无也。"我以为"无否"之"否"，当读fǒu，取其有"无"之义。无一否二字连用，颇有点类乎今日所说"否定之否定"的意味，否定之否定是肯定，有"成"的意思，古人的名与字，取义每有连属，"成"与"无否"就具有互相阐发、互相解释的意味。"否道人"之"否"，则当读pǐ，取天地不交，时运不偶之意。计成自取这样一个别号，寓以解嘲，是在他中年以后，它的命意，则约略有如陶渊明"命运苟如此"，以及后世鲁迅"运交华盖欲何求"那一类的意思，是很有感慨的[2]。

计成自署籍贯曰松陵，松陵即今吴江的古称。计氏本为吴江大姓，明、清时候籍出吴江的诗人画士很为不少。明有计从龙，字云泉，幼习山水，兼长写貌。明末有计大章，字采臣，隐居澜溪之滨，黄道周亟称之。明末清初又有计东，字甫草，号改亭，茅塔村人，著有《改亭集》，其子计默字希源，有《菉村诗草》。计东、计默父子为吴江一时文望，与当时名流多有交游。计成的谱系今已一无可考，是否会与同县之计从龙、计大章、计东他们有些瓜葛，今亦不能确知。澜溪在茅塔西南，现在那一带计姓人家已不多。茅塔的邻村西库，计姓较多，且有过不少大户人家。茅塔附近又有计家坝，以姓名村，也是个值得注意的地方。计成可能生在一个没落家庭，中岁以前"游燕及楚"，自称是"业游"，"而历尽风尘"，推测很可能是依人作幕。计成一生没有做过官。

计成自幼学画，工山水，《园冶·自序》云："不佞少以绘名，最喜关仝、荆浩笔意。"《园冶·兴造论》的最后说："予亦恐浸失其源，聊绘式于后，为好事者公焉。"讲完了园林的规划设计，还要绘成图示，表示怎样"巧于因借、精在体宜"，那么计成的原稿无疑是有一批园林山水景物图，可惜这些图画在后来正式刊版时都被删掉了。曹履吉《博望山人稿》载有《题汪园荆山亭》一诗，汪园即汪士衡寤园，是计成为之设计建造的，这个荆山亭图应该就是计成所绘寤园景物设计图，此图今亦不存。计成的绘画作品，至今一件也没有发现，计成原是一位山水画家，却是毫无疑义的。

计成兼工诗。阮大铖《咏怀堂诗外集》乙部有《计无否理石兼阅其诗》一首，诗云："有时理清咏，秋兰吐芳泽。"阮大铖《冶叙》又有"所为诗画，甚如其人"之语。我们读《园冶》，觉得《园冶》的骈体文幽深孤峭，似乎也正是具备有秋兰吐芳那样一种格调。阮大铖是个臭名昭著的人，诗作得还可以，他来评价计成这样一个小人物的诗，用不着捧场，也不至于胡说八道。如果我们不是因人废言，阮大铖的话倒也值得参考。计成工诗，格调还不太低，这也是可以肯定的。可惜计成的诗作，也是一首没有流传下来。

计成中岁以后，即以造园叠山名家，吴玄、阮大铖、曹元甫、郑之勋等人，都是啧口称赞计成的造园叠山艺术。他所造的吴园、汪园与郑园，当时都是颇负盛名，可是三百年的沧桑，都没有留下什么像样的遗迹，故此依稀，只供我们凭吊而已。计成留给后世，得以保存至今的唯一遗产，就是他那部总结当时和他自己造园叠山艺术的专著《园冶》。

计成从事造园叠山，是半路出家。中年以前他在外面游历，"中岁归吴"，在镇江偶然为人叠过石壁，受到称赞，遂以此为契机，转行为人造园叠山。计成第一个完整的造园叠山作品，是在常州为吴玄建造的东第园。经考证，吴玄的东第园建于天启三年（1623），这年计成四十二岁。以此反推，计成"中岁归吴"，在镇江为人偶叠石壁，则应该是天启初年之事。计成以一个诗人画士，半道改行，正式为人造园叠山，实自天启三年始。《园冶》卷二《栏杆》一节有云："予历数年，存式百状。"《园冶》成书在崇祯四年（1631），从天启三年到崇祯四年，前后是七八年的时光，与"予历数年"之语恰合。

计成为吴玄造园之后，便一举成名，紧接着就为汪士衡造了寤园，寤园最后建成于崇祯五年（1632），计成自谓"与又于公所构，并驰南北江焉"。实际上汪氏寤园比吴氏东第园名声更大，当时名流无不交口称赞。

计成在为汪士衡建造寤园的同时，利用工作余暇，著书立说，完成了《园冶》一书的草稿，初名《园牧》，当时的一个名流姑孰曹元甫，看了原稿，以为是"千古未闻见者"，于是许为开辟，为改题曰《园冶》。但是《园冶》这书没能立即出版，直到崇祯七年（1634），才拿到阮大铖那里刊版印行，所以书首列有阮大铖的序。阮序之后，又列有郑元勋《题词》一篇。郑序作于崇祯八年（1635），可见这时《园冶》还没有刊刻完工。崇祯七年至八年这一段时间，计成正在扬州为郑元勋建造影园，郑元勋对计成的造园叠山艺术钦佩得五体投地，所以赶制一序，誉之为"国能"，并且预言此书后来必定成为造园的"规矩"而脍炙于人口。

计成家境贫寒，阮大铖有《早春怀计无否张损之》诗云："二子岁寒俦，睇笑屡因依。"实际上计成的情况与张损之很不一样。阮大铖的诗集中与张损之有关的诗达三十首之多，张损之曾数入阮大铖他们的诗社，与阮大铖一伙作诗唱和，是一个道道地地的帮闲清客。计成"依"于阮大铖，其实是以造园叠山技艺传食朱门，归根结底还是一种自食其力的谋生手段。后来找阮大铖刊刻《园冶》，也是一种谋生手段。《园冶·自识》中说："欲示二儿长生长吉，但觅梨栗而已。"那时计成的两个儿子已经长大成人，并且承继着乃父的造园叠山事业。计成说是出这部书，不过是指示他们，让他们以此糊口，挣几个小钱。《园冶》刊刻临成的时候，计成并没有再到阮大铖那里去，也未能对全书作最后的校勘，所以书中就有一些错字，图式也有一些错误。更足以证明计成自己未能亲自进行最后校勘的一条证据，是前引《兴造论》中"聊绘式于后"那几句话，既然所附的图式未予刊刻，那么这几句话不是显而易见地也应该删掉吗？

崇祯八年计成为郑元勋建成了影园，《园冶》大约也就在这年内刊成。此后计成的行踪事迹已不可考。这个时候，正值"时事纷纷"，李自成的起义军进逼安徽，阮大铖举家避"难"于南京。又过了几年，明王朝覆亡。在明、清甲乙之际，像计成这样一位生活在社会底层的造园叠山艺术家，在那样的动乱时期，当然也就不大被人注意了。

关于计成的生平事迹，迄今所知，基本梗概就是这一些了，但是实际上又可以说是不止于此，因为计成的事迹，又都与他的社会交游，和各个知交对他的评价，尤其与他所造园林所叠假山，都是密切关联着的。有关这些方面的内容，下面将一一论述。

二、计成的交游

根据现在已经掌握到的情况，计成交游诸人有吴玄、汪士衡、曹元甫、阮大铖和郑元勋五人。吴、汪是计成为之造园叠山的园主人，曹是推崇计成造园叠山技艺的人，阮、郑是两者兼而有之。这一章论述计成的交游，只说阮、曹、郑三人。

（一）阮大铖

阮大铖其人向为士林所不齿，是一个臭名昭著的人。

阮大铖，字集之，号园海、石巢、百子山樵，安徽怀宁人，明万历四十四年（1616）进士，天启间为吏科给事中，侧身魏珰，与杨涟、左光斗等人为仇。天启七年（1627）魏忠贤失势，阮大铖名挂逆案，失职家居，并往来于南京、怀宁间。崇祯八年（1635）为逃避农民起义，举家侨居南京。这个时候，正是"时事纷纷"，天下多故，阮大铖却认为是"幸遇国家多故，正我辈得意之秋"，于是在南京大肆活动，并以新声高会，招纳游侠，妄图反扑。时有复社名士顾杲等人，作《留都防乱揭》逐之。甲申之变，阮大铖依附马士英，谋立福王，诛杀东林，拜江防兵部侍郎、左都御史。弘光元年（1645）升兵部尚书，尝衣素蟒服誓师江上，观者以为梨园变相。不久弘光宵遁，马士英逃走，阮大铖逍遥湖湘。清使至，加以内院使职衔，同贝勒协剿金华，大张告示，内言"本内院虽中明朝甲科，实淹滞下僚者三十余载，复受人罗织，插入魏珰，遂遭禁锢，抱恨终身。今受大清特恩，超擢今职。语云'士为知己者死'，本内院素秉血性，明析恩仇，将行抒赤竭忠，誓捐踵顶以报兴朝。恐尔士民，识暗无知，妄议本内院出处，特揭通衢，使众知悉"。金华城破，阮大铖搜朱大典外宅，得美女四人，宣淫纵欲，过仙霞岭中风，僵仆石上而死。阮大铖工诗，有《咏怀堂诗集》，并著有《燕子笺》《春灯谜》等传奇九种。

阮大铖《冶叙》称："兹土有园，园有冶，冶之者松陵计无否，而题之冶者，吾友姑孰曹元甫也。""兹土有园"指的是仪征汪士衡寤园，阮大铖是在汪士衡的寤园中结识了计成的。阮大铖结识计成，是由于曹元甫的介绍，曹元甫名履吉，为阮大铖同年，同为万历四十四年进士。二人一生交好，还是儿女亲家，阮大铖女阮丽珍下嫁给曹履吉之子曹台望。

《咏怀堂诗外集》乙部收有《计无否理石兼阅其诗》一首，诗云：

> 无否东南秀，其人即幽石。
> 一起江山寤，独创烟霞格。
> 缩地自瀛壶，移情就寒碧。
> 精卫服麾呼，祖龙逊鞭策。
> 有时理清咏，秋兰吐芳泽。
> 静意莹心神，逸响越畴昔。
> 露坐虫声间，与君共闲夕。
> 弄琴复衔觞，悠然林月白。

阮大铖在汪士衡的园中看到了计成所叠的假山和计成的诗作，不免有些倾倒，所以对计成的为人和他的叠山巧艺备极推崇。阮大铖的《咏怀堂诗》集，正集和外集均为崇祯八年刊成[3]，集中诸诗均按编年次序排列。以此诗的编排次序考之，当为崇祯五年所作[4]。这时寤园刚建成，计成还未离开，汪士衡请阮大铖、曹元甫去观光品评。在这之前曹元甫已经结识了计成，而阮大铖则是初次与计成见面。

《咏怀堂诗》外集乙部又有《宴汪中翰士衡园亭》五律四首，夸赞汪氏寤园景物及造园设计的意境，其中第三首有这样两句："神工开绝岛，哲匠理清音。"神工、哲匠均指计成而言。以这首诗在集中的编排次序考之，为崇祯六年所作。

阮大铖《咏怀堂诗集》卷二又收有《早春怀计无否张损之》诗一首，诗云：

> 东风善群物，侯至理无违。
> 草木竞故荣，鸿雁怀长飞。
> 二子岁寒俦，睇笑屡因依。
> 殊察天运乖，靡疑吾道非。
> 凿冰还弄楫，春皋誓来归。
> 兹晨当首途，遥遥念容辉。
> 园鸟音初开，篱山青且微。
> 山烟日以和，及时应采薇。
> 古人无复延，古意谁能希。

这首诗对于研究计成的家世和出身，他的为人和思想，以及他与阮大铖之间的关系，还有这种关系的后来发展，都是非常重要的第一手材料。奇怪的是，早年阚铎著《园冶识语》，已经引录了阮大铖《宴汪中翰士衡园亭》及《计无否理石兼阅其诗》二题五首，唯独没有引录这更为重要的一首。这会是无意中漏掉了吗？当然不是，这是有意回避掉了。阮大铖说计成"睇笑屡因依"，好像表明计成是阮的门客，阮大铖为计成的《园冶》作序，已被认为是白璧之疵，如果再翻腾出来这么一首诗，让人知道计成确曾依附阮大铖，岂不是更为耻辱？出于为贤者讳、为所爱者讳那么一种善良想法，于是这首诗就压根儿不再提起了。

如果真是这样，那么我觉得这种避讳是完全不必要的，因为我们研究计成也好，研究计成的交游也好，最终目的，只是为的知人论世，为的研究《园冶》和当时尤其是计成自己的造园叠山艺术，历史的真实是用不着回避的。再者，我觉得这首诗不但不会给计成增添耻辱，恰恰相反，诗里还可以看出他和阮大铖之间的关系有着某种裂痕，这对于我们研究计成其人，更是一种不可多得的史料。从这个角度来看，那就更不应该回避了。

《早春怀计无否张损之》一诗，收在《咏怀堂诗外集》乙部，当然也是崇祯八年以前的作品，从它在集中的编排次序考查，实为崇祯七年所作。诗题早春，诗中又有"凿冰还弄楫"之句，表明月令是在正月。我们知道，阮大铖的《冶叙》末题"崇祯甲戌清和，届时园列敷荣，好鸟如友，遂援笔其下"。清和月在汉魏六朝时候是专指二月而言，唐、宋以后多指四月，阮大铖说"园列敷荣""好鸟如友"，是四月的景象。这就是说《早春怀计无否张损之》一诗，与《冶叙》是同年所作，前后只差两个月。

阮大铖的诗里面说："殊察天运乖，靡疑吾道非。"可见计成对于阮大铖的为人颇有微辞，看法并不好，这一点阮大铖也已经有所察觉，所以才自己加以辩白。正是二人关系中间有了这样一个裂痕，所以阮大铖生怕计成不会来，这才写诗招请，结果计成还是来了，于是阮大铖就很高兴，为《园冶》亲笔题词作叙，并安排在安庆阮衙予以刊版。阮大铖有求于计成的，是找他掇山叠石；阮大铖为计成刊刻《园冶》，是对计成为他造园叠山的一个报答。

值得注意的是计成在《园冶·自识》中又说了这样一段话：

> 自叹生人之时也，不遇时也。武侯三国之师，梁公女王之相，古之贤豪之时也，大不遇时也！何况草野疏愚，涉身丘壑，暇著斯冶，欲示二儿长生长吉，但觅梨栗而已。故梓行，合为世便。

《自识》这一节是《园冶》付印时计成自己写的后记。阮大铖为计成刊书，并写序赞扬，计成在后记中却只字未提，反而说了一大堆含糊其辞的话，什么"大不遇时"啦，"草野疏愚"啦，什么"欲示二儿""但觅梨栗"啦，等等。话里话外，似乎是颇有难言之处。这"大不遇时"之类的一席话，一方面是对于阮大铖"殊察天运乖，靡疑吾道非"那一类指责的搪塞回答，含蓄而又微妙；一方面更寓以他自己的牢骚和表白，痛苦而又凄凉。阮大铖说计成"人最质直，臆绝灵奇"，计成《自识》中的这段话，既是质直之言，又故作狡狯。计成早在崇祯四年已写成《园冶》一书，但是一直没能找到地方出版，迁延三年以后，只好再来找阮大铖。计成不得不找阮大铖印行此书，本为传世，也为自己的两个儿子，让他们养家糊口。当时社会上偷翻他人之书、剽窃别人成果的事很多，刊刻专著，多要找到一个强有力的靠山。现藏于日本内阁文库的我国明崇祯初刊本《园冶》，卷前扉页的背面钤有"安庆阮衙藏板如有翻刻千里必治"的印记，就足以说明这个问题。

　　跟着而来的又有另一个问题，就是阮大铖此际已罢官家居，为什么还能给人作强有力的靠山呢？这个问题也不难理解，因为阮大铖虽然在朝中已经失势，但依旧是地方一霸。当时的吴应箕有《之子》一诗，就是揭露阮大铖的，诗云："之子何纵横，华轩耀通都。童奴妖且妍，宾客竞承趋。谈笑有机伏，高会逞雄图。昔时既炫赫，恭显相持扶。时易不自戢，意气益腆腆。"[5]阮大铖虽然罢了官，但是丝毫没有收敛，仍然意气自得，腆着个大肚子，横行乡里，气势汹汹。

　　阮大铖赠计成诗云："殊察天运乖，靡疑吾道非。"这表明计成是清醒的，对阮大铖的歪道是有看法的，他到时候不去，似乎也是想与阮大胡子决裂的，但是计成毕竟是个穷愁潦倒、软弱无能的知识分子，为了能印行《园冶》，最后不得不向他妥协，可是把书稿交给阮大铖付印以后，计成却写了那么一篇苦辣酸甜不是滋味的后记，然后就一走了之，到扬州去帮助他的朋友郑元勋建造影园去了。

　　崇祯八年以后，阮大铖的诗里再也没有提到过计成。阮大铖《咏怀堂诗·戊寅诗》另有《谢张昆岗为叠山石》一诗，时为崇祯十一年。《咏怀堂诗·辛巳诗》卷上又有《寿张昆岗八十》诗，时为崇祯十四年。崇祯十一年时张昆岗已经七十七岁了，而这年的计成，算起来只有五十七岁。张昆岗工于叠石，又能度曲。阮大铖不再找以前为他叠过假山这时五十多岁的计成，而另找七十七岁的张昆岗，这表明那时的计成根本就不到阮大铖这里来了。

　　阮大铖《早春怀计无否张损之》云："二子岁寒俦，睇笑屡因依。"张损之，名修，长洲人，家秣陵，是一位画家。[6]实际上后一句话只符合张损之的情况，加在计成头上便成了不实之辞。计成与阮大铖的交游，只有崇祯五年至七年这短短一段时间，顶多不过到过安庆阮大铖那里两三次而已。阮找计不外是造园叠山，计找阮是为的出书，计成与阮大铖的关系根本就不是什么眄笑因依，阮大铖硬是那样说，只表明他自己的卑劣。

（二）曹元甫

曹元甫是计成的伯乐。

崇祯四年《园冶》初稿写成，初名《园牧》，曹元甫见了，以为是"千古所未闻见者"。曹元甫以为这样的专著是计成的开辟，不应该谦称为《园牧》，因而为之改题曰《园冶》。曹元甫为《园冶》题名，并见于计成《自序》及阮大铖《冶叙》。《园冶》这部书，不仅是我国最早的一部造园学专著，而且也是世界上第一部造园学专著。曹元甫许为开辟，题之曰冶，可见他颇有眼力，这个改题，极为允当。

曹元甫，名履吉，当涂县人，为东南文化界的名人。康熙《当涂县志》《太平府志》和乾隆《当涂县志》都有他的传。康熙县志云："曹履吉，字元甫，号根遂，行健长子也。幼颖敏过人，应童子试，受知于邑宰王思任，曰：'东南之帜在子矣！'丙午领乡荐，春官不弟，省亲辰溪，陟衡岳泛洞庭，携诗文就正于大宗伯郭正域，郭奇之，中丙辰会魁，授户部主事，升金事，督学河南，转光禄少卿，忌者以迁出不次为嫌，投劾归，年未五十也。"曹元甫工诗文，善书画，一生著述甚多，有《博望山人稿》传于世，另有《渔山堂稿》《携谢阁稿》《青在堂稿》《辰文阁稿》等俱已不存。曹元甫又"旁通诸技能，吴歈、宋绣、品竹、弹丝，皆曲尽其妙"（康熙《太平府志》）。曹元甫"负人伦鉴"，喜甄拔人物，做学官时"经其甄拔者，多连翩捷去。每于出案时列在一二等者，皆求割截卷面，得其品题，以为至宝。"（康熙

《当涂县志》)《园冶》受到曹元甫的赞赏，并改题书名，这对计成来说，都是不胜荣幸的事。

曹元甫与汪士衡知交，时常到汪氏寤园去，《博望山人稿》收有《信宿汪士衡寤园》及《徐昭质相晤真州汪园赋赠》诸诗。计成《园冶·自序》提到曹元甫在汪士衡园中读到他的《园冶》初稿，是崇祯四年的事。曹元甫的《信宿汪士衡寤园》一诗，正是那一次所作，诗云：

> 自识玄情物外孤，区中聊与石林俱。
> 选将江海为邻地，摹出荆关得意图。
> 古桧过风弦绝壑，春潮化雨练平芜。
> 分题且慎怀中简，簪笔重来次第濡[7]。

这首诗夸赞寤园景物，同时又夸赞了寤园的规划设计者。计成的《园冶·自序》里面说："姑孰曹元甫先生游于兹，主人偕予盘桓信宿。先生称赞不已，以为荆关之绘也，何能成于笔底？"我们知道，计成《自序》一开头就说起他早岁学画时"最喜关仝、荆浩笔意"，"每宗之"，后来即以荆关笔意为人掇山叠石，曹元甫诗所说的"摹出荆关得意图"，正是夸赞计成的造园叠山。计成转述的曹元甫"以为荆关之绘也，何能成于笔底？"与曹元甫此诗甚合，很可能就是指这一首诗而言的。当然，曹元甫"称赞不已"，恐怕还有别的话，不止这一首诗。

《博望山人稿》卷六又收有《题汪园荆山亭图》一首，诗云：

> 斧开黄石劈成山，就水盘蹊置险关。

借问西京洪谷子，此图何以落人寰。

这首诗对于考证计成的生平事迹，以及曹元甫对计成的造园叠山艺术之评价，也很重要，需作深入探讨。曹元甫为当涂县人，邻县芜湖有大荆山、小荆山，大荆山有鹤迹石，云古仙所遗，又相传为卞和得玉处。但综观曹诗全意，诗中的荆山亭，并非是仿荆山景致造亭。诗中有"借问西京洪谷子"之句，洪谷子即荆浩，荆浩隐居太行山之洪谷，遂自号洪谷子。诗中又有"斧开黄石劈成山"之句，指的是用黄石叠山。全诗所夸赞的是用黄石仿荆浩的笔意掇山造景，配以关亭等建筑物。"借问西京洪谷子，此图何以落人寰"又正是"荆关之绘也，何能成于笔底？"一样的意思。计成喜欢荆浩笔意，又喜用黄石叠山，《园冶·选石》说："时遵图画，匪人焉识黄山。"翻译出来就是说，人们尊崇以画家皴法叠石，非精于此道者，就不可能知道黄石的妙用。《选石》中的"黄石"一节，又说："俗人只知顽夯，而不知奇妙也。"可见计成对于黄石叠山，本是大力提倡而又颇有成就的。曹元甫《题汪园荆山亭图》所指的汪园，对照《信宿汪士衡寤园》《徐昭质相晤真州汪园赋诗》等诗，显然是指的汪士衡寤园，系计成为之建造者。而当时的造园叠山艺术家，不论是画家出身的，还是兼通绘画的，每在为人造园之时，多要画出园林景物图。例如和计成约略并时的造园叠山大名家张南垣在为朱茂时建造放鹤洲时，就曾画有《墨石图》。张南垣之子张然在为冯溥建造万柳堂时，就曾画有《亦园山水图》(亦园即万柳堂之别名)[8]。这种园林景物图，本是山水景物的设计图，其实画出来也就是山水画。至此，我们也就可以恍然大悟，曹元甫《题汪园荆山亭图》所指的荆山亭图，正是计成所绘，是计成为汪士衡造园时所作的寤园景物设计图之一。旧日造园，建成以后，或另请名家绘制园图，这有点相当于我们现在所说的竣工图。这样的园图多为全景，不会只画一处小景。

多才多艺的曹元甫，是一个知名园林鉴赏家。探讨计成与曹元甫的交游，还应该注意到这样一个重要事实，就是曹元甫同时也了解张南垣。

张南垣是与计成并时的造园叠山大名家。计成生于万历十年，张南垣生于万历十五年[9]，但是计成中岁以后，才改行从事造园叠山，成名时候已经四十多岁了，张南垣从事造园叠山的时间较早，三十岁已经成名。计成活动在大江南北，张南垣活动在江、浙一带。计成的《园冶》总结当时的造园叠山艺术，其中关于叠山的一些理论，也恰与张南垣的立论相同。张、计两人是否见过面，目前还不清楚，但是可以肯定，他们彼此应该是互有了解。董其昌、陈继儒都曾亟口称赞张南垣的造园叠山艺术，而董、陈二人又都是曹元甫景仰的人物，三人过从密切，曹元甫又亟口称赞计成的造园叠山艺术。有着这样的中间媒介，两个并世的造园叠山名家，怎能不至少也是互有所闻呢？崇祯六年，张南垣为金坛虞来初建成了豫园，虞来初请阮大铖、曹元甫前往观光品评，阮大铖有《虞学宪来初筑园甚适招余泪元甫往游先之诗》一首，看过之后，阮大铖又有《题虞来初豫园》诗八首[10]。曹元甫与阮大铖同游，也应该作了一些诗，可惜没有流传下来。

（三）郑元勋

郑元勋称计成为友人，说他们两个人"交最久"。计成于崇祯七年至八年曾为郑元勋建造影园，崇祯八年郑元勋为《园冶》题词，对计成的造园叠山艺术倍加推崇。

计成一生所造名园，见于记载的共有三处，依时间先后的顺序，为天启三年常州吴玄之东第园，崇祯四年至五年仪征汪士衡寱园，崇祯七年至八年扬州郑元勋影园。三个园子的主人，身世各不相同，吴玄是一个陷入帮派体系的失意官僚，汪士衡为流寓仪征的安徽盐商，只有郑元勋工诗善画，风流倜傥，是最理想的园主人。

茅元仪《影园记》云："画者，物之权也。园者，画之见诸行事也。我于郑子之影园，而益信其说。"茅元仪认为，只有像郑元勋这样精于绘画的士大夫，才能"迎会山川，吞吐风日，平章泉石，奔走花鸟，而为园"。郑元勋的影园，主人自己也曾参与规划设计，但《题词》有云：

> 予卜筑城南，芦汀柳岸之间，仅广十笏，经无否略为区画，别现灵幽。予自负少解结构，质之无否，愧如拙鸠。

可见影园虽为计成与郑元勋二人合作之产物，主要还是计成为之规划设计。郑元勋《影园自记》云：

> 是役八月粗具，经年而竣。尽翻陈格，庶几有朴野之致。又以吴（吾）友计无否善解人意，意之所向，指挥匠石，百无一失，故无毁画之恨[11]。

按旧日建造园林，常常因为没能很好地把握住规划设计这一环节，往往边筑边拆，边拆边改。计成为郑元勋建造影园，胸有成竹，事先作出周密的设计，所以工期极短，一气呵成，避免了一般造园边建、边拆、边改那样一种弊病。

郑元勋《题词》云："予与无否交最久。"计成生于万历十年，郑元勋生于万历二十六年，二人相差十六岁，郑元勋《题词》自称"友弟"，二人差不多算是忘年交。丁孕乾

《寄题影园》诗云："犹似临风下笔时，一丘一壑一经思。绿杨影里春归早，黄鸟声多客散迟。剩有幽心交石丈，不将清课任花师。园林久即扬州梦，此日相寻梦亦疑。"[12]此诗所谓的"交石丈"，即请人掇山叠石，石丈正是指计成。栽种花木，郑元勋可以自己拿主张，掇叠山石，则非依靠计成不可。《题词》又云："无否人最质直，善解人意。"可见郑、计二人在建造影园的过程中配合默契，两个人很合得来。

郑元勋为《园冶》题词，称赞为"今日之国能"，"他日之规矩"，预言该书将脍炙于人口，后来的实践果然证明，郑元勋的预言是十分正确的。郑元勋为《园冶》题词，尤其是在阮大铖题了《冶叙》之后，这本身就也是一件非同小可、别具意味的事。

郑元勋为扬州地区著名的历史人物，元勋字超宗，占籍仪征，家江都，康熙《仪征县志》卷八《义烈》有传。传云："郑元勋字超宗，甲子领乡荐，癸未登进士。性孝友，博学能文，倜傥抱大略，名重海内。居心灭城府，荐举不令人知，面折人过，无所嫌忌。甲申闻国变，谓扬州为东南保障，破家资训练，勉以忠孝。时高杰分藩维扬，初至而扬民疑之，遂扃各关不得入，撄杰怒，勋单骑造杰营，谕以大义，词气刚直。杰心折，乃共约休解，时城内兵哗，遂及于难。"为了乡人的安危，他在关键时刻贡献出自己的生命，成了地方著名的义烈之一，赢得了后人的长久怀念。郑元勋生前的名望就已很高，杭世骏《明职方司主事郑元勋传》云："当是时，中朝门户甚盛，士人矜尚气节，工标榜，元勋名震公卿间，各道上计京师者，诸大僚必诇从广陵来见郑孝廉否，或愕眙不即答，则涕唾弃之。明怀宗锐意人才，命大僚各举所知，直指与淮督，交章以元勋应诏，元勋以母老辞不去。"郑元勋这样的人物，为计成的《园冶》题词，对计成的为人和他的造园叠山艺术备极推崇，无疑是给《园冶》生辉不少。

《园冶》初刊本首列阮大铖《冶叙》，紧挨又列有郑元勋的一篇《题词》，这种巧妙安排，是经过周密考虑的。前面说过，计成找阮大铖刊书，乃是出于不得已，计成对阮大铖其人颇有微辞，阮大铖作叙一年以后，计成另请郑元勋作一序，从某种意义上说，也是为的抵消或平衡一下阮叙。阮大铖和郑元勋代表着当时两类截然不同的人物，吴应箕的《之子》诗末尾说："名节道所贵，君子慎廉隅。一朝苟失足，高陵荡若污。所以鹄与蝇，趋舍不同途。"计成曾公开怀疑阮大铖的"道"，却又不免软弱妥协，还得找阮大铖出书。阮大铖写了叙，计成又写了《自识》，转弯抹角发了一通牢骚，说出了事实真相，然后又另搬出郑元勋的《题词》，表明他的心最终还是向着正直知识分子这一边。阮大铖说计成"臆绝灵奇"，计成这一系列安排，真是妙不可言。

阮叙郑词虽然一样都对计成的造园叠山艺术加以褒扬，但是阮叙说计成"人最质直，臆绝灵奇"，郑元勋《影园自记》则说计成"善解人意"，这两种大不相同的说法，也足以表明他们各自与计成的交往关系，一个较生涩，摸不透，一个很融洽。

《淮海英灵集》丁集卷四收有施朝干《影园图》一诗，诗中有这样几句：

> 丞相梅花岭，陪京燕子笺。
>
> 薰莸他日恨，褒罚后人权。

后人题郑元勋影园图，说起史可法与阮大铖两类有如薰莸不可同器的人物，是耐人寻味的，郑元勋正是史可法一样的人物。计成的《园冶》，列有阮大铖《冶叙》和郑元勋《题词》，也正是"薰莸他日恨"的事情，可我们现在评论《园冶》，往往注意到阮叙之成为"白璧之疵"，却常常忽略了郑词所增添的光彩，后人褒罚之权，可要注意拿准哟。

三、计成所造名园

计成一生所造名园，见于记载者，共有三处，现依年代次序，考述如下。此外计成还为人叠过一些假山，并附述于后。

（一）常州吴玄东第园

计成为吴玄造园，事见《园冶·自序》。《自序》云："公得基于城东，乃元朝温相故园，仅十五亩，公示予曰：'斯十亩为宅，余五亩可效司马温公独乐制。'"因知吴玄此园即在其宅第之旁，正是《园冶》所谓的"傍宅地"。计成接受了这个设计任务之后，勘察了地形，"观其基形最高，而穷其源最深，乔木参天，虬枝拂地"。于是提出方案："不第宜掇石而高，且宜搜土而下，令乔木参差山腰，蟠根嵌石，宛若画意；依水而上，构亭台错落池面，篆壑飞廊，想出意外。"落成之后，主人大喜。

吴玄，字又于，《园冶·自序》称吴玄为"晋陵方伯吴又予公"，又予的予是个误字[13]。晋陵为武进古称，"方伯"指吴玄曾任江西布政使司右参政。吴又于本名玄，清康熙以后的地方志为避讳改玄为元。陈植先生《园冶注释》出注语谓"吴元，字又予"，名与字全误。

吴玄为吴中行子，《明史》无专传。《吴中行传》所附吴玄事迹颇为简略。康熙《常州府志》卷二十四："吴元（玄）字又于，武进人，万历进士，改授湖州府学教授，历任湖广布政，性刚介，时党局纷纭，元（玄）卓立不倚……刺东昌、严州，具有卓政，所著有《率道人集》。"

吴玄所著《率道人集》，本名《率道人素草》，现存。吴玄生平事迹，多可于《率道人素草》中考知。吴玄生于嘉靖四十四年（1565），中万历二十六年（1598）进士，初任河南南阳府儒学教授，后任刑部本科、刑部广西司、贵州司、浙江司，历守东昌、严州两府，巡守岭东、河北两道，荐升湖广参政，改江西参政，分守饶南九江道。

《明史·吴中行传》谓吴玄任江西布政，《园冶注释》出注语因之。考明代官制，布政、按察二司，以辖区广大，由布政使司的佐官左右参政、参议分理各道钱谷，称为分守道。承宣布政使司设左、右布政使各一人，从二品，左、右参政无定员，从三品。吴玄只做过从三品的江西参政，分守饶南九江道，没有做过从二品的江西布政。《园冶·自序》称"晋陵方伯"，方伯虽然等于说是布政使，然而布政使司的佐官左、右参政，有时亦可简称布政，犹如现在把副省长也叫省长一样。

康熙《常州府志》谓吴玄"性刚介，时党局纷纭，元（玄）卓立不倚"。府志这个说法是回护乡人，与事实大不相符。实际上吴玄侧身魏珰，是一个在帮派体系中陷得很深的官僚。吴玄罢官后，著有《吾征录》，汇辑万历、天启间之奏疏，皆攻讦东林之文，玄复为说以扬之，颇肆诋毁。吴玄在士林中的名声并不好。

《园冶》卷一《相地》章《傍宅地》一节有这样两句话："轻身尚寄玄黄，具眼胡分青白。""轻身"指罢了官，俗语云："无官一身轻。""青白"指青白眼，是用阮籍分青白眼看人的典故。后来清初有徐石麟，著《古今青白眼》三卷，辑录子史说部中评骘人品之事。计成所说具眼青白，专指评骘人物。计成在《傍宅地》一节忽然写上这么两句，显得很突兀，其实是说吴玄。我们知道，计成为吴玄所造之园，正是傍宅园，《自序》谓吴玄得基于城东，仅十五亩，曰："斯十亩为宅，余五亩，可效司马温公'独乐'制。"《傍宅地》又云："五亩何拘，且效温公之独乐。"可见《傍宅地》一节，多半是计成为吴玄造傍宅园的经验谈。吴玄《率道人素草》卷四《骈语》收其自撰联额，有这样一段：

> 东第环堵
> 维硕之宽且蘧，半亩亦堪环堵；
> 是谷也窈而曲，一卷即是深山。
> 碧山不负我

（以下三行墨涂，当是挖版，挖去一副联语。）

> 白眼为看他
> 看云看石看剑看花，间看韶光色色；
> 听雨听泉听琴听鸟，静听清籁声声。
> 世上几盘棋，天玄地黄，看纵横于局外；
> 时下一杯酒，风清月白，落谈笑于樽前。

吴玄《吾征录·规则》之末，钤有闲章一方，文曰："青山不负我，白眼为看他。"计成所说的"轻身尚寄玄黄，具眼胡分青白"，显然是有意针对吴玄当时的思想情绪而说的。计成信手拈来吴玄自己的话，加以剪裁翻造，另成一种命意，复用以规劝吴玄本人，说是你虽已罢了官闲居在家，但你毕竟还是生活在这个天玄地黄的多变世界上，你对人的好恶，还是不要那么分明罢。"轻身尚寄玄黄，具眼胡分青白"这两句之下，又云："固作千年事，宁知百岁人。"
这还是继续规劝吴玄，千年百岁是用古诗"生年不满百，常
怀千岁忧"的典故。杜甫《偶题》诗云："文章千古事"，计成
所说的"固作千年事"，还是指的吴玄著《吾征录》事。

　　计成这样的态度，表面上是劝吴玄摆脱政治，不要再
去管当时政界的党争，一心享受园居之乐，实际上又是表
明他自己的处世态度，等于是作了一个含蓄委婉的声明：他
为吴玄这样的人造园，但却不同意吴玄的处世态度。《园冶》
里的行文，与吴玄自撰联语所表露的思想情绪，有这样微
妙的关系，显然不是偶然的巧合。

　　吴玄可算是常州有名的历史人物，但是他的宅园，在
地方志中却未见记载。

　　吴玄《率道人素草》卷四《骈语》收有《上梁祝文》一
篇，全文云：

> 梁之东，瑞霭高悬文笔峰。
>
> 城映丹霞标百雉，井含紫气起双龙。
>
> 梁之南，泽衍荆山八代传。
>
> 坊号青云看骥附，都通白下待鹏抟。
>
> 梁之西，六秀庚从江水湄。
>
> 麟题武曲黄金筑，虹带文星苍璧移。
>
> 梁之北，汪汪福泽开溟渤。
>
> 象应台前玉烛调，名传阙下金瓯卜。
>
> 梁之中，独乐名园环堵宫。
>
> 王公奕叶三槐植，窦老灵株五桂丛。
>
> 梁之上，龙成六彩光千丈。
>
> 显子桥头坡老翁，狮子巷口元丞相。

梁之下，此日生明成大厦。寿域驻百岁丹砂，
圣恩赐三朝绿野。

按旧日上梁祝文，每有一定格套，梁之东西南北，要
描述四望方向之吉相，实即远处之借景，即使是望不到也
没关系，不过取个吉利。本祝文所说东方文笔峰，即今城
东红梅阁公园中的文笔塔，相传为本郡文笔峰，每祥光腾
现，开甲第之先兆云。西之虹带文星指虹桥，在西门外。
旧传怕河道冲了风水，建文成坝拦水，也是希望后人中功
名。最后的梁之中、梁之上、梁之下，这才说到本建筑物
的具体所在。这一部分的描述很具体，和《园冶·自序》相
应的一段完全吻合："独乐名园环堵宫"与"十亩为宅，余
五亩可效司马温公独乐制"相合。"狮子巷口元丞相"与"得
基于城东，乃元朝温相故园"相合。根据这篇上梁文，参
照《园冶·自序》，就会很容易找到吴玄东第园的位置。狮
子巷之名今尚存，即今常州旧城城里东水门内水华桥北，
此地旧有五条南北小巷，靠东两条称东狮子巷、西狮子巷。

吴玄此园园名亦失考。前引《率道人素草》卷四《骈语》
有这样一联："维硕之宽且蔼，半亩亦堪环堵；是谷也窈而曲，
一卷即是深山。"这与《园冶·自序》所说"予观其基形最高，
而穷其源最深"，"不第宜掇石而高，且宜搜土而下"，正相符
合。匾额曰"东第环堵"，这也与《自序》所说"得基于城东"，
《上梁祝词》所说"独乐名园环堵宫"，全都相合。吴玄此宅，
当时应该是称为"东第"，傍宅的五亩小园，匾曰"东第环
堵"，园名不妨就叫作"东第园"，或可径称之为"东第环堵"。

东第园中的园林景物，已不可详考。

吴玄东第及其附属小园之建造年代，亦未见明确记

载。《上梁祝文》及联语等文，均载在《率道人素草》，《素草·自叙》题"万历庚戌"，即万历三十八年，第八册末又附有"甲子朱明跋"，即天启四年。检读《素草》所收诗，起自万历十四年，止于天启六年，《素草·示约》又有《率族士夫公书》题丁卯，是为天启七年，可见《率道人素草》之最后成书，乃在天启七年。《率道人素草》卷四《祝册》有《小宗祠成覃恩驰赠祝文》，文曰"天启三年岁次癸亥冬十月甲子朔越二十八日甲申孝孙玄敢告于显高祖考、显高祖妣，显曾祖考、显曾祖妣，显祖考、显祖妣，显考、显妣"云云，是知小宗祠为天启三年建成。此种小宗祠，当然是附属在东第宅旁，或傍宅园内。这也就是说，吴玄的东第，应该也是天启三年建成的。《上梁祝文》最末一段云："梁之下，此日生明成大厦。寿域驻百岁丹砂，圣恩赐三朝绿野。"吴玄生于嘉靖四十四年，中万历二十六年进士，此所谓三朝，殆指历仕万历、泰昌和天启。"生明"指孟夏四月，这就是说吴玄东第的宅堂建筑是天启三年夏四月上梁的。东第园很可能是同年完工，或者至迟是次一年即天启四年完工的罢。

《园冶·自序》说他自己是"中岁归吴，择居润州"，偶尔为人叠过一处石壁，一试成功，"遂播闻于远近"，接着就应了吴玄之约，为之造了东第园。计成为吴玄造园叠山，始于天启三年，这一年计成是四十二岁。吴玄的东第园，是计成改行从事造园叠山以后的第一处完整的园林作品，是计成造园的处女作。吴园建成，计成遂一举成名。

（二）仪征汪士衡寤园

汪士衡其人在计成造园叠山事业的发展上也是一个重要人物。计成为汪士衡建造了寤园，与吴玄的东第园"并驰南北江焉"。寤园使计成进一步成名，计成的《园冶》就是在寤园中的扈冶堂写成的。曹元甫是在汪士衡的寤园看到了《园冶》的初稿《园牧》，为改题曰《园冶》，阮大铖也是在寤园里通过曹元甫的介绍而结识了计成的。

寤园之名见于阮叙，又见之于《园冶》卷一《屋宇》章《廊》一节："或蟠山腰，或穷水际，通花渡壑，婉蜒无尽。斯寤园之'篆云'也。"

寤园之名，亦屡见于阮大铖诗，如《咏怀堂诗集》卷二有《杪秋同李烟客周公穆刘尔敬张损之叶孺韬刘慧玉宗白集汪中秘士衡寤园》，《咏怀堂诗外集》乙部有《罗绣铭张元秋从采石汛舟真州相访遂集寤园小酌》。此外《咏怀堂诗外集》乙部又有《宴汪中翰士衡园亭》，《咏怀堂诗》卷三又有《客真州喜杜退思至即招集汪氏江亭》，也都是指的寤园。寤园的主要楼阁名湛阁，《咏怀堂诗》卷二有《同吴仲立张损之周公穆集汪士衡湛阁》。《咏怀堂丙子诗》卷下，有《坐湛阁感忆汪士衡中翰》二首，诗云：

晴浦列遥雁，霜枝领暮鸦。
寒情何可束，开步入蒹葭。
触物已如此，伊人空复遐。
尚思磅礴地，高咏响梅花。

千尺春潭水，于君见素心。
露花迎凤梦，风筱寄荒吟。
鸡黍期如昨，人琴感至今。
何堪沙浦上，啧啧听寒禽。

据此二诗诗题诗意，此时汪士衡已物故。阮大铖旧地重游，见景伤情，思念故人，而作是诗。诗成于崇祯九年，计成为汪士衡建造瘘园，事在崇祯四年至五年，过了四五年园主人便已故去，这恐怕是汪氏瘘园所留记载不多的一个主要原因罢。

汪士衡其人无考，康熙《仪征县志》共有三种[14]，都未有汪士衡的传。士衡是字，不是名，三种康熙县志中也没有查到汪某字士衡这样一个人的传。

康熙七年《仪征县志》卷五《选举志》中《明·应例》栏有"汪机：奉例助饷，授文华殿中书"的记载，康熙五十七年《仪征县志》卷四《选举表》的《应例》栏有"（崇祯）十二年，汪机，文华殿中书"的记载，道光三十年《仪征县志》亦有崇祯十二年汪机授文华殿中书的记载。古人取名与字每有联系，杨超伯先生《〈园冶注释〉校勘记》以为晋有陆机字士衡，汪机在崇祯间挂中书衔，与"汪士衡中翰"姓氏官职俱符，因而推测汪士衡即汪机。康熙五十七年《仪征县志》卷二《名迹》："西园，在新济桥，中书汪机置。园内高岩曲水，极亭台之胜，名公题咏甚多。"汪机的园称西园，在仪征城西钥匙河上的新济桥附近，这与《园冶·自序》所称"汪士衡中翰延予銮江西筑"语亦相合，这不但进一步证实了汪机即汪士衡，而且表明了瘘园又名西园。几种县志都记载汪机在崇祯十二年奉例助饷，授文华殿中书，但是在崇祯四年写成的《园冶·自序》中已称汪士衡为中翰，崇祯九年汪士衡已经故去，可见崇祯十二年汪机授中书的记载有误，或是误衍一个"十"字。

康熙七年《仪征县志》载李坫《游江上汪园》诗云：

> 秋空清似洗，江上数峰蓝。
>
> 湛阁临流敞，灵岩傍水含。
>
> 时花添胜景，良友纵高谈。

何必携壶榼，穷奇意已酣。

李坫，字允同，以明经授山东日照县令，家居后应县令姜埰之请，修《仪征县志》十卷，事在崇祯年间。李坫此诗所咏之"江上汪园"有湛阁，必是汪士衡寤园无疑。

康熙五十七年《仪征县志》卷十六载："荣园：在新济桥西，崇祯间汪氏筑。取渊明木欣向荣之句以名，构置天然，为江北绝胜。往来巨公大僚，多宴会于此。县令姜埰不胜周旋，恚曰：'我且为汪家守门吏矣。'汪惧而毁焉。一石尚存，嵌寄玲珑，人号'小四明'云。"杨超伯先生《〈园冶注释〉校勘记》引之，疑此汪氏荣园即汪士衡寤园，并引施闰章《荣园诗》一首[15]，然后说："可见园之胜处，在于叠石，确曾名噪一时。"杨先生认为寤园"在县志为'荣园''西园'，是否始称寤园，嗣改荣园，尚待续考。"此说虽持矜慎存疑态度，但是倾向已很明朗。今按县志之"西园"确系"寤园"之别称，但"荣园"却别是一处。阮元《广陵诗事》卷六："汪中翰士楚，家素封，所构荣园名动京师，有南北经过者，率至此留连竟暑，李撝人有'扁舟白发闲来往，惟有当年旧夕阳'之句。"据此则荣园本为汪中翰士楚所构，此园"名动京师"，"南北经过者""留连竟暑"，正与康熙五十七年县志"构置天然，为江北绝胜，往来巨公大僚多宴会于此"的记载相合。汪士衡之寤园又称西园，在新济桥，汪士楚之荣园在新济桥西，两园相近。士衡、士楚都是素封之家，又都是以赀报中书者，两汪园易混，是应予考辨清楚的。

寤园景物，见于各家诗作及《园冶》者，有湛阁、灵岩、荆山亭、篆云廊、扈冶堂[16]等。阮大铖《咏怀堂诗外集》乙部有《宴汪中翰士衡园亭》五律四首，于园中景物和意境描绘甚详。

（三）扬州郑元勋影园

郑元勋的影园在已知计成所造三处名园之中，按建造时间来说是最后的一处，按艺术成就来说是最高的一处。影园建成后，郑之勋有《影园自记》，茅元仪有《影园记》，黎遂球有《影园赋》。

影园始建于崇祯七年，这时计成的《园冶》已写成，并已交付刊版。影园于崇祯八年建成，同年，郑元勋为《园冶》题词。又过两年，郑元勋写成一篇《影园自记》，文中热情地描述了计成为影园所做的贡献和二人合作的愉快，"是役八月粗具，经年而成，又以吴友计无否善解人意，意之所向，指挥匠石，百无一失，故无毁画之恨"。从《影园自记》的景物描述来看，影园的规划设计和建造，很多地方都是按着《园冶》所提出的造园理论，去付诸实践的，因此就更值得注意。

据《影园自记》所记相地选址情况，其地无山，但"前后夹水，隔水蜀冈，蜿蜒起伏，尽作山势。环四面，抑万屯，荷千余顷，萑苇生之。水清而多鱼，渔棹往来不绝"。"升高处望之，迷楼、平山皆在项背，江南诸山，历历青来。地盖在柳影、水影、山影之间"，董其昌"因书影园二字"。这样一块地势，具有造园的优越条件，天启末年归了郑元勋，规划设计又"胸有成竹"，到崇祯七年动工，"八阅月而粗具"。

从《影园自记》所描述的布局和选景、造景特点来看，可以说影园是很巧妙地体现了《园冶》总结出来的"巧于因借，精在体宜"这八个字。影园巧妙地利用了原有的自然环境，其地多水，就利用这些水面；其地无山，但隔水蜀冈，蜿蜒起伏，尽作山势，又可远借历历青来的江南诸山，因此也就没有必要另叠造高大的假山。郑元勋在《园冶》《题词》中说："善于用因，莫无否若也。"计成讲造园，一再强调"巧于因借"，计成之"善于用因"，早在为吴玄建造东第园时已有体现，影园的"善于用因"，更体现得最为典型、最为完善。郑元勋的社友刘恫曾为《影园自记》作跋语云："见所作者，卜筑自然。因地因水，因石因木。即事其间，如照生影，厥惟天哉。"影园的"善于用因"，给人们留下了深刻的印象。

影园又巧妙地利用了借景，不仅近处的"隔水蜀冈"，远处的"江南诸山"等自然风景，尽收为借景，而且从玉勾草堂望出去，"阮氏园、冯氏园、员氏园皆在目，虽颓而茂（按：此处疑或脱一林字）竹木若为吾有"。这样把别人的园林、别人园林中的茂林竹木等人工景物也收为借景。因为是人家的园景，借了过来，所以郑元勋裁词，说成是"若为吾有"，这个"若"字，十分传神。

计成造园，"巧于因借"，于是便可以事半功倍，郑元勋说他的影园，"芦汀柳岸之间"，"经无否略为区画"，便"别现灵幽"。[17]不用说，这完全是"巧于因借"的结果。

《园冶》强调的"精在体宜"，现在一般理解，都把"体宜"当作一个概念，实际上"体"与"宜"应是对立统一的两个概念。《园冶》又有"得体合宜，未可拘率"的提法，是"体宜"二字的辩证解释，今本"率"字坏成"牵"，《园冶注释》遂成误解。[18]建造园林，要有一定的章法和规矩，体式和格局，不能率野胡来；又要灵活机动，因地制宜，不能死板拘谨。影园注意"因借"，也很注意"体宜"，即"得体合宜"。

《影园自记》中说："大抵地方广不过数亩，而无易尽之患。山径不上下穿，而可坦步。皆若自然幽折，不见人工。一花一竹一石，皆适其宜，审度再三，不宜，虽美必弃。"

影园中的景物，"尽翻陈格，庶几有朴野之致"。建筑疏朗素雅，能与环境结合，"荷堂宏敞而疏，得交远翠"。建筑装修，"皆异时制"。这些也都正与《园冶》所强调的屋宇要"常套俱裁"，栏杆要"制式新番"，完全相合。《园冶》讲掇山，主张"散漫理之"，"或墙中嵌理壁岩，或顶植卉木垂萝，似有深境也"。计成反对那种三峰一壁，下洞上台，炉烛花瓶，刀山剑树一类的俗套。影园的实践也正是这样，藏书楼前庭，"选石之透瘦秀者，高下散布，不落常格，而有画理。室隅作两岩，岩上多植桂，缭枝连卷，谿谷崭岩，似小山招隐处"（《影园自记》）。影园的门窗洞口形制，也每多按着《园冶》的成例采用，如六方窦、月亮门、栀子窗等，不一而足。此外如虎皮墙，卵石地等也多与《园冶》的提倡相合。

影园建成后，成为江北名构。郑元勋邀名流题咏，还征诗于各地。影园被公推为扬州第一名园。顾尔迈跋《影园自记》云："南湖秀甲吾里，超宗为影园其间，又秀甲南湖。"陈肇基《寄题影园》诗云："广陵胜处知何处，不说迷楼说影园。"丁孕乾《寄题影园》诗云：

秋气遥生曲径松，溪桥课酒石留踪。
传更未至鱼先觉，简字虽勤鹤易供。
三绝从来归郑子，一毛今复见超宗。
谁开水国径千里，却借名园作附庸。

万时华《寄题影园》诗云：

> 闻君卜筑带高城，鸥地凫天各性情。
> 画里垂帘兼水澹，酒边明月为楼生。
> 踏残芳草前朝影，吟落官梅独夜声。
> 一自琼花萧素后，此中花事属康成。[19]

崇祯十七年明亡，动乱之中，郑元勋死于乡难。入清以后，郑元勋家世式微，影园随之荒败，康熙年间，已经是旧址依稀，只可供人凭吊了。当时汪楫有《寻影园旧址》诗云：

> 园废影还留，清游正暮秋。
> 夕阳横渡口，衰草接城头。
> 词赋四方客，繁华百尺楼。
> 当时有贤主，谁不羡扬州。[20]

乾隆年间，地方知名诗人吴均、江昱等人，也都有寻影园故址并吊郑元勋诗，江昱《寻影园故址》诗云：

> 卜筑曾闻在水湄，当年树石总无遗。
> 江湖白鹭盟初践，城阙青磷劫早移。
> 丛荻烟波春外影，奇花风露梦中诗。
> 荒畦一片关兴废，洛下名园作记谁。[21]

乾隆三十五年，郑元勋玄孙、内阁中书沄，请王蓬心作《影园图》，施朝干为赋诗，咏郑元勋义烈事迹、影园景物及兴废故实，如能与园图合观，兴废之感，要比后人追记的一篇园记，强烈得多呢。王蓬心的《影园图》今亦不存，施朝干诗过长，此亦不能尽录。[22]

（四）其他

计成"中岁归吴，择居润州"，即今镇江，在镇江为人叠过一处石壁，是改行后的第一件叠山作品。《园冶·自序》里说起此事，沾沾自喜。《自序》里又说："别有小筑，片山斗室，予胸中所蕴奇，亦较发抒略尽，益复自喜。"可见计成在为吴玄造园之前后，为人叠造过的零星山石还不少。

计成还曾为阮大铖叠山理水，但他自己避而不谈。阮大铖《冶叙》云："予因剪蓬蒿瓯脱，资营拳勺，读书鼓琴其中。胜曰，鸠杖板舆，仙仙于止，予则（着）五色衣，歌紫芝曲，进觅觥为寿，忻然将终其身。甚哉，计子之能乐吾志也，亦引满以酹计子。"阮叙作于崇祯七年，当时他家居怀宁，有集园、石巢园和百子山别业。审其"剪蓬蒿瓯脱"之语，显然是扩建一处旧园，请计成为其经营"拳勺"，以此阮大铖酹酒为谢。崇祯八年李自成军逼近怀宁，阮大铖举家避居南京，后来在库司坊建有俳园。崇祯八年为郑元勋造了影园之后，计成行踪已不可考。俳园叠石出自张昆岗之手，计成没有参加过俳园的建造。阮大铖有《谢张昆岗为叠山石》作于崇祯十一年，《咏怀堂诗外集甲》有《喜张鸣玉自白下为葺俳园》，张鸣玉考即张昆岗，为白下人。

1982年2月初稿于沈阳

同年7—8月改定于沈阳—承德—北京

注释

[1] 近人每称《园冶》为骈体文，实际上是只有一些精彩章节用骈体文，其余皆为散体文，也有一些章节是骈文散起。

[2] 计成"历尽风尘"，"中岁归吴"，四十二岁为吴玄造园叠山。吴玄自号率道人，计成自号否道人，"率"和"否"都是《易经》中的卦名。吴玄《率道人素草•自叙》之末，钤有阳文"率道人"章，《园冶•自序》之末钤有阳文"否道人"章。二章布白结体甚为相近，都是"道人"二字占左半，"率"和"否"字都拉长自占右半。计成自号"否道人"，推测当在中年以后。

[3] 阮大铖《咏怀堂诗集》中《丙子诗•自序》："自崇祯乙亥后，系日咏怀堂某年诗。"乙亥为崇祯八年。因知《咏怀堂诗》正集四卷、外集甲乙两部，均为崇祯八年编成，收崇祯八年以前诗。崇祯九年以后，另编为丙子诗、戊寅诗、辛巳诗等。

[4] 此诗以下第五首题为《雪夜小酌用损之韵》，第六首为《岁暮柬谢明府修吉》，第八首为《癸未元夕》，因知此诗作于壬申秋，即崇祯五年秋。

[5] 《楼山堂集》卷二十一。

[6] 《清画家诗史》乙上："张修字损之，长洲人，家秣陵。山水花草虫鸟，尤精画荷。"钟惺《隐秀轩集》卷五有《过张损之看梅》。

[7] 《博望山人稿》卷四。

[8] 详拙著《清代造园叠山艺术家张然和北京的"山子张"》，载《建筑历史与理论》第二辑。

[9] 详拙著《张南垣生卒年考》，载清华大学《建筑史论文集》第二辑。

[10] 《咏怀堂诗外集》乙部。

[11] 《影园瑶华集》下卷。

[12] 《影园瑶华集》中卷。

[13] 吴玄，字又于，《园冶•自序》作"又予"，近世各种刊本均误，明刊原本亦误。吴玄《率道人素草•自叙》题"延陵吴玄又于甫草"。又钤有四字阳文闲章曰"玄之又玄"。"玄之又玄，众妙之门"，语出老子《道德经》，《率道人素草》书口鱼尾上刻"众妙斋"三字。吴玄，字又

于，名与字义有连属，"于"字用为后缀，名玄字又于，正是"玄之又玄"之谓也。康熙《常州府志》记吴玄兄弟行的名字，"吴元（玄）字又于"，"吴亮字采于"，"吴奕字世于"。三人单名皆用"宀"字头，双字都用一个"于"字。府志将吴玄书作吴元，是成书时避康熙讳所改。

[14] 康熙七年胡志（胡崇伦修），三十二年马志（马章玉修），五十七年陆志（陆师修）。

[15] 施闰章原诗题为《真州荣园》，共二首，载在《施愚山先生诗集》卷二十四，诗作于顺治八年。《〈园冶注释〉校勘记》所引"叠石郁嵯峨"是第一首，诗题作《荣园诗》，是县志所改。

[16] 营造学社本《园冶》阚铎《识语》以为崦冶堂是阮大铖的堂名，《园冶注释》则以为是计成家中的堂名，二说俱不确。按《园冶·自序》："时汪士衡中翰延予銮江西筑"，"暇草式所制，名《园牧》尔。姑埶曹元甫先生游于兹，主人偕予盘桓信宿"。序末又自题"否道人，暇于崦冶堂中题"。可见《园冶》一书并序，都是在为汪士衡建造寤园的暇时，在寤园的崦冶堂中写成的。崦冶有广大之义，《淮南子》："储与崦冶。"注："褒大意也。"崦冶堂为汪士衡园中的堂名，阮大铖家不闻有此堂，计成家境贫寒，挟一技而传食朱门，他家也不会有这样的大堂。

[17] 《园冶注释》误为"别具灵幽"。

[18] 喜咏轩丛书本、营造学社刊本、城建出版社刊本俱误"率"为"牵"，明刊原本不误，《园冶注释》未予校出，仍误作"牵"。

[19] 雍正《江都县志》卷十二引。

[20] 《淮海英灵集》甲集卷三。

[21] 《淮海英灵集》丙集卷四。

[22] 施朝干《影园图》诗见《淮海英灵集》丁集卷四。

原载《建筑师》13期，1982年。收为本期首篇文章，并为设《纪念计成诞生四百周年》专栏。此文后获《建筑师》优秀论文奖。收入本书时稍有增改。

造园大师张南垣——纪念张南垣诞生四百周年

张南垣，名涟，字南垣，松江华亭人，后迁嘉兴。

张南垣是我国一代造园大师，他开创了一个时代，创新了一个流派，对我国园林文化的发展做出了极大的贡献。

根据考证，张南垣生于明万历十五年，即公元1587年。1987年正是他诞生四百周年，现撰文发表，以志纪念。有不当之处，希园林界学者、专家和读者随时给予批评指正。

一、张南垣的生平事迹

明朝万历十五年（1587）一个"杨柳春风"的日子，江南松江府华亭县西门外西城河上的一个市民家里，诞生下一个黑胖结实的婴儿，后来长大成人，成为我国近代历史上有名的造园大师，他就是张南垣。

明朝末年，我国江南地区已经出现资本主义萌芽状态的生产关系，并且有了进一步的发展，城市也日趋繁荣。那也是我国历史上一个科学技术有较快发展、科技著名人物相继出现的时代。如李时珍、徐光启、计成、徐霞客、宋应星以及大戏剧家、文学家汤显祖、公安派三袁（袁宗道、袁宏道、袁中道）、竟陵派钟惺、小说作家冯梦龙、凌蒙初等。且画坛的山水、花鸟、人物等画科都大有发展。文人画南北宗之说的出现，更表明同时进入了分宗别派和理论探讨、总结经验的时代。造园艺术由于诗情画意的写入和文人画士的宣扬，也有了很大的发展，还出现了一批与造园艺术、环境艺术密切相关的著作，如文震亨的《长物志》，陈继儒的《岩栖幽事》《太平清话》，屠隆的《考槃余事》《山斋清供笺》，陆绍珩的《醉古堂剑扫》，林有麟的《素园石谱》等。张南垣正造就于这样一个文化氛围之中。环境给他创造了一定的物质条件，社会也给了他鞭策和激励，他经过顽强不懈的努力，终于在造园叠山这个艰难、高深的艺术领域，为时代做出了卓越的贡献。

张南垣功成名就以后，当时著名的文学家、史学家、思想家吴伟业、谈迁、黄宗羲等人都曾为他撰传。

清初松江府的建制，仍沿明代之旧，倚郭只设华亭县，顺治十三年（1656），折华亭西部为娄县。一城两治之后，华亭县管领松江城的东部和东郊，娄县管领松江城的西部和西郊。张南垣原住松江西门外，他卒去以后，那里已属于娄县，所以《娄县志》要为张南垣立传。张南垣生在明代，明代松江府城内外只设华亭一县，追认前朝的事实，清代康熙以后的《华亭县志》也还是为张南垣立了传。华亭、娄县分治后都属于松江府，于是《松江府志》也有张南垣传。张南垣在明崇祯十年由华亭迁往嘉兴，后来一直定居嘉兴，直到终老。清代的《嘉兴县志》也曾为他立传。清代的嘉兴县属嘉兴府，又属浙江省，所以《嘉兴府志》《浙江通志》也都有张南垣传。不仅有关各级地方志都为张南垣立了传，后来官修的正史《清史稿》里也曾为张南垣立有专传。我国的造园艺术源远流长，纵观我国数千年的造园艺术发展史，那也是人才辈出，群星灿烂，但是以一个平民出身的造园匠师，居然能列名于正史，享有专传，而且还居于《艺术列传》之首，屈指数来，也只有张南垣一人而已！

　　遗憾的是，历史上曾经声名显赫的造园大师张南垣，后来却让历史给埋没了，让社会给淡忘了，以至于后人对他的事迹知道得很少。还常出现误会和混乱，这自有它的历史原因。谈迁所撰张南垣传今已不传，吴伟业、黄宗羲所撰张南垣传，以及各级地方志中的张南垣传，都成于清代，《清史稿》又为张南垣列了专传，所以后来的人们就一直误以为张南垣是清初的人。这种情况，虽贤者亦在所难免。如20世纪初梁任公谈起张南垣，就把他叫作"清初华亭张南垣"，从那以后，一些前辈学者，如谢国桢、刘敦桢、童寯诸先生的大作中也都说张南垣是清初人，有时说得具体，还将他列在石涛之后，甚至于说他是"清中叶"的叠山家。这样一类的误会，一直沿袭下来，现在许多专著和论文也都沿袭此说，而造成这样一个误会的直接根源，现已查明是出于李斗的《扬州画舫录》，李斗说：

　　扬州以名园胜，名园以垒石胜。余氏万石园出道济手，至今称为胜迹，次之张南垣所垒白沙翠竹江村石壁，皆传诵一时。

李斗这个记载，一无可取之处。石涛叠假山，根本就是哄传，实际上全然没有这么一回事。余元甲的万石园始筑于雍正十二年，石涛早已卒去二十多年。白沙翠竹江村大约建于康熙四十几年，张南垣早已卒去三十多年。李斗这个记载，全部乱了套。后来有人看出一些破绽，钱泳著《履园丛话》，又提出一个不同的说法，钱泳说：

> 堆假山者，国初以张南垣为最，康熙中则有石涛和尚，其后则有仇好石、董道士、王天於、张国泰，皆为妙手。

钱泳把石涛和张南垣换了一个个儿，把张南垣推到石涛之前。张南垣确是在石涛之前，但是称作"国初"，还是不对。石涛叠假山，李斗这个错误，钱泳又沿袭了下来。

据我的考证，发表在《建筑史论文集》第二辑（《张南垣生卒年考》），张南垣应生在明末，确切生年为明万历十五年（1587）。到明朝灭亡、清兵南下的时候，张南垣已经是五十八九岁的老人，他的一生已然过去了一大半，确切地说，他是明末清初的人。他在造园叠山艺术方面的一系列成就，主要都还是在明末取得的，因此也可以把他列为明代造园家。

张南垣传留下来的生平事迹材料虽然很多，但是各种传记材料一概都没有记载他的生年。他的生年可从钱谦益的两首诗中得到考证。钱谦益《牧斋初学集》卷十，《崇祯诗集》六，收有《云间张老工于累石许移家相依赋此招之二首》，其一云：

百岁平分五十春，四朝阅历太平身。

长镵短屐全家具，绿水红楼半主人。

荷杖有儿扶薄醉，缚船无鬼笑长贫。

山中酒伴更相贺，花发应添爱酒邻。

其二云：

不是寻花即讨春，偏于忙里得闲身。

终年累石如愚叟，倏忽移山是化人。

无酒过墙长作恶，有钱拄杖已忘贫。

明年肯践南村约，祭灶先须请比邻。

松江古称云间，钱谦益诗中的"云间张老"，是"终年累石""倏忽移山"，这位年已半百的造园叠山家不是别人，正是张南垣。称张南垣为张老，后来还成了典故，唐孙华《东江诗集》卷四收有《和叶星期明府题钱瞿亭用杜工部游何将军山林十韵》诗，第五首云："树是先公种，山从张老开"。句下有原注云："云间张南垣所营。"到康熙中唐孙华作这首诗的时候，张南垣早已卒去几十年了。

钱谦益的诗在他的集子中是按编年次第排列的，经考证，那两首诗都是崇祯九年（1636）所作。古人用虚岁计岁，崇祯九年张南垣五十岁，以此反推，当生于万历十五年（1587）。张南垣这五十年的岁月，经历了明代万历、泰昌、天启、崇祯四个时代，所以钱谦益的诗里说他是"四朝阅历太平身"。

古时候作诗，可以用模糊的概念，说五十有时并不见得正好五十，也可能是五十上下。但是钱谦益的两首诗却不是这样，诗云"百岁平分五十春"，又云"荷杖有儿扶薄醉"，两相比照，后者用的是《礼记·王制》"五十杖于家"的典故，因知张南垣这一年必是五十岁。钱谦益又有一首《辛未元旦次除夕韵》诗云：

> 流年赴壑值斯晨，历落艰危五十春。
> 已与昌黎同命主，更推渤海作诗神。
> 移山莫问河滨叟，卜宅还招栗里邻。
> 拜罢北堂无一事，商量蜡屐伴高人。

这里的辛未是崇祯四年（1631），钱谦益生于万历十年（1582），这一年他正是五十岁。可见，钱谦益说起五十岁的时候，不管是说他自己，还是说的别人，这几首诗用的都是准确数字。古人好说人生百年，五十岁正好是百岁之半，儒家又一向有"五十而知天命"的旧说，所以值得特意举出。蘧伯玉，年五十，而知四十九年非，到了五十岁，才知道以前四十九年当中的错误。钱谦益回首自己的五十春，是"历落艰危"，经历了宦海浮沉和艰难危险，这恰与张南垣五十春不入官场，累石移山，阅历太平，绿水红楼，逍遥自在，构成鲜明的对照。钱谦益为张南垣友人，张南垣曾为钱谦益在常熟规划和建造拂水山庄，后来钱谦益又邀请张南垣把全家搬过去，比邻而居，崇祯九年钱谦益为招请张南垣搬家而作二诗的时候，张南垣正好是五十岁，这是毫无疑义的。

张南垣五十岁的时候，早已经以造园叠山巧艺而名满江南，五十岁生日的时候，江南公卿士大夫们曾争着作诗，为他祝寿。就中有一位告退在家的工部郎中李逢申，让他的儿子、著名诗人李雯代笔，作了一首寿诗，题作《张卿行》。诗作得很好，有声有色，诗的结尾四句说："五十何妨作少年，杨柳春风桑落酒。世上称君黄石公，他年或作驱羊叟。""桑落酒"是"排于桑落之辰"，也就是桑叶落下即暮秋时所酿造，桑落酒前面冠以"杨柳春风"四字，全句的意思是，杨柳春风的时候斟桑落酒为张南垣祝五十大寿，由此可知，张南垣的生日是在"杨柳春风"的日子，江南春早，"杨柳春风"应该是旧历二月。李雯的《蓼斋集》也是按编年次第排定的，以这首诗在集中的次第考定，也正是崇祯九年所作。李雯的诗写得很得体，特别是末两句，用黄石公叱石成羊的典故，把张南垣的叠山艺术描绘得活龙活现，并且用黄石公为比，祝愿张南垣健康长寿。李雯这首诗是钱谦益那两首诗的一个对证，可以进一步证明，崇祯九年张南垣正好是五十岁。张南垣生于明万历十五年，至此完全可以敲定坐实。

张南垣的家世出身还难以详考。华亭大姓称顾、陆、朱、张，据吴履震《五茸走逸》记载，张姓起自彭城，辅吴三世有功，后来与濮阳兴议立孙皓意见不合，遂散其族于东上三郡，三郡之张独盛于华亭，入明以后，华亭诸张各以所居之地名其家，如白滩之世为石幢张，就是其一，其他如城河、漕泾、龙华、塘桥、陶行、鹤城、三节、石牌、儒林，诸张之名甚众。又据乾隆五十三年（1788）成书的《娄县志》记载，明代时候的张南垣在松江是"居西郊"，后来嘉庆《松江府志》也转引了这个说法，"居西郊"这三个字是极关重要。我们知道，乾隆《娄县志》与张南垣的卒年相比，虽然是晚出得多，但它的编纂是出自陆锡熊之手，陆是总纂《四库全书》的著名学者，又是当地的人，他这个说法应该是确有根据的。明朝时候的松江城，西门外有西城河一道，与松江城四周的护城河相连通，现在西城河已不存，城市改造，早已填筑为马路。光绪《娄县续志》卷一引张椿《养真园记》："松之为郡，西郭门外称繁衍，阛阓辐凑，烟火参错。"同书卷一又载："西门外大街自寺基街以西至秀野桥，居民稠密。"（图1）寺基街即今西林寺塔东街（图2），这一带张姓人家不少，清代名臣张照一家的后人就在这一带。西林寺塔附近西城河南的张坊以姓名坊，更住过不少张姓人家。张南垣"居西郊"，证以其他材料，他的家正应该是住在西城河边上，应该是属于"城河张"那一派。他家里后来没有出过做大官的人，他家又由这里搬了出去，要想在这一带找到他这一族的后人和保存下来的家谱，恐怕已相当困难。要想在近族的家谱中找到张南垣一家的记载，那更是大海捞针。

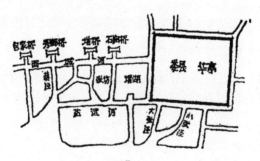

松江西郊西城河一带形势略图（据光绪《娄县续》）

我上面已经转引过的钱谦益《辛未元旦次除夕韵》诗有"移山莫问河滨叟，卜宅还招栗里邻"两句，钱谦益作招张南垣诗又有"终年累石如愚叟，倏忽移山是化人"的句子，钱谦益一再提起的移山老叟，指的都是张南垣。这句"移山莫问河滨叟"，"莫"字的遣词最为有趣，对照下一句，整句的意思是，叠假山不用问还得延请河边上住的那位老叟，

2

松江西门外西林寺塔，张南垣原住塔附近

下句"卜宅还招栗里邻"则指的是程孟阳。诗的末尾两句说"拜罢北堂无一事，商量蜡屐伴高人"。"高人"是合指"河滨叟"与"栗里邻"，即张南垣与程孟阳两人。张南垣是松江华亭人，松江本在吴淞江之滨，吴淞江又称松江，所以家住松江的张南垣自然也就可以称作是河滨叟了，但是钱谦益称张南垣为河滨叟，不仅仅因为他是松江人，还有更进一层的意义，张南垣一家属于"城河张"的族系，住在松江西门外的西城河上，作为张南垣的友人，这个事实钱谦益应该是知道得很清楚的，所以要在诗中特别标举出来。

　　张南垣青少年时期的经历记载不多，据吴伟业撰《张南垣传》，他"少学画，好写人像，兼通山水"。康熙二十四年《嘉兴县志》说他"少学画，得山水趣"。题兰瑛、谢彬纂辑的《图绘宝鉴续编》又说他"善画山水及供石"。从好些记载来看，他早年学画是可以肯定的，他的绘画专长有三个方面：一、善写人像；二、兼工山水；三、又工供石。据黄宗羲撰《张南垣传》，他"曾学画于云间之某，尽得其笔法"。《清史稿》则说他"少学画，谒董其昌，通其法"。张南垣与董其昌（1555—1636）存殁相及，又小三十多岁，整整差一代人，董其昌工书善画，擅长山水，强调"士气"，又倡导南北宗之说，标榜"文人画"，他是松江文化界尤其是书画界的一个领袖，还善于自我标榜，笼络人才，张南垣早年时候曾向他请谒山水画技法，还是有可能的事。但是张南垣是"好写人像，兼通山水"。写人像这一画科，董其昌完全外行，因此说"谒董其昌"那还是可能的，若说是学画于董其昌，那可就是言过其实了。戴名世《张翁家传》称张南垣"少学画，为倪云林、黄子久笔法，四方争以金币来购"。阮葵生《茶余客话》说张南垣"少写人物，兼通山水，能以意垒石为假山，悉仿营邱、北苑、大痴画法为之"。张南垣画山水为倪云林、黄子久笔法，后来即以其意通之于造园叠山，主张叠造平冈小坂，陵阜陂陀，曲岸回沙，再现倪云林的水口，黄子久的矾头之类；而董其昌恰恰也是以倪云林、黄子久为宗的。这样一些关系，都是耐人寻味的。张南垣"好写人像"，肖像画明末清初很盛行，张南垣之子张然号陶庵，陆燕喆撰《张陶庵传》："陶庵又善于写神，夫写神亦假也，然而真矣。"张然善于写神，正是得之于家传。写人像较画山水为难，工山水可以直接将倪云林、黄子久笔法通之以叠山，传神写照，阿睹添毫之时，能够培养眼力，提高手功，与叠山艺术也不是一点不能借助，但毕竟是隔了一层吧。至于供石，那可以说是从山水画派生出来的一个分支，与叠山关系最为密切，张南垣曾与其子张熊一道在嘉兴为朱茂时规划建造放鹤洲，当时张南垣就画过《墨石图》，这种《墨石图》，用今天的行话说，不是放鹤洲山石的设计图，就是放鹤洲山石的竣工图。

中国园林的一个最大的特点就是诗情画意的入境，明代时候有许多著名的造园匠师都是由画家改行创作，或兼通绘画的。在张南垣之前，有上海著名造园匠师张南阳，人称卧石山人，他"幼即娴绘事"，"居久之，遂薄绘事不为，则以画家三昧法试累石为山"，一时名声大振。张南垣之后的计成"少以绘名"，"最喜关仝、荆浩笔意"，也是由画家改行而成了职业造园叠山匠师。此外明代画家仍多有以构筑家中小园，美化起居环境为能事者，如无锡邹迪光建愚公谷，北京米万钟建勺园，绍兴徐渭建青藤书屋，南翔李长衡建檀园，苏州文震亨建香草垞，也都啧啧于人口。无论是画家转行而成的造园家，还是画家而兼工造园，然张南垣当居其首。

张潮《虞初新志》收吴伟业所撰《张南垣传》，后加按语云："张山来曰：叠山累石，另有一种学问，其胸中丘壑，较之画家为难。"李渔在《闲情偶寄》中说："且磊石成山，另是一种学问，别是一番智巧。尽有丘壑填胸，烟云绕笔之韵士，命之画水题山，倾刻千岩万壑，及倩磊斋头片石，其技立穷，似向盲人问道者。"这些看法已点出叠山较绘画为难，造园不光是叠山，还要创造环境意境，处理体宜因借，安排山形水系，"山未成，先思著屋，顶未就，又思其中之所施设"，还有匾额联对的选择，花草树木的配置，此外还要看主人的雅俗，财力的多寡，地段的大小等等，可以说是一整套极其复杂、高度综合的"系统工程"，较之画家的单纯铺纸作画是不可同日而语的。画家转行为造园家，绝不是轻而易举的事，张南垣已有几个方面的绘画专长，要扔下不干，转行献身于造园艺术，那可是知难而进，绝不是顺水推舟。

张南垣从什么时候由画家转行而从事造园艺术事业的呢？王时敏《乐郊园分业记》中云：

> 乐郊园者，文肃公芍药圃也。地远嚣尘，境处清旷，为吾性之所适。旧有老屋数间，敝陋不堪容膝。己未之夏，稍拓花畦隙地，锄棘诛茅，于以暂息尘鞅。适云间张南垣至，其巧艺直夺天工，怂恿为山甚力。吾时正少年，肠肥脑满，未遑长虑，遂不惜倾囊听之。因而穿池种树，标峰置岭，庚申经始，中间改作者再四，凡数年而后成。

这里的己未是万历四十七年（1619），庚申是泰昌元年（1620）。万历四十七年的张南垣是三十三岁，王时敏是二十八岁。从这个记载来看，至迟在万历四十七年，张南垣三十三岁的时候，他已经是以造园叠山巧艺而名满公卿之间了。他投身于造园事业，自然还应该在那以前。约略地说，张南垣三十成名，出入是不会大的。开始转行，还要再早一些。

张南垣在造园叠山领域成名之后，江南公卿士大夫交书走币，争先恐后加以延请。

张南垣至迟三十三岁已因造园叠山巧艺而名满公卿之间了，如今到了五十岁，为什么还要考虑移家依人呢？原来崇祯八年松江闹了一场大水，灾情还十分严重，《娄县志》《华亭县志》都有记载，水灾之后，张南垣一家生计困难，"长镵短䦆全家具"，张南垣的家境弄到这个地步，松江再也住不下去，只好答应依人去了。

钱谦益招请张南垣移家常熟的事，后来未能实现，第二年即崇祯十年闰四月，钱谦益因受诬告，被逮北上，锒铛入狱，张南垣就在这一年，全家迁至嘉兴。为何举家迁到嘉兴，未见确切记载，但是有很多迹象和转弯抹角的文字，表明他迁往嘉兴，是和吴昌时大有关系，或者说就是由于吴昌时的招请。因为吴昌时是嘉兴的大富户，他的竹亭湖墅为张南垣于崇祯十年所造，而张南垣正是崇祯十年迁到嘉兴去的。

张南垣迁到嘉兴以后，松江的有识之士这才感到是一个巨大的损失，因此陈继儒有《张南垣移居秀州赋此招之》一诗，极力想招请他再搬回松江来，全诗这样写道：

> 南垣节侠流，慷慨负奇略。
> 盘礴笑解衣，写石露锋锷。
> 指下生云烟，胸中具丘壑。
> 五丁紧追随，二酉顿开凿。
> 穿池浪有声，种树势相攫。
> 亭榭多回环，鱼鸟欲飞跃。
> 江东园主人，见之俱小却。
> 闲载米家船，懒入郗公幕。
> 君赋归来乎，醉跨华亭鹤。

陈继儒对张南垣的为人和他的造园叠山艺术备极推赏，作为松江当地文苑的一个领袖，他也知道爱重人才，他痛切地感到，张南垣这样的人才流失到外地，不仅是松江当地的一个巨大损失，而且也是当地的一个很大耻辱，他写诗招请张南垣回来，那也是向社会作呼吁。陈继儒这首诗本集不载，载见于康熙二十一年袁国梓撰《嘉兴府志》卷十八。这首诗的写作年代还不能尽详，但是张南垣答应钱谦益欲移家常熟是在崇祯八九年，钱谦益作诗催请在崇祯九年，崇祯十年张南垣应吴昌时招请迁往嘉兴，而陈继儒本人又在崇祯十二年卒去，因知陈继儒此诗大约是作于崇祯十一年。陈继儒作诗招请，向社会呼吁，却没能引起太大的反响，张南垣终于并没有搬回到松江来。

张南垣晚年时候，他"退老于鸳湖之侧"，"结屋三楹"，仍然过着清贫简朴的生活，最后就卒在嘉兴。张南垣的儿子很孝敬，因为家穷，乃父卒后长时间营墓地而不得。张南垣的卒年还不能确考，据我初步考证，他是卒在康熙十年前后，享年八十五岁上下。再具体一点说，康熙八年他还在世，康熙十二年他已经下世了。张南垣的生卒年确切些应该写成这样：1587—1671前后；或1587—1671±2。

张南垣晚年，吴伟业为他作传，说他以造园叠山艺术"游于江南诸郡者五十余年"。吴伟业这篇传记作于康熙七年（1668），张南垣八十二岁，反推上去五十余年，就和前面说张南垣转行从事造园叠山事业三十岁已经成名的推测正好吻合。吴伟业说到张南垣"游于江南诸郡"，足迹所到之处，"自华亭、秀州外，于白门、于金沙、于海虞、于娄东、于鹿城，所过必数月"。华亭就是松江，秀州就是嘉兴，白门就是南京，金沙就是金坛，海虞就是常熟，娄东就是太仓，鹿城就是昆山。吴伟业这个记录已较详备，一共举出了七个地方，但事实上还并不止于这些，如吴县洞庭东山有席本祯东园，嘉定城南有赵洪范南园，都是张南垣所造，而吴伟业的传中就没有提到吴县和嘉定。

吴伟业所撰传举出张南垣最为著名的园林作品，一共是五处，虽然所举确是最著名的一些，但是毕竟太少。迄今为止，据我了解到的材料，张南垣的造园叠山作品，有确切记载，经过印证又确属可靠的，共有十余处，即松江李逢申的横云山庄，嘉兴吴昌时的竹亭湖墅，朱茂时的放鹤洲，徐必达的汉槎楼，太仓王时敏的乐郊园、南园和西田，吴伟业的梅村，钱增的天藻园，郁静岩斋前的叠石，常熟钱谦益的拂水山庄，以及上面提到的吴县席本祯的东园，和嘉定赵洪范的南园等。此外还有一些园林作品，有记载说是张南垣手笔，但是经过一番考证原来又都不是，如太仓的蒉资园、无锡的寄畅园、仪征的白沙翠竹江村、北京的怡园、松江的塔射园等。因为张南垣的名气太大，所以难免有这样那样的误传，不是他的作品，人们也宁愿附会在他的名下。

张南垣闻名以后，江南各地争相延请，吴伟业《张南垣传》说是"岁无虑数十家"，他当然不能一一答应，少数答应下来，则"所过必数月"。戴名世《张翁家传》说，张南垣"治园林有巧思"，"诸公贵人皆延翁为上客，东南名园大抵多翁所构也"。考虑到各种因素，作粗略的估计，张南垣一生数十年的实践，所造园林叠山作品的总数，少说也要有几十处之多吧，准确的数字，现在已经无法统计了。经过我多年的迹踪搜寻和梳理耙剔，查到张南垣的作品，并确认是可靠的，共有十几处，虽然不少还属于较重要的名园，可是与实际情形相比，还差得太多。

吴之振《黄叶村庄诗案》卷一收有《再咏川图次韵》一诗，这首诗的尾注中提到，郡人张南垣不仅能杂土垒石为假山，又妙作盆池小山，"数尺中岩岫变幻，溪流飞瀑，湖滩渺茫，树木翁郁，点缀寺宇台榭，石桥墓塔，颓垣败阑，皆一一生动，令观者坐游终日不能出，亦从来所未有"。吴之振为石门人，石门属嘉兴府，所以他称张南垣为"郡人"。吴之振工诗善画，家有名园称黄叶村庄。他这个记载很重要，也很可靠，张南垣不仅工画，更能造园叠山，还能作盆池小山，是一个多才多艺的人。

据吴伟业所撰传，张南垣为人肥胖短黑，性情幽默滑稽，好举里巷谐媒以为抚掌之资，或陈语旧闻，反以此受人嘲弄，他也不去计较。张南垣与人交好，好谈别人的好处，而不择地位的高下，又能安异同，所以他的交游面很广，许多名公贵卿，都能放下架子，加以格外的礼敬，甚至和他结为布衣之交。关于张南垣，还流传着许多有趣的故事，据王应奎《柳南续笔》记载，张南垣为人滑稽多智，出语便堪抚掌，有延陵公某，为前明国子祭酒，入清以原官起用，士绅饮饯，演《烂柯山》传奇，至张石匠，伶人以南垣在座，改为李石匠，祭酒赞曰："有窍。"哄堂大笑，南垣默然。及演至买臣妻认夫，买臣唱"切莫提起朱字"，南垣曰："无窍。"满座为之愕贻，而祭酒不以为忤。这个故事又见载于钱泳《履园丛话》、梁绍壬《两般秋雨庵随笔》和《清稗类钞》，内容大同小异。张南垣喜欢说别人的好处，又善于幽默，长厚而有达人之风，从这类故事来看，他又是外柔内刚，虽能安异同，心里却自有是非，他和吴伟业交好，但是对丧失民族气节的行为，仍能有所讽刺。张南垣一生不曾去考过功名，也不曾做官，不存在姓朱的亏负不亏负的问题，他只是一个平民百姓，却具有高贵的民族气节，那些觍颜做了二臣的达官贵人，在他的面前自然要矮下半截。"南垣节侠流，慷慨负奇略"，还在明代就有人给予他这样高的评价，他的为人受到推重，那就不光是因为他的造园叠山艺术了。要做一番赫赫扬扬的事业，首先还要做一个堂堂正正的人，在这一点上，张南垣也算是为我们树立了一个榜样！

张南垣开创一个造园叠山艺术的新时代，创新一个造园叠山艺术的新流派，对当时和后世产生了深远的影响。计成比张南垣早生五年，但是转行从事造园叠山要比张南垣为晚，写出造园专著《园冶》更在张南垣成了大名以后很久，"智者造物，能者述焉"。《园冶》的贡献自应肯定，但是《园冶》中有一些造园叠山主张，正是受了张南垣的影响。李渔生在张南垣之后，更明显是受到张南垣的影响。不仅计成和李渔，当时和以后有许多人都受了张南垣的影响。

张南垣有四个儿子，都能传父术，次子然，字铨侯，号陶庵，三子熊，字叔祥，最为知名。张南垣还有一侄张鉽，字宾式，也能传南垣之术。张然"供奉内廷"，恩宠优渥，前后断续历时三十余年，张然子孙继续供奉内廷，北京有称"山子张"者，世代相传，一直到中华人民共和国成立前后还有传人。嘉道时候，常州出现了一位造园叠山名家戈裕良，能继承和发扬张南垣的造园叠山艺术，所以当时学者和诗人洪亮吉作诗，称颂张南垣与戈裕良是"三百年来两轶群"。张南垣的出现标志着我国古典园林及其叠山艺术的成熟，而戈裕良卒后，我国的造园叠山艺术便逐渐陷入衰败混乱之中。

二、张南垣的造园叠山艺术

我国古典园林的主流是自然山水园，是在有限的地段内，创造出一种可居可游、赏心悦目的空间环境。造园基本思想是皈依自然，所以其最高境界，就是计成所强调的"虽由人作，宛自天开"。戴名世所标榜的"虽在尘嚣中，如入岩谷"。明人邹迪光在《愚公谷乘》中说："园林之胜，惟是山水二物。无论二者俱无，与有山无水、有水无山，不足称胜，即山旷率而不能收水之情，水径直而不能受山之趣，要无当于奇，虽有奇葩绣树、雕甍峻宇，何以称焉！"一座园林的构成要素，主要是山水、花木和建筑三个组成部分。邹迪光讲得很好，这三者之中确是以山水最为争胜。山形水系构成一座园子的骨架，因此叠山理水就成了我国古典园林规划设计的一个主要环节。山水之中又以山为最重要，所以清人沈元禄说："据一园之形胜者，莫如山。"张南垣是一位著名的造园艺术家，同时又是一位著名的叠山艺术家。在他之前，明代嘉靖、万历年间的张南阳，在他之后，清代嘉庆、道光年间的戈裕良，也都是这样。和他约略同时的计成，更是从为人叠山取得成功，遂以此为契机，而成为职业造园家的。如今国内外学术界都已公认，世界造园三大体系，我国独居其一，园林叠山是我国独创的一门造型艺术，另外两大造园体系都只有造园艺术而没有叠山艺术，有些国家后来有了，也是受我国的影响。在我国，造园艺术与叠山艺术可以说是一而二、二而一的事情。

我在早年写的《略论我国古代园林叠山艺术的发展演变》一文，把我国叠山艺术分作三个大的历史发展阶段。第一阶段，是真山大壑的整个再现，追仿真山亦步亦趋，尺度感是真实的，叫作"起土山以准嵩霍"，一个"准"字总括了这种叠山风格，它有点自然主义，缺乏艺术概括。第二阶段，还是真山大壑的整个再现，追仿真山具体而微，尺度感是假小的，缩小了比例，所以最初就叫"小山"，后来又叫"小山假景"，最后才有了"假山"之名，叫作"庭际有砥砺之材，础磶之璞，立而象之衡巫"。一个"象"字，总括了这种叠山风格，它用夸张的手法进行艺术的概括，追求小中见大，有点浪漫主义。第三阶段，是用真实的尺度感，概括再现真山大壑的局部山根山脚，平冈小坂，陵阜陂陀，创造出一种山林意境，仿佛奇峰绝嶂就在园外，人或见之，只是其中的一部分延伸到园中，这也是追求小中见大，是以小的局部见全体之大，"似有深境"，它是现实主义的，标志着叠山艺术的成熟。

到张南垣时，叠山艺术已发展到第二个历史阶段的后期，那种小中见大的峰石假山正走入末流，人们对它已感到厌倦。元代吴莱《游甬东山水古迹记》云："南望桃花、马秦诸山，嵌空刻露，屹立巨浸，如世叠太湖、灵璧，不著寸土尺树，天然可爱。"清代袁枚《随园诗话》云："以部娄（培塿）拟泰山，人人知其不伦。"这两个人的话代表着两个不同时代、两种截然相反的看法：对于那种太湖石、灵璧石堆叠的小中见大的假山，元代人认为可爱，清代人却认为不伦不类了。在张南垣之前，就已经有人站出来反对叠假山了。例如莫是龙就在《笔麈》中说："余最不喜叠石为山，纵令纡回奇峻，极人工之巧，终失天然，不若疏林秀竹间置盘石缀土阜一仞，登眺徜徉，故自佳耳。"又如谢肇淛在《五杂俎》中说："假山之戏，当在江北无山之所，装点一二，以当卧游，若在南方，出门皆真山真水，随意所择，筑菟裘而老焉。或映古木，或对奇峰，或俯清流，或据盘石，主客之景皆佳，四时之赏不绝，即善绘者不能图其一二，又何假叠石累土之工所敢望乎？"又说："太湖、锦川虽不可无，但可妆点一二耳，若纯是难得奇品，终觉粉饰太盛，无复丘壑自然之致矣。"莫是龙卒于万历十五年，正是张南垣诞生那一年，《笔麈》作于万历十年，还在张南垣诞生之前；谢肇淛中万历三十年进士第，其人亦在张南垣之前。莫是龙、谢肇淛他们的看法针对时弊，而他们所向往和提倡的正是后来张南垣在实践中锐意创新的叠山风格。

张南垣在叠山艺术的实践中，自有深刻的理论思想作指导，他的友人，著名文学家吴伟业曾将他的叠山理论、叠山思想加以总结和阐述。

吴伟业在《张南垣传》中说：

> 百余年来，为此技者，类学崭岩嵌持。好事之家，罗取一二异石，标之曰峰，皆从他邑辇致。决城闉、坏道路，人牛喘汗，仅得而至。络以巨絙，锢以铁汁，刑牲下拜，劖颜刻字，钩填空青，穿窒岩岩，若在乔岳，其难也如此。而其旁又架危梁，梯鸟道，游之者钩巾棘履，拾级数折，伛倭入深洞，扪壁投镈，瞪盼骇栗。南垣过而笑曰："是岂知为山者耶！今夫群峰造天，深岩蔽日，此夫造物神灵之所为，非人力所得而致也。况其地辄跨数百里，而吾以盈丈之址，五尺之沟，尤而效之，何异市人搏土以欺儿童哉！惟夫平冈小坂，陵阜陂陀，版筑之功，可计日以就。然后错之以石，棋置其间，缭以短垣，翳以密篠，若似乎奇峰绝嶂，累累乎墙外，而人或见之也。其石脉之所奔注，伏而起，突而怒，为狮蹲，为兽攫，口鼻含呀，牙错距跃，决林莽，犯轩楹而不去，若似乎处大山之麓，截溪断谷，私此数石者，为吾有也。方塘石洫，易以曲岸回沙，邃闼雕楹，改为青扉白屋。树取其不凋者，松杉桧栝，杂植成林；石取其易致者，太湖尧峰，随意布置。有林泉之美，无登顿之劳，不亦可乎？

张南垣与吴伟业交游，一个是平民匠师，一个是官僚士大夫，年龄也相差二十多岁，但是两人关系亲密友好。吴伟业所撰《张南垣传》，无疑是最可信靠的，其中的主要部分还应该是根据张南垣的口述。当然，吴伟业还是进行了一番加工，其中有的地方也可能是根据作者的领会写出来的，如狮蹲兽攫、牙错距跃等数语，便与张南垣的叠山风格不尽相合，文人笔端加以形容，也是不足为奇的。

张南垣的创新，受到当时名流董其昌、陈继儒等人的推奖，他们称赞张南垣"土中戴石"的假山，是符合丘壑天然之致，又是"知夫画脉者也"。张南垣成名以后，遂以此游于江南诸郡五十多年，一时江南名园多出其手。吴伟业所撰传还有这样一段，专门描述张南垣的叠山绝技：

> 君为此技既久，土石草树，咸能识其性情，每创手之日，乱石林立，或卧或敲，君踌躇四顾，正势侧峰，横支竖理，皆默识在心，借成众手。常高坐一堂，与客谈笑，呼役夫曰："某树下某石，置某处。"目不转视，手不再指。若金在冶，不假斧凿。甚至施竿结顶，悬而下缒，尺寸勿爽，观者以此服其能矣。人有学其术者，以为曲折变化，此君生平之所长，尽其心力，以求仿佛，初见或似，久观辄非。而君独规模大势，使人于数日之内，寻丈之间，落落难合，及其既就，则天堕地出，得未曾有。曾于友人斋前作荆关老笔，对峙平城，已过五寻，不作一折，忽于其颠将数石，盘亘得势，则全体飞动，苍然不群。所谓他人为之莫能及者，盖以此也。

张南垣为人叠山，施展绝技，吴伟业曾亲自目验过，所以能写得活灵活现，极其精彩。

早在万历四十七年（1619），著名画家王时敏经营乐郊园时，就称张南垣"巧艺直夺天工"，那时张南垣是三十三岁。乐郊园"经营位置，有若天成"，吴伟业推为江南名园之最。董其昌、陈继儒最早推奖张南垣，也应在他三十成名以后的不久。赵翼《檐曝杂记》卷五："古来构园林者，多垒石为嵌空险峭之势，自崇祯时有张南垣以意为假山，以营邱、北苑、太痴、黄鹤画法为之，峰峦湍濑，曲折平远，巧夺化工。"赵翼这个说法基本上是得自于王士祯《居易录》卷一，不过"自崇祯时"四字却是《居易录》中所没有，是赵翼足成的。崇祯时候张南垣的名气更加噪响，但是他的成名实际上还在崇祯之前。

张南垣以他造园叠山艺术的绝技，游于江南诸郡，知名于公卿士大夫之间。当他五十岁生日的时候，李逢申命其子李雯代作诗一首为他祝寿。诗有序云：海上张卿垒石为山，能有根势，公卿贵人为园亭者争致之。今年五十，诸贵人作诗寿之。家君曰：予不可以独无，儿子为我操。作《张卿行》：

> 海上张卿善丘壑，作使顽石为云烟。
> 开峡岂须巨灵掌，驱山不用秦皇鞭。
> 能知画理更绝倒，荒丘数日成林泉。
> 江南贵人强好事，罢官尽买还山田。
> 歌舞楼榭旦夕起，木怨山愁多废迁。

对于张南垣的叠山绝技，作了生动的描绘。诗很长，在此不能尽录。

对于张南垣造园叠山艺术的绝技，在他的生前和身后，有着大量的记载，都有一致的好评。《图绘宝鉴续纂》卷二：

> 张南垣，嘉兴人。布置园亭能分宋元家数，

半亩之地经其点窜，犹居深谷，海内为首推焉。

《图绘宝鉴续纂》题蓝瑛、谢彬纂辑，谢彬卒年无考，蓝瑛卒年尚在明代，传中却有康熙时人，或是蓝瑛卒后又有续补，不过张南垣这一条记载很可能还是出自明末蓝瑛的手笔。

吴之振《黄叶村庄诗集》卷一《再咏辋川图次韵》尾注：

> 郡人张南垣杂土叠石为假山，高下起伏，天然第一。

吴之振为石门人，石门属嘉兴府，故称张南垣为郡人。《辋川图》为宋旭所画，吴之振为之题诗，宋旭亦是石门人。吴之振题诗，以其在集中的编排次第考之，作于康熙四年（1665），当时张南垣还在世。

张英《存诚堂诗集》卷十一《吴门竹枝词二十首》，其第十三云：

> 名园随意成丘壑，曲水疏花映小峦。
> 一自南垣工累石，假山雪洞更谁看？

诗后并有注云："张南垣工累石，不为假山雪洞而自佳。"张英以康熙六年成进士，授翰林院庶吉士，同年冬丁父忧去官还乡，九年服阕补原官。《吴门竹枝词》为还乡丁忧时所作，以其在集中的编排次第考之，应作于康熙七年或八年，当时张南垣还在世。

《七十二峰足征集》卷十收陆燕喆《张陶庵传》云：

> 陶庵，云间人也，寓檇李，其先南垣先生，

擅一技,取山而假之,其假者,遍大江南北,有
名公卿间,人见之,不问而知张氏之山也。

陆燕喆与张南垣之子张然同时交游,为张然作此传时,
约在康熙中,传中有"居无何,南垣先生殁,陶庵以其术独
鸣于东山"等语,因知作传时是在南垣卒后不久。

康熙二十四年(1685)《嘉兴县志》卷七《艺术传》云:

张涟,字南垣,少学画,得山水趣,因以其意
筑圃叠石,有王大痴、梅道人笔意,一时名藉甚。

同传又云:

旧以高架叠缀为工,不喜见土,涟一变旧模,
穿深覆冈。因形布置,土石相间,颇得真趣。

这是张南垣卒后,地方志中最早的记载。

康熙二十九年(1690)《无锡县志》卷十云:

先是,云间张南垣涟,累石作层峦濬壑,宛
然天开,尽变前人成法,以自名其家,数十年来,
张氏之技重天下。

这两条是张南垣卒后,地方志中较早的记载。此类传
记材料很多,这里只转引其中评语具体贴切,又涉及叠山
艺术,足以说明问题的两条。

戴名世《南山集》卷七《张翁家传》云:

君治园林有巧思,一石一树,一亭一沼,经
君指画,即成奇趣,虽在尘嚣中,如入岩谷。诸公

贵人皆延翁为上客，东南名园，大抵多翁所构也。

据《戴南山先生年谱》，《张翁家传》为康熙三十六年（1697）所作，家传记及张南垣祖孙三代事迹，当时戴名世"卖文京师"，得交张然之子张淑，张淑曾为戴名世讲述其家世情况。袁枚《随园诗话》卷十一："南垣以画法叠石，见者疑为神工。"

钱泳《履园丛话》卷十二《艺能篇》："堆假山者，国初以张南垣为最。"

轮到袁枚、钱泳讲这类话的时候，已是张南垣卒后很久。这期间人们对张南垣的赞颂可以说是历久不衰，对张南垣的评价也一直很高，没有什么变化。

诸如此类的记载，还有不少，更有一些是后人转述前人之说的，这里就不一一转引了。人称张南垣叠假山"天然第一""海内为首推""一时名藉甚""见者疑为神工"等等。我说张南垣是我国首屈一指的造园叠山艺术家，是有足够的事实根据的，《清史稿》为张南垣立有专传，以一位平民造园叠山匠师而能列名于正史，那可真是前不见古人，后不见来者。张南垣晚年，大学士冯铨聘赴京师，南垣以年老辞，而遣其仲子行，仲子张然后来成了皇家总园林师，若不是因为年老，这种差事自然就得落在张南垣的肩上，这也表明，张南垣确是我国首屈一指的造园叠山艺术家。张南垣叠假山"尽变前人成法"，"穿深覆冈，因形布置，土石相间，颇得真趣"，"人见之，不问而知张氏之山也"，我说张南垣创新一个流派，也是有足够的事实根据的。张南垣反对"假山雪洞""鼠穴蚁蛭"，主张"土中戴石""土石相间"，对同时代的计成和后来的李渔都有深刻的影响，二百年后的戈裕良，仍能继承和发扬张南垣的造园叠山艺术。"一自南垣工累石，假山雪洞更谁看？"我说张南垣在叠山艺术史上开创一个时代，经过系统的历史考察，有许多迹象都能说明这个问题。张南垣崛起于民间，他创新的叠山风格，后来还影响到皇家园林，甚至皇帝本人，康熙《御制畅春园记》称畅春园是"依高为阜，即卑成池，相体势之自然。取石甓夫固有，计庸畀值，不役一夫"，正是张南垣的主张和做法。不仅如此，据高士奇《侍从畅春园宴游恭记》："红英碧雪，皆由圣泽栽培；右石左花，尽出天心位置。"可见畅春园中的树石布置，有的还出自康熙之手，而康熙所追求的，又正是张南垣的朴雅自然的风格。畅春园为张南垣之子张然所造，自然要秉承家传，堆叠"张氏之山"，而康熙能任命张然造畅春园，不仅喜欢这种风格，还要按这种风格自己动手，不用说那也是时代使然。从明末张南垣到清末戈裕良这二百多年的时间里，在造园叠山艺术的领域，正是张南垣的时代，从整个叠山艺术的发展演变史上说，已是第三个大的历史发巇展阶段了。当然，这样的结论乃是就大势而论的。第二个历史发展阶段那种"假山雪洞""鼠穴蚁蛭"，虽然过时，大势已去了，但是仍然不能完全绝种。乾隆时期，造园活动形成空前的高潮，具有一定造诣的叠山人才出现短缺，一些人便滥竽充数，更由于乾隆皇帝本人识见不高，专门喜欢狮子林那类高架叠缀、剔透玲珑、斑驳陆离、雕缋满眼的洛可可风格的全石假山，因此，那种末流假山又一度泛滥起来。一时形成很大的逆流，演成历史的大倒退，于是激起有识之士的强烈不满，沈三白讥评狮子林假山"竟同乱堆煤渣，积以苔藓，穿以蚁穴，全无山林气势"。他的话显然是暗含影射、有感而发的。

通过以上的叙述和论证，不难看出，张南垣的造园叠山艺术，有他自己独到的特点，总括起来说主要有以下几个方面：

第一，以山水画意通之于造园叠山，有黄、王、倪、吴笔意，峰峦湍濑，曲折平远，巧夺化工。我国园林的一个主要特征是诗情画意的写入，所以自宋代以来就有以画家身份而从事造园叠山的，其中以南宋画家俞澂（字子清）为最知名。周密《吴兴园林记》称俞澂园"假山之奇，甲于天下"。《癸辛杂识》称"子清胸中有丘壑，又善画，故能出心匠之巧，峰之大小凡百余，高者至二三丈，皆不事饾饤，而犀珠玉树，森列旁午，俨如众玉之圃，奇奇怪怪，不可名状"。明代有张南阳，是由画家出身的造园叠山艺术家，他"薄绘事不为，则以画家三昧法试累石为山，沓拖逶迤，嵘嵯峨……而奇奇怪怪，变幻百出，见者骇目恫心，谓不从人间来"。以画家三昧而通之于造园叠山，不是从张南垣开始，画家转行成为造园叠山家，也不是从张南垣开始的。但是张南垣与前人不同，前人追求的是具体的手法和细节，张南垣追求的主要是在意境方面。在叠山风格方面来说，更是大不相同了，俞澂叠假山"奇奇怪怪，不可名状"，张南阳叠假山"奇奇怪怪，变幻百出"，张南垣则是"平冈小坂""曲岸回沙"，再现疏淡自然的真实景象。俞澂、张南阳叠造的都是全石假山，小中见大，张南垣则是土石相间，用真实的尺度，仿倪云林的水口，黄子久的矶头，这更是与前人大不相同的了。

第二，反对罗致奇峰异石，反对堆叠琐碎的假山雪洞，提倡"陵阜陂陀""截溪断谷"，疏花散置，随意布置。奇峰异石的欣赏至迟始于南北朝，唐时尤盛，至宋代"花石纲"达到顶点。最名贵的峰石首推太湖石，一般追求形态玲珑，而形态玲珑者又难以罗致，于是后来就不得不用较小的湖石拼成峰石，进而发展为叠筑太湖石假山。置石与叠山虽然都是山石艺术，然而各是一个分支，混同一谈以后，全石假山必然要走向琐碎、追求淫巧。文震亨《陆俊卿为余移秀野堂前小山》诗云："生成不取玲珑石，裁剪仍非琐碎山。"文震亨的识趣就高。张南垣主张"平冈小坂，陵阜陂陀"，"然后错之以石，棋置其间，缭以短垣，翳以密篠"，"若似乎奇峰绝嶂，累累乎墙外，而人或见之也"。张南垣的叠山风格，与前人大不相同，所以才能让人一见，不问而知是"张氏之山"。

第三，提倡土山和土石相间、土中戴石的假山。这本是张南垣创新流派和风格的一个主要方面，又正是"张氏之山"的一个主要特征，吴伟业所撰传中有很精彩的描绘。说张南垣"初立土山，树石未添，岩壑已具，随皴随改，烟云渲染，补入无痕"。又说张南垣筑一山，对峙平城，已过五寻，不作一折，"忽于其颠将数石，盘亘得势，则全体飞动，苍然不群"。这是"张氏之山"的典型绝技，同时交代出土山和土中戴石之山的妙用。张南垣提倡土山和土石相间之山，还曾影响到计成与李渔。计成《园冶》所说的"未山先麓，自然地势之嶙嶒；构土成冈，不在石形之巧拙"。"结岭挑之土堆，高低观之多致"。"欲知堆土之奥妙，还拟理石之精微"。李渔在《闲情偶寄》中提倡"以土代石之法"，说是"既减人工，又省物力，且有天然委曲之妙，混假山于真山之中，使人不能辨者，其法莫妙于此"。"累高广之山，全用碎石，则如百衲僧衣，求一无缝处而不得，此其所以不耐观也，以土间之，则可泯然无迹，且便于种树"。"此法不论石多石少，亦不必定求土石相半，土多则土山戴石，石多则石山戴土"。这些说法都是很精辟的，溯本求源，则正是张南垣首创的做法。

第四，综合考虑园林布局，有机安排山水与建筑及花木的配置。吴伟业所撰传中说到张南垣造园"经营粉本，高下浓淡，早有成法"。"粉本"本指画家稿，这里指的是总体规划设计。不仅如此，还要有各部分内容的详细规划设计和设计图，张南垣、张熊父子在嘉兴为朱茂时建造鹤洲草堂，张南垣画有《墨石图》，就是其中的山石设计图。吴传又说到张南垣为人造园，"山未成，先思著屋，屋未就，又思其中之所陈设"。"主人解事者，君不受促迫，次第结构，其或任情自用，不得已敧敧曲随，后有过者，辄叹息曰：'此必非南垣意也。'"一般人造园，边造边改，造了又改的情况是经常有的，张南垣有周全的、有机的、整体的考虑，所以高人一筹。张南垣的专门传记材料和有关一些诗文记载，大多是着眼于他的叠山绝技，叠山理水诚然是造园的主要环节，建筑和花木的配置，也是很重要的项目。张南垣所造名园，有一些是选在"山林地""郊野地""村庄地"的园林别墅，即或是"城市山林"，也是追求自然，追求山村景色。我国古代园林大多是摹拟山村景物，唐人诗中有"依样买山村"之句，宋人画四景山水图更是典型的乡间山水园林。张南垣为王时敏造西田，钱谦益为作《西田记》云："客游西田者，以谓江岸萦回，柴门不正，诛茅覆宇，丹艧罕加，竹屋绳床，类岩穴之结构；牛栏蟹舍，胥江村之物色。"吴传称张南垣所造园林中的建筑格调是"邃闼雕楹，改为青扉白屋"，"窗棂几榻，不事雕饰，雅合自然"。应该是他的一贯做法。至于园林花木，吴传曾提到"一花一竹，疏密欹斜，妙得俯仰"，"树取其不凋者，松杉桧栝，杂置成林"等等，虽是一鳞半爪的描述，也都能够说明问题。吴传又说，"君为此技既久，土石草树，咸能识其性情"。顾师轼所作吴伟业年谱，称王时敏筑西田，"约张南垣叠山种树"。草树与土石并列，种树与叠山对举，和前面引过的张英"曲水疏花映小峦"都是一致说法，说明张南垣在园林建筑和园林花木方面，也都是精深的行家。在造园艺术的领域中，张南垣是个全才。

张南垣的造园叠山作品，质量最高，数量也最多，没有人能超得过。黄宗羲《张南垣传》称"三吴大家名园，皆出其手"，戴名世《张翁家传》称"东南名园大抵多翁所构"，大体都是事实。遗憾的是，张南垣的造园叠山作品，至今一处也没能留存下来，我曾按着文献中查到的材料，用多年的时间断续访查过十几处遗址，比较像样一些的遗迹也不多了，但是张南垣之子张然所造的南海瀛台、玉泉山静明园，张南垣之侄张鉽所造的无锡寄畅园，还都存在，此外颐和园谐趣园中的一处假山，叠成"平冈小坂""陵阜陂陀"，虽然没有查到作者，但一见即知是"张氏之山"。

张南垣这样的大师，后来逐渐被人淡忘，这是一个历史的悲剧。我国有句著名的历史成语，叫作"阳春白雪，曲高和寡"。宋人有诗云："天下几人学杜甫，谁得其皮与其骨。"法国大文豪维克多·雨果说："最卓越的东西，也常常是最难被人理解的东西"。这些讲法都很精辟，张南垣的造园叠山艺术，戈裕良以后不能有人继承，这事应该引起我们的深思。近年来各地美化环境，所造园林假山甚多，真正能经得起恭维的，却又太少。更有一些如鼠穴蚁蛭，乱堆煤渣，滥劣得不能再滥劣，粗恶得不能再粗恶。张南垣当年激烈抨击过的那种末流假山，如今又重新泛滥起来，以至于有人止不住义愤，在《中国美术报》上大声疾呼："假山休矣！"叠山艺术如今又一次面临严重的危机。出现这种难堪的局面，有种种的原因，在学术界来说，我觉得主要的一个，就是不能够陶铸骚雅，涵养正声，不能够继承和发扬我国造园叠山艺术的优秀传统，从而也就丧失了美感和鉴别能力，把糟粕当作精华，把张南垣激烈反对过的末流货色，当作叠山艺术的正宗，甚至是张南垣的家传秘诀。我见到一所重点农业大学的园林教材，把晚近时期北方叠山工匠的口诀"挑、飘、透、挎、连、悬、斗、卡、剑"等讲得头头是道，还说是"北京山子张的祖传秘诀"。随着时代的推移，山子张的后人已经走向末路，甚至走到了自己祖先的反面。那些所谓"祖传秘诀"，只能是为堆叠鼠穴蚁蛭、刀山剑树、炉烛花瓶一类的赝品假山服务的，那都是张南垣极力反对和加以贬斥的东西。

研究张南垣及其造园叠山艺术，不仅仅是为了尊重历史，挖掘一个沉埋了的历史人物。研究张南垣的叠山艺术理论和实践，研究他创新的"平冈小坂""陵阜陂陀"，在今天的风景园林规划设计中，还应该有一定的指导意义。不仅如此，他的一些宝贵见解，在城市规划和单体建筑的庭园环境设计方面，也应该有一定的借鉴作用。1985年我在参加广州建筑艺术座谈会以后，应邀到深圳参观，特区经济建设大纲上写着，要把深圳建设成"绿草如茵、树木葱茂、环境幽美、清洁文明的花园城市"。这个构想很好，付诸实施后在许多方面也已初见成效，但是有一点不足，成了遗憾。深圳有些地区，特别是郊区，地形起起伏伏，是天然的"陵阜陂陀"，可以成为花园城市的一种天然的美景，是应该尽量保留的，可是推土机已经开起来，正在把它们推平。唐人储光羲《洛阳道》诗云："大道直如发，春日佳气多。五陵贵公子，双双鸣玉珂。"又平又直的大道，就失去花园城市的意味了。后来，我在武汉大学，还看到这样一件事，新建的图书馆规模很大，气魄也很雄伟，建在珞珈山的一个山坡脚下，一道天然的"陵阜陂陀"延伸下来，矶头起伏，很不平常，可惜单体设计没有能够结合地形，仍按平地设计，再把地形推平。主体工程建成后，又在内部庭园中用人工堆叠起一座斑驳陆离如乱堆煤渣一样的琐碎假山来，那假山体量还很大，好像有意要与珞珈山比个高低的样子。我见了这番景象，喟叹久之，若能借鉴张南垣造园叠山艺术的精华，把天然的陵阜保留下来，再稍加人工修整与补筑，处理成浑然一体的人工环境，和大自然打成一片，那该多好。张南垣的造园叠山艺术的内涵，博大精深，深入研究，会使人领略不尽，受用无穷。

钟嵘《诗品》："汤惠休曰：'谢诗如芙蓉出水，颜诗如错彩镂金。'"袁枚诗云："镂金错彩非易事，那及芙蓉映日新。"张南垣的造园叠山艺术正有如芙蓉出水映日，天然清新，那种"镂金错彩""雕缋满眼"的造园叠山风格，正是他所反对的。从张南垣造园叠山艺术的美感或美的理想方面来说，那也是值得进一步研究的课题，这里就不能多说了。

走出误区，给李渔一个定论

李渔自称他一生有两绝技，"一则辨审音乐，一则置造园亭"。李渔著有《闲情偶寄》，又名《笠翁偶寄》，包括词曲、演习、声容、居室、器玩、饮馔、种植、颐养八部，论及戏剧创作和表演、妆饰打扮、园林建筑、家具古玩、饮食烹调、养花种树、医疗养生等许多方面。李渔一生所造园林，有为自己所造的兰溪伊园、南京芥子园和杭州层园，为他人所造的有张掖甘肃提督府后园。南京龚鼎孳拟建市隐园，李渔也曾自荐要一显身手，但未实现。此外北京东城牛排子胡同半亩园，西城郑亲王府惠园，南城韩家潭芥子园，相传都是李渔所造，经考证俱不属实，都是误传。李渔戏曲最著者为《十种曲》，李渔除了创作和自办家庭戏班子演出戏曲之外，还是一位小说家，有著名的小说集，《无声戏》和《十二楼》，还有为人所不齿的《肉蒲团》。

李渔一生著作甚多，最为著名后来结集出版的有《一家言全集》，内中包括四部书，《一家言》是他的诗文集，《耐得歌》是词集，《论古》是史论，还有《闲情偶寄》，最初都是单行，他身后雍正年间始合为一书。收在《一家言全集》之外，见于记载的还有《龆龄集》《古今尺牍大全》《名词选胜》《新四六初征》等，共十四种，大部分都不传不见了。李渔不仅是一位写家写手，还兼做出版的书商，在金陵开书画铺即后来的芥子园，芥子园刻的书最著名的就是《芥子园画传》，还有芥子园名笺，罗贯中的《三国志传》有李笠翁序评本，《水浒传》亦有芥子园本，还有人说见过芥子园刊《四大奇书》原本，则《金瓶梅》《西游记》亦曾刻过。芥子园刊的书有一些是在李笠翁卒去以后，大概也是依他生前的策划罢。

　　李渔在园林史上应该有一个席位，但是地位不高。李渔（1611—1680）生在计成（1582—？）、张南垣（1587—？）之后，与张南垣之子张熊（1618—？）、张然（1622—1696）年辈相仿而稍长10岁左右。张南垣为我国园林史上首屈一指的造园叠山大师，他开领一个时代，创新一个流派，对我国的造园叠山事业做出了极大的贡献。张南垣出生在一个官宦之家，少学画，工山水，兼善写人像，遂以山水画意通之为造园叠山，有黄、王、倪、吴笔意，一一逼肖。张南垣三十成名，活到八十五岁上下，是一位职业造园叠山家，一生都在为人造园叠山。他自云以造园叠山巧艺游于江南五十余年，群公交书走币，争相延请，岁无虑数十家，因为忙不过来，有不能应者，用为大恨。还有那么一段故事，张南垣正在为一大户人家造园，尚未完工，主人酒席招待，席间突然闯进来一帮蒙面大盗把他抢走，原来是另一家豪门大户迫不及待，张南垣当年之受人欢迎以至如此。张南垣一生造了多少处园林假山，实在是无法统计。比张南垣稍后一些的法国造园家勒诺特尔（1613—1700），造了一百处园子，园林史上叹为绝奇，以为是世界第一。张南垣一生所造园林保守地估计也要有四五百处，我现在查到的见于明确记载的已有二十处，仅太仓一地就有八处。南垣有四子皆能传父术，次子熊、季子然尤为著名，张熊、张然兄弟也都活到七十岁以上，也都是职业造园叠山家，都是一直到晚年仍孜孜不倦为人造园叠山，每个人一生的造园叠山作品，至少也会有二百处，张熊一人在康熙二十四年至二十七年间，在塘西一个小镇上就一连气儿造了八九处园林别墅，这期间还有一年未见记载，剩下的两年多，他每次也不过来一两个月，其他时间又到别处造园叠山去了。张然后来供奉内廷，康熙召见，赐宅赐肩舆，恩赏优渥，北京的皇家园林南海瀛台、玉泉山静明园和畅春园都是张然所造，张然的地位已经是皇家总园林师，除皇家园林之外，一时北京诸王公园林多出其手。张然年老告退，其子张淑继续供奉内廷，亦受到康熙的赏识和诸多的恩赐。张熊、张然的造园叠山作品，见于记载斑斑可考的，每人也都有十七八处之多，接近二十处。李渔一生只给自己造了三处园子，又到张掖为甘肃提督张勇造了提督府后园，他自己也曾哀叹生平有两绝技，一是辨审音乐，一是置造园亭，自不能用，而人亦不能用之。李渔没有也不可能成为职业造园家，倒是有一部著作《闲情偶寄》传世，其中谈到戏曲和园林居室以及室内陈设古董器玩和室外环境花木栽培，有一定的价值，他自称是"虽乏高才，颇饶别致"。他的追随者和吹捧者王安节则说："求韵人于千古，定推笠翁首座。谓有人再出其上，吾不信也。"李渔在造园叠山方面的成就不高，与张南垣父子根本没法相比，是天壤之别。李渔有一部著作《闲情偶寄》，学术水平、学术价值也比不上计成的《园冶》和文震亨的《长物志》。计成也不是职业造园叠山家，他是半道改行。计成比张南垣早生五年，他是中岁归吴，始为人造园叠山，从事造园叠山的年代较张南垣为晚，他第一次在镇江为人叠假山时，张南垣已经是名满天下了。计成的《园冶》是我国第一部园林专著，以此使计成不朽。种种迹象表明，《园冶》中讲掇山，提倡土山和土石相间土中戴石，正是受了张南垣的影响。李渔的《闲情偶寄》讲大山的堆叠提倡以土代石之法，说是既减人工，又省物力，且有天然委曲之妙。他的这一高见，我觉得直接间接又是受了张南垣和计成的影响。《闲情偶寄》卷四讲墙壁做法时有一处提到《园冶》，表明他是见过读过《园冶》，《园冶》有阮大铖写的序，作为戏曲家的李渔，正是继承并恶性发展了阮大铖的错误创作倾向，专以离奇的故事和生造的关目取胜，思想感情和语言风格庸俗低下。李渔在《与陈学山少宰书》中说，他的著述"不拾名流一唾，当世耳目，为我一新"。这是他自己的宣扬和标榜，实则不尽然，就以造园叠山而论，上面刚刚说过，他的一些土山的主张是直接间接出自张南垣和计成，还有《闲情偶寄》卷四讲叠小山，说小山不可无土，但以石作为主。"瘦小之山，全要顶宽麓窄，根脚一大，虽有美状不足观矣。"这几句话可参计成《园冶》中所说的"峰石……理宜上大下小，立之可观；或垒石两块三块拼缀，亦宜上大下小，似有飞舞势"。《闲情偶寄》卷一讲词曲结构，说是"工师之建宅亦然；基址初平，间架未立，先筹何处建厅，何方开户，栋需何木，梁用何材，必俟成局了然，始可挥斥运斧，倘若成一架而后再筹一架，则便于前者不便于后，势必改而就之，未成先毁，犹之筑舍道旁，兼数宅之匠资，不足供一厅一堂之用矣"。这一段议论借工师之建宅比喻词曲之间架结构，算是一段妙论，可惜这并不是李渔自己的创见，这一段话原本是出自王骥德的《曲律》。李渔是明末清初的人，生在计成、张南垣之后，相差三十年左右，"人生三十为一世"，约略是差一代人。李渔的戏曲追随阮大铖，他读过并引过《园冶》，当然是知道计成。有一些迹象表明，他也一定知道张南垣，他肯定是见到过张南垣的园林叠山作品。《笠翁一家言》卷六有《梅村吴骏公太史别业》诗云："不似东山太傅家，但闻人语隔桑麻。林逋客去惟调鹤，杜老诗闻即浣花。万树寒梅千树古，十竿修竹九竿斜。更益绿水穿林过，时向其中泛一槎。"吴伟业家的梅村，正是张南垣所造园林别墅的一个代表作，张南垣的造园风范与李渔大不相同，李渔咏梅村的诗恭维吴伟业，推崇梅村的园林风范，很是欣赏。吴伟业与张南垣关系密切，嘉兴朱茂时的放鹤洲建成后，请吴伟业和张南垣父子一起去宴赏，吴伟业还作过一首嘲张南垣老遇雏妓诗以为笑谑，张南垣也就一部戏曲中有"姓朱的有什么亏待了你"的话头揶揄吴伟业之降清做了贰臣，以此嘲笑吴伟业，吴伟业亦不为怪。吴伟业后来专门为张南垣写了一篇传记，对张南垣在造园叠山方面的成就，给予了极高的评价和充分的肯定。李渔到太仓拜谒吴伟业参观梅村，二人不能不谈到造园叠山，吴伟业也不能不说起张南垣。吴伟业顺治十四年自大司成告归里居，李渔顺治十八年自杭州迁来南京。李渔拜谒吴伟业，吴伟业称他为武林李笠翁，必在顺治十四年后，十八年前。当时吴伟业可能已写成《张南垣传》。李渔拜谒吴伟业写了《梅村吴骏公太史别业》一诗奉赠，吴伟业写了《赠武林李笠翁》一诗，载见《梅林家藏稿》卷十六，全诗云："家近西陵住薜萝，十郎才调岁蹉跎。江湖笑傲夸齐赘，云雨荒唐忆楚娥。海外九州书志怪，坐中三叠舞回波。前身合是玄真子，一笠沧浪自放歌。"诗中对他虽然有称许的话，但是"夸齐赘""舞回波"都不是高尚的譬况。"舞回波"尤其是倡优之事，原典出孟綮《本事诗·嘲戏类》，吴诗用此事固然是指笠翁的姬妾和女戏班子而言，在诗中以齐赘与笠翁对举，描摹笠翁身份系以微讽的口气出之，言外之意就是把他比作俳优了。在当时人的笔记中记笠翁的事尚有更直切而不留情面的说法，如董含《三冈识略》卷四云："李生渔者性龌龊，善逢迎。常挟山妓三四人，遇贵游子弟便令隔帘度曲，或使之捧觞行酒，并纵谈房中术，诱赚重价。其行甚秽，真士林所不齿者。余曾一遇，后遂避之。"李渔的品节甚不足道，无怪当时有人对他不敬，竟是一个有文无行可嗤可鄙之人，李渔人很聪明，也很勤奋，有人说他聪明过于学问。《闲情偶寄》卷三声容部有周彬若一段夹批，说是"予向在都门，人讯南方有异人否？予以笠翁对。又讯有怪物否？予亦以笠翁对"。称他怪物显然不是什么好话，他也自认不讳。当然，像李渔这样的人，在当时自然也会有不少追随者和吹捧者。《国朝松江诗钞》卷三十四收林企忠《阅李笠翁闲情偶寄漫题》云："议论殊超脱，文章果斩新。齐谐无此笔，铁老似其人。白发花林映，红裙拍板亲。九州游欲遍，不染一分尘。"不少人都说李渔品行龌龊，其行甚秽，可也有人说他不染一分尘。两方面的声音我们都应该听到，都应该知道，我觉得吴伟业的微讽最妥，又是当面坦率指出的，董含的强烈批评也不为过分，近代词人、词学家夏承焘说得更好："李渔纯以口角聪明取胜，时杂淫哇，能见悦于市井而已。"（夏承焘《天风阁学词日记·阅凤求凰》）。现在浙江杭州金华等地的李渔研究者，对李渔多半是取全盘颂扬，以为当地的荣宠，显然是有失于偏颇。李渔的研究文章和专著近年出得很多。多半都走入这一倾向，不能不说正是当前的学风浮浅所造成的。李渔能见悦于市井，过高地吹捧李渔正是今日的市井之见，不只是学风浮浅，也是文化水平太低了。

李渔一生为自己造了三处园林别墅，其中的南京芥子园最为有名，又到张掖为甘肃提督张勇叠造了提督府后园假山。李渔写有《闲情偶寄》一书，书中有不少篇幅畅谈园林居室的建造和室内家具陈设和室外花木栽植的经验和创造，这些内容都是和士大夫生活享受男女饮食日用平常之事相联系的。他自己说的泉石经纶绰有余裕，是颇为自信，又说是虽乏高才，饶有别致，倒也是坦白的说法。李渔在园林史上显然应该占有一定的地位，但不是太高，当时的吹捧者说他的立论石破天惊，没有人再出其上，显然是过分的不实之辞。园林史上应该怎样认可和评价李渔，建筑界、园林界的人士以及文化界的人士写了不少文章，见仁见智，有不少说法，可惜多半是建筑学的方法，持赏析的态度，缺乏历史观照历史观念和史源学考证的真谛，不能够知人论世、知世论人，放到园林史的框架上，对李渔做出公正的实事求是的历史评价。一些文章对李渔评价过高，不能不说是我们自己的识见太低。

我国的自然山水园，无不以再现自然山水为主要意趣，因而叠山理水便成了造园艺术的支配环节。一部造园艺术史，也就注定和叠山艺术史同步。按着我早年20世纪60年代初的研究和写成的《略论我国古代园林叠山艺术的发展演变》一文的归纳，我国的造园叠山艺术正好也经历了三个大的历史发展阶段。我国的人工叠山渊源极早，先秦文献《尚书》《论语》中都有人工叠山的记载，秦始皇"筑土为蓬莱山"，汉建章宫"宫内苑聚土为山"，梁孝王兔园有百灵山，茂陵富民袁广汉"构石为山"，"连延数里"。叠造大山的风气，魏晋南北朝依然未衰，手法也逐渐细致起来，能够做到"有若自然"。晋会稽王道子开东第，所筑土山俨如真山，皇帝临幸，居然没有发现是"版筑所作"。这个阶段的叠山是整个摹仿真山，完全写实，尺度也尽力追求真山，葛洪说"起土山以准嵩霍"，一个"准"字，足以概括这种叠山风格的主要特征。这种叠山手法接近自然主义，比较粗放，不够精细，更不能概括提炼。晋宋以降，一般官僚士大夫的中园、小园崛起，庾信《小园赋》更奠定了小园的纲领。由于老庄思想的洗礼，不仅促进了人们对于客观山水世界的发现，又促进了主观心灵世界的发现，"外师造化，中得心源"。受庄子《齐物论》《逍遥游》的影响，人们发现"会心山水不在远"，那么小园小山也就足可神游了。约略和"小园"同时，出现了"小山"一词，后来又出现"小山假景"一词，进而才出现"假山"这个词，已是中唐时的事了。白居易有"聚拳石为山，环斗水为池"的名言，李华有《药园小山池记》云："庭际有砥砺之材，础硕之璞，立而象之衡巫。"一个"象"字，足以概括这种叠山风格，而且恰好又和上个时期上一种风格的"准"字形成巧妙的对比，这种"小中见大"的叠山手法是写意的，象征的，接近浪漫主义，这种小山小园往往又取名为半亩园、芥子园、残粒园、一粟园等名目，以状其小巧玲珑。叠山艺术第二阶段小中见大逐渐走向末流，又有一种新的叠山手法兴起，成为主流。它反对第二个阶段那种写意的小中见大，主张恢复写实，用真实的尺度把假山做得和真山一样，叫作"掇山莫知山假"，但又不是开倒车，回到第一个阶段那种自然主义的再现真山大壑的全部，而是选取一部分山根山脚，叠造平冈小坂、陵阜陂陀和曲岸回沙，然后"错之以石，缭以短垣，翳以密篠"，从而创造出一种山林意境，构成一种艺术幻觉，让人觉得仿佛"奇峰绝嶂累累乎墙外"，"人或见之"，自己家的园林则好像"处于大山之麓"，而"截溪断谷，私此数石者，为吾有也"。（以上引句俱见之于吴伟业《张南垣传》所引张南垣语）这种叠山手法是现实主义的，它的出现，标志着我国造园叠山艺术的最后成熟。这种最后成熟是以张南垣的出现作为标志，这种叠山手法也正是张南垣独家首创，所以我说张南垣是我国首屈一指的造园叠山大师，他开创了一个时代，创新了一个流派，对我国的造园叠山事业做出了卓越的贡献。李渔生于万历三十九年（1611），比张南垣年辈为晚，张南垣生于万历十五年（1587），二人相差二十多岁。张南垣三十成名，李渔还是孩提时代。张南垣名满天下，江南著名公卿士大夫私家园林，大都是张南垣父子的作品，有并非张氏所叠，别人问起，则主人忸怩不敢对。群公交书走币造请岁无虑数十家，有不能应者用为大恨，还有恭请不到又迫不及待，派奴子打手到别人家里请人的，相比之下，李渔一直找不到活儿，抱怨他的专长人不能用，自己也不能用。幸而李渔还不是职业的造园叠山家，不过是一位票友，他还有别的谋生手段，如创作戏曲小说，开家庭戏班子演剧，出版发卖图书，以及周游各地请谒打抽丰，否则的话，如果专指望为人造园叠山，一定会饿死沟壑，李渔的时代已是张南垣父子造园叠山最为兴旺的时代。张英《存诚堂诗集》卷十一《吴门竹枝词》第十三："名园随意成丘壑，曲水疏花映小峦。一自南垣工累石，假山雪洞更谁看。"张英此诗作于康熙七年，恰巧正是李渔在南京自造芥子园的那一年。李渔标榜的小中见大芥子纳须弥的假山雪洞，已经是末流过时的东西，已经没有人爱看爱造。李渔的年辈约略与张南垣之子张熊、张然相当，张南垣过世之后，执造园叠山领域牛耳的正是张熊、张然，仍然是张南垣的叠山风范。当时诗人金张有《重赠叔祥和前韵》云："垒山旧垒尖，新尚独垒秃。平远势相生，高寒气不属。搭真不搭假，岂徒恶重复。翁言有妙理，夜游如秉烛。常使此意存，万事如破竹。无怪旧园墅，未曾一挂目。"所赠叔祥即张熊，诗中的"翁"亦是张熊。李渔叠假山正是那种旧日的尖巧，那种旧的园墅旧的叠山风范，已经不再为人挂目。所以李渔抱怨他的造园长技人不能用，找不到业主。金张的诗还写到一位姓李的造园叠山匠师，找不到活儿，穷愁以死，金张替他借的贷也无法偿还，当时的现实就是如此，李渔的悲哀我们应该理解，更应该认识明白，这正是李渔所处的时代背景。在这个认识的基础上，才能弄明白李渔的一生，李渔的园林叠山作品，李渔的园林著作，还有后世的一些误传，最终走出误区，还原历史，给李渔一个定论。

李渔的生平事迹，现在大体上已经清楚，文化界、文学界、戏曲界做了不少的研究，取得不少成果，相比之下，建筑界、园林界的研究虽然也有不少，但是和造园叠山有关的一些环节，还有不少缺环，我们自己没有深入进去，外界的人士终究有些膈膜，比如南京芥子园到底建在哪一年，确切在什么地方，一直都说不清楚。北京半亩园等三处园林，误传为李渔所造一直没得到明确的澄清。下面重点考述这些问题，已经大体清楚的生平事迹便简单缕述，切中造园事项的则尽量加以考详，简而言之是有话则长，已清楚无疑义的则尽量短叙。

李渔，初字笠鸿，见《风筝误》虞镂序，方文《嵞山诗集续集》有《七夕饮李笠鸿斋头》，后来寓杭自署"湖上笠翁"，遂又号笠翁，笠翁之号用得最多。李渔一字谪凡，别号笠道人，亦号"随庵主人"，亦署"新亭客樵"，名号很多。李渔是浙江兰溪县人，出生在江苏如皋。《笠翁一家言全集》卷六有《庚子举第一男时予五十初度》，庚子应为顺治十七年，因知他生于明万历三十九年（1611）。少年时候在如皋度过。崇祯八九年间二十几岁时已在金华游泮。顺治四年之后不久，一说顺治五六年间，他就从金华到杭州去了。在金华这一段时间正赶上明末清初那一段动乱，清兵渡江他雉发做了顺民。局势稍定便到杭州去了。李渔家里本有一些产业，黄鹤山农《玉搔头序》说他"家数（素）封，园亭罗绮甲邑内"。他回籍入泮之后，颇有些文名，声气也很广，当时的生活似乎很不坏。根据他的诗文，此时已有姬妾之奉，并且能够自置庄园。《笠翁一家言全集》卷六有《伊山别业成寄同社五首》，卷七有《伊园杂咏》九首，自注云："余初时别业。"按光绪《兰溪县志·山川》门伊山注云："二十五都五图。兰溪叶左文先生云：渔家在二十五都五图，村名下李。"伊园是李渔自造自用的第一处庄园别墅。《笠翁一家言全集》卷二《沈亮臣像赞》云："居杭十年，仅得一友。"十年应是一约数，李渔在杭州住到顺治十七年，顺治十八年已住在金陵。这十来年是他第一次移家至杭州，他的小说多半都是在这期间作的，戏曲亦半成于此际，与"西泠十子"毛先舒等之交往，亦在此时。丁澎序李渔诗集说他自瀫（兰溪）迁于杭，无所合，遂去游燕，可见他这次在杭州住得不甚得意，他自己则说是他刻的书为杭州人翻版，《与赵声伯文学》书云："弟之移家秣陵，只因拙刻作祟，翻版者多。"李渔什么时候自杭州移家南京，他自己没有明确记出，后来有不少说法。据我知见的材料，方文《嵞山诗集续集》上有《访李笠鸿》云："秋舫归自莫愁湖，又买西陵宅一区。僻地重开浣花径，深闺双产夜明珠。琴书有托何妨老，宾从相过合与娱。我亦明年四十九，不知能步后尘无（笠翁长予一岁，是年连举二子）。"诗是顺治十六年作。方文到杭州访李渔，李渔刚从南京回到杭州又新买宅一区，准备继续住下去，但是到了顺治十八年他又从杭州移家南京。李渔有《戏题金陵闸旧居》的对联"二柳当门，家计逊陶潜之半；双桃钥户，人谋虑方朔之三"。金陵闸称旧居，应该是对照后来的芥子园而云然。李渔又有《癸卯元旦》诗云："水足砚田堪食力，门开书库绝穿窬。"癸卯为康熙二年，一般认为这处门开水库的居址便是芥子园的前身。李渔在南京住了大约二十年，境况比在杭州为好，康熙元年又生了第三子、第四子，新买的孝侯台畔那处宅子兼开书库书铺，康熙七年又改为园林第宅，即有名的芥子园。这段时间他虽然常常出游到各地去打抽丰，游燕适楚，之秦之晋之闽，江之左右，浙之东西，都是以南京为据点。这些出游他最得意的是康熙六年甘肃之行，到张掖为靖逆侯张勇叠造了甘肃提督府西园假山，得到优厚的回报和慷慨的赏赐，足够他建一个园子，回来之后立即将他南京的宅子改建为芥子园。张勇不但给了他不少的钱，还因为李渔有登徒之好，送给他王再来等一帮美妾。《闲情偶寄》一书也是在南京时期写成。李渔在南京一直住了大约二十年，到康熙十四年，因为两个儿子在浙江游泮，方动了故乡之念，明年得到浙中当道的帮助，在湖上买山，至康熙十六年才正式由金陵回到杭州，在杭州云居山东麓缘山构屋，命名为层园，据赵坦《保甓斋文录》卷三《书李笠翁墓券后》，可知李渔卒葬方家峪九曜山之阳，钱塘令梁允植题其墓碣曰"湖上笠翁之墓"。梁允植知钱塘县是十一年到任，十九年迟炘接任，笠翁序《千古奇闻》署"康熙己未仲冬朔"。己未为康熙十八年，其卒大约应在康熙十九年，最早也应在十八年末，对算成公元，应该是1680年。

李渔一生为自己造了三处园林第宅，最早的一处是在他的家乡金华置造的庄园，称伊山别业或伊园，是因为在伊山下而得名。光绪《兰溪县志·山川》门伊山条注云："二十五都五图。兰溪叶允文先生云：渔家在二十五都五图，村名下李。"那个地方应该是李渔金华原籍，地名下李，应该是他们李家族居之地，据说李渔家本富饶，"圆亭罗绮甲于邑内"。《笠翁一家言全集》卷六有《拟构伊山别业未遂》，又有《伊山别业成寄同社》诗五首。卷七有《伊园杂咏》，题下自注："予初时别业也。"诗共九首，各有小标题燕又堂、停舸、宛转桥、蟾影、宛在亭、打果轩、迁径、踏影廊、来泉灶，应该是园中的九处景观景点。卷七又有《伊园十便》《伊园十二宜》之咏，看来李渔对自己这处"初时别业"还较为满意，不过后来成书的《闲情偶寄》主要是畅谈芥子园的造园经验和种种发明创造，几乎一点也没有说及伊园的事。李渔自崇祯乙亥（七年）至顺治丙戌（三年）、丁亥（四年）这十二三年，是住在金华原籍。《笠翁一家言全集》卷五《丙戌除夜》诗有"髡尽狂奴发，未耕墓上田"之句，《丁亥守岁》诗有"骨立先成鹤，头髡已类僧。每逢除夕酒，感慨易为增"。顺治四年李渔还在金华家中守岁，不久就到杭州去了。李渔有些诗说到他在金华乡间有三年的光景最为惬意，也许正是建造伊园之后的一段时间。

　　李渔为自己造的第二处园林别业是金陵的芥子园。《笠翁一家言全集》卷四《芥子园杂联》序云："此予金陵别业也。地止一丘，故名芥子，状其微也。往来诸公，见其稍具丘壑，谓取'芥子纳须弥'之义。其然岂其然乎？"这处金陵别业取名芥子园，正如李渔自己所说是"状其微也"。《闲情偶寄》卷五《山茶》："惜乎予园仅同芥子，诸卉种就，不能再纳须弥，仅取盆中小树，植于怪石之旁。"卷五《芙蕖》："无如酷好一生，竟不得半亩方塘，为安身立命之地，仅凿斗大一池，植数茎以塞责。""芥子纳须弥"是小中见大，"斗大一池"也是比喻其小。卷五《石榴》："芥子园之地不及三亩。"应该是大体记实，芥子园原本是一处居宅，三亩之宅不算太大，作为小户人家也不算太小，改作园林就的确有些小了。当时往来人士称颂芥子园的小中见大为"芥子纳须弥"的，汪文柏《柯庭余习》卷四有《芥子园为李笠翁题》云："芥子纳须弥，名园位置宜。毛端千佛刹，桔里四仙棋。至小能含大，粗安却胜危。樽前新乐府，大半出书帷。"

　　芥子园地处金陵南郊周处读书台畔。李渔有《寄纪伯紫》诗序云："伯紫旧居去芥子园不数武，俱在孝侯台侧。孝侯即周处，台，其读书处也。"他曾题一联于芥子园大门："孙楚楼边觞月地，孝侯台畔读书人。"小序云："孙楚酒楼为白门古迹，家太白觞月于此，周处读书台旧址，与余居址相邻。"李渔又有《戏题金陵闸旧居》联云："二桃当门，家计逊陶潜之半；双桃钥户，人谋虑方朔之三。"小序云："门外二柳门内二桃，桃熟时人多窃取，故书此以谑文人。"书写这样的楹联以为嘲谑本来有趣，为什么是嘲谑文人呢，原来他的金陵闸旧居已经是一处卖书的地方。金陵闸旧居与后来的芥子园相去不远，不是同一个地方。李渔又有《癸卯元旦》诗云："元日焚香叩太虚，天教巢许际唐虞。不才自合逢明主，误用何能保贱躯。水足砚由堪食力，门开书库绝穿窬。天年但幸多豚犬，何必人人汗血驹。"癸卯为康熙二年，李渔在康熙元年又生了第三个、第四个儿子，所以康熙二年元旦诗有结尾那两句。《闲情偶寄》卷四《笺简》宣传"售笺之地即售书之地，凡予生平著作，皆萃于此"。后面又有小字尾注云："金陵廊坊间有'芥子园名笺'五字者，即其处也。"有了芥子园之名只能在康熙七年之后，康熙二年"门开书库"的地方，不知是金陵闸旧居，还是后来芥子园的前身。李渔自己的诗文诸作没有明确记出芥子园的确切建年，李渔的好友方文《嵞山集续集》卷三有《李笠翁斋头同王左车宿》云："故人新买宅，忽漫改为园。磊石岩当户，春山楼在前。客来尘事少，雨过瀑声喧。今夜那能别，连床共笑言。"以此诗在集中的编年次第考之，实为康熙七年所作，方文卒于康熙八年。此诗所云"故人新买宅，忽漫改为园"，正是李渔的芥子园。《闲情偶寄》卷四所收"芥子园"三字匾额，下题"己酉初夏为笠翁道兄书。龚鼎孳"，此己酉为康熙八年。因知李渔将新买的居宅改建为芥子园，叠山理水，是在康熙七年，康熙八年已建成，请龚鼎孳为题园名方匾。

芥子园的建造年代一直是个未能解决的问题，新出的汪菊渊先生著《中国古代园林史》称"顺治十四年李渔从杭州迁居金陵后，营建了他的第二个别业即芥子园"。先前出的周维权先生著《中国古典园林史》上则说"李渔先后在江南、北京为人规划设计园林多处，晚年定居北京，为自己营造芥子园"。两本书上的说法实在太差，园林史显然不应该这样荒率，不能没有考年，更不应该是这样一种写法。李渔自己虽然没有明确记出芥子园建造的确年，但在《闲情偶寄》中仍然可以看出不少有关芥子园的年代信息。书中卷四记匾联，图十至图十七共八幅，其中七幅上都有署名，图十一此君联"仿佛舟行三峡里，俨然身在万山中"，独未署名，按《笠翁一家言全集》卷四，此为李渔自拟之芥子园栖云谷联。对照兰溪居士《题十竹斋画册小引》的书体，这副对联正是李渔自书。龚鼎孳所书"芥子园"三字匾有"己酉初夏"年款，因知芥子园康熙八年已建成，其他人为题匾联的，程邃为题"浮白轩"，方咸亨为题"栖云谷"，浮白轩、栖云谷都是芥子园中的主要景观景点，《闲情偶寄》中都曾说到。此外题"天半朱霞"匾的周亮工，题"一房山"匾的何采，都是李渔在南京时的好友，并为《闲情偶寄》寄评语的人，因知"天半朱霞""一房山"等匾也都是芥子园初建成时所题，也都是芥子园中的景观景点。

1

《闲情偶寄》中的山水图窗

2

《闲情偶寄》中的尺幅窗图式

3

《闲情偶寄》中的梅窗

4

《闲情偶寄》中的"芥子园"碑文额

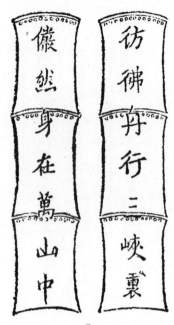

6

《闲情偶寄》中的虚白图，即芥子园
中的浮白轩图

7

《闲情偶寄》中的石光图，即芥子园中
的栖云谷图

5

《闲情偶寄》中的此君联，即芥子园中
的栖云谷联

8

《闲情偶寄》中的手卷额、册页图和秋叶图，"天半朱霞"、"一房山"和"来山阁"也
都应该是芥子园中的景观景点

李渔写在《闲情偶寄》中最为得意的两处景观创造，一个是尺幅窗无心画，书中说："予又尝作观山虚牖，名'尺幅窗'，又名'无心画'，姑妄言之。浮白轩中，后有小山一座，高不逾丈，宽止及寻，而其中则有丹崖碧水，茂林修竹，鸣禽响瀑，茅屋板桥，凡山居所有之物，无一不备。盖因善塑者肖予一像，神气宛然，又因予号笠翁，顾名思义，而为把钓之形，予思既执纶竿，必当坐之矶上，有石不可无水，有水不可无山，有山有水，不可无笠翁息钓归休之地，遂营此窟以居之。是此山原为像设，初无意于为窗也。后见其物小而蕴大，有'须弥芥子'之义，尽日坐观，不忍阖牖。乃瞿然曰，是山也，而可以作画，是画也，而可以为窗……遂命童子裁纸数幅，以为画之头尾，及左右镶边……俨然堂画一幅，而但虚其中。非虚其中，欲以屋后之山代之也。坐而观之，则窗非窗也，画也，山非屋后之山，即画上之山也。"接下去又说，"予又尝取枯木数茎，置作天然之牖，名曰'梅窗'。平生制作之佳，当以此为第一。己酉之夏，骤涨滔天，久而不涸，斋头淹死榴、橙各一枝，伐而为薪，因其坚也，刀斧难入，卧于阶除者累日。予见其枝柯盘曲，有似古梅，而老干又具盘错之势，似可取而为器者，因筹所以用之。是时栖云谷中幽而不明，正思辟一牖，乃幡然曰：道在是矣！遂语工师，取老干之近直者，顺其本来，不加斧凿，为窗之上下两旁，是窗之外廓具矣。再取枝柯之一面盘曲，一面稍平者，分作梅树两株，一从上生而倒垂，一从下生而仰接"，然后再"剪彩作花，分红梅、绿萼二种，缀于疏枝细梗之上，俨然活梅之初着花者"，就成了原书图九那样一樘梅窗。李渔最为得意的两处造景设计，"尺幅窗""无心画"在虚白轩中，"梅窗"

在栖云谷，虚白轩和栖云谷正都在芥子园中。李渔自己又明说梅窗之创作灵感是在"己酉之夏"斋头的榴树枯死之后，正是康熙八年芥子园建成那一年。

《闲情偶寄》成书于康熙十年，书中除了湖舫式、便面窗的创意可能是得自于李渔第一次居杭州时候，其他很大一部分主要都是得自于他为自己建造芥子园的实践经验。李渔康熙七年忽然要把新买的居宅改建成一处园林，还有一段过节需要补记出来。康熙六年李渔出游到了山西和陕西，去见贾汉复，康熙七年到了甘肃，在张掖拜谒大将军靖逆侯张勇，并为他叠造甘肃都督府西园假山，受到张勇的酬谢和赏赐。张勇慷慨好施与，出手很大方，不但给了他不少的钱财，还知道他有登徒之好，事先就给他买好了王再来等几名年轻漂亮的姬妾。李渔对这次张掖之行最为满意，有《与龚芝麓大宗伯书》云："渔终年托钵，所过皆穷，唯西秦一游，差强人意。八闽次之，外此则皆往吸清风，归餐明月而已。"见全集卷三。全集卷五又有《游秦家报》云："此番游子橐，差胜明月舟。不足营三窟，惟堪置一丘。心随流水急，目被好山留。肯负黄花约，归时定及秋。"他从甘肃带回一大笔钱，足可置一丘，指的正是要用这笔钱将新买的住宅改建成芥子园。

李渔为自己建造的第三处园林庄园是他晚年在杭州云居山东麓建造的层园。《笠翁一家言全集》卷六有《次韵和张壶阳观察题层园十首》，序云："予自金陵归，湖上买山而隐，字曰层园。因其由麓至巅不知历几十级也。乃荒山难得，庐舍全无，戊午之春始修颓屋数椽，由蓬蒿枳棘中辟出迂径一二曲，乃斯园之最下一层。若其房栊湫溢，珠履难容，未敢使嘉宾入也。乃观察张壶阳先生突然而至，坐而悦之，既去，作唐人近体十律，书大幅见贻，备述湖山登览之胜，且有'奇福难消始未平'之句，予读而滋愧，先生第知名山之乐，未悉贫士居山之苦。"序中之戊午为康熙十七年，层园尚未建成。赵坦《保甓斋文录》卷三有《书李笠翁墓券后》云："笠翁名渔，金华兰溪人。康熙初以诗古文词名海内，晚岁卜筑于杭州云居山东麓，缘山构屋，历级而上，俯视城闉，西湖若在几席间，烟云旦暮百变，命曰层园。客至，弦歌迭奏，殆无虚日。"

李渔一生为他人所造园林假山，今知仅有甘肃张掖为大将军靖逆侯张勇所造的甘肃提督府西园假山一处。李渔去拜谒张勇，得到很高的礼遇和慷慨优厚的赠予。李渔最为满意，对张勇也最有好感，有《赠张大将军飞熊》《答张大将军飞熊问病》等诗，又有《寄谢刘耀薇中丞名斗书》，亦多有美言张飞熊之句。《赠张大将军飞熊》序有云："大将军礼贤下士，为当代一人，予自皋兰应召至甘泉，谒见之始大将军遣使致声，勿行揖让之礼，因其数经血战，体带疮痍，势难磐折故也。"李渔在张掖和路上所作诗文，一直都没有提起他为张勇叠造假山之事，李渔在张掖为张勇叠山之事仅见于乾隆《甘州府志》，凡三见。《甘州府志》卷五《公署》门载："国朝康熙初年靖逆侯张勇改提督军门府，修理西院，垒石玲珑，出自名手。乾隆四十二三等年提督法灵阿重建东园亭榭桥梁，成曲水流觞之胜。"同书卷十一《流寓》："国朝李渔字笠翁，浙江金华庠生。康熙中寓靖逆侯所修署，堆假山石，至今岿然。《寄谢刘耀薇中丞名斗书》云：自抵甘泉为大将军挹客，肆扪虱之迂谈，耸嗜痂之偏听，主人不以为狂，客亦自忘其谬，投辖请殷，未忍遽尔言别等语。渔多才艺、文采风流、当世共推，著《一家言集》及《诗韵》《闲情偶寄》等书行世。"同书卷十四《艺文》中收钟铭《提署支湖记》云："溯昔康熙年，靖逆侯张公镇兹土，聿新厥署，聘湖上李笠翁渔赞襄工务，其西偏亭砌垒石玲珑，壁立如绘，李君巧思构成，迄今岿然也。"钟铭此记末署乾隆四十三年仲夏，收入《甘州府志》为乾隆四十四年。这部府志的卷首有提督府图，其西院书堂前画有两组山石，表现的应该就是李渔当年所堆假山，垒石玲珑，壁立如绘，至乾隆时岿然尚存的实录。李渔到张掖为张勇堆造提督府假山一事，各家园林史和各种李渔研究专著和论文都未见提起，所以这里要完整地披露这批史源学材料。张掖垒造假山在南京建芥子园之前，更在《闲情偶寄》成书之前，《闲情偶寄》上也没有一点蛛丝马迹。张掖叠山的风格，据记载是"垒石玲珑，壁立如绘"，是全石假山，一如李渔叠山风格，与张南垣父子之土石相间、土中戴石，"垒秃不垒尖"大不同也。

李渔一生之造园叠山生涯，还有一段趣事，在康熙十二年，他听说龚芝麓拟构市隐园，与他的芥子园近邻，因此致书龚芝麓，毛遂自荐，欲大显身手，信写得很殷切。又很卑屈，抱着一团希望，说尽了好话，但是后来却成了泡影，未能如愿，这件事很有趣，也很能发人深思，故附记于此。《笠翁一家言全集》卷三《与龚芝麓大宗伯书》云："更可喜者，闻构市隐园，予为太傅鏖棋之所，与予小子衡门咫尺，使得曳杖追随，甚盛事也。而渔之所幸，不独在庑下慵春，可时受皋伯通照拂，且以生平痼疾，注在烟霞竹石间，尝谓人曰：庙堂智虑，百无一能，泉石经纶则绰有余裕，惜乎不得自展，而人又不能用之，他年赍志以没，俾造物虚生此人，亦古今一大恨事，故不得已而著为《闲情偶寄》一书，托之空言，稍舒蓄积。兹闻裴公将辟绿野，去隐人蒎轴不数步而遥，公输在旁，徒使袖手而观匠作，大非人情，矧出知人善任之主人翁乎？是向托空言，今可见之实事，天生一人必备一人之用，讵知六十余年到处不遇之老叟，竟为龚芝麓先生一人而设乎？是可幸也。"这一段有趣的材料，对于深入了解作为造园叠山有着执着追求却又不得施展的李渔一生之遭际，以及对《闲情偶寄》一书之托之空言稍舒蓄积之理解，都有很深的意义，读了这段文字，《闲情偶寄》一书也就读懂了一半。龚鼎孳卒于康熙十二年，李渔此书似写在康熙十一年。

李渔的《闲情偶寄》一般认为是一部好书，但也不像一般认为的那么好，李渔一生的造园叠山经验，本来不是太丰富，与张南垣父子以及后来的戈裕良等人，简直无法相比，李渔不是一位职业造园叠山家，又生在"一自南垣工叠石，假山雪洞更谁看"的时代，他还坚持着小中见大，"芥子纳须弥"那种过时的叠山风范，因此他在造园叠山领域里，成就实在是不大。《闲情偶寄》一书在居室建造、室内布置、室外环境、花木栽植等颇有一些新鲜独到的见解，他最为倾心最为得意的"尺幅窗""无心画"令人耳目一新，对后世也有一定影响，李斗《扬州画舫录》卷六："(舲咏)楼之左作平台，通东边楼，楼后即小洪园射圃，多梅，因与楼之后壁开户，裁纸为边，若横披画式，中以木槅嵌合，俟小洪园花开，趣(辄)抽去木槅，以楼后梅花为壁间画图，此前人所谓'尺幅窗''无心画'也。"以尺幅窗无心画来框取楼后的梅花，那梅花本是真实自然之物，李渔的山水图窗是把本来是三维立体的山水实景，当作一幅二维平面的山水画，还塑了一位头戴斗笠手把钓竿的渔者李渔自己，弄成个小人国，称之为"小中见大"，实在是也不见佳。

　　我国的山水园模山范水，是要创造一个可观可望而又可住可游的实体环境，"掇山莫知山假"，"虽由人作，宛自天开"。李渔山水图窗框起来的山水小景，是当成一幅画，虽然立意很巧，那山水毕竟是让人觉得虚假。李渔自己最为得意的梅窗，自然也是新鲜的创意，毕竟有些做作，再贴上一些剪彩做的红梅、绿萼缀于疏枝细枝之上，就更显得小气做作了。李渔自负的创造和《闲情偶寄》一书都是瑕瑜共见，不是像一些书中和一些文章中说的那么好。我的看法不和别人相同，也不是要把李渔一笔抹杀一棍子打死，只是希望大家读书做学问时要实事求是，希望有识者能够抚卷三思。袁枚《随园诗话》称李笠翁"词曲纤巧，人多轻之"。《闲情偶寄》卷二《词曲部》有《意取尖新》一节，李渔自己说"纤巧二字，为文人鄙贱已久，言之似不中听，易以尖新二字"。李笠翁词曲尖新纤巧，他的造园叠山作品和《闲情偶寄》一书也正是这样。我觉得钱谦益评钟惺竟陵派的那一段话似可供作参考，钱谦益说，"当其创获之初，亦尝覃思苦心"，"少有一知半见，掠影希光，以求绝于时俗"。李渔最得意的"尺幅窗""无心画"和梅窗之类，正是这样。《闲情偶寄》讲花木栽植，有一些很好的见解，可也偶有非常荒唐和低级庸俗的说法，如卷五《杏》一节说种杏不实，以处子常系之裙系树上，便结子累累。予初不信而试之，果然。又《合欢》一节称合欢之花宜置合欢之地，栽于内室则人开而树亦开，树合而人亦合，人既为之增愉，树亦因而加茂云云，低级龌龊竟至于此。

　　也许有人会说，李渔并不是职业造园叠山家，对他的要求不能太高，其实不然。在他之前的计成也不能算是职业造园叠山家，他是半路出家改行，也只给人造了三四处园子，却都很成功，写出一部《园冶》，水平也比《闲情偶寄》为高。与李渔约略同时还有一位萧士玮，不过是一般的文人士大夫，无师自通自己建造春浮园，水平甚高，一时颇负盛名，他的《春浮园别集》有不少诗说到自己造园叠山，很有体会。他的《春浮园偶录》《深牧菴日涉录》都是近乎日记体的记事，其中多是讲的造园叠山栽花种树，有很多独到的见解和深切的体会，是非常的难得。可惜他的著作后来列为禁书，流传不广，知道的人不多。

李渔故去百余年之后，大约从嘉庆道光年间开始，北京有不少哄传，说是东城弓弦胡同半亩园，西城大木厂二龙坑惠园和南城韩家潭芥子园，都是李渔建造。经仔细推考，一处都不是。

麟庆《鸿雪因缘图记》第三集《半亩营园》："半亩园在弓弦胡同内，本贾中丞汉复宅，李笠翁客贾幕时为葺斯园，叠石成山，引水作沼，平台曲室，奥如旷如，乾隆初扬静荨员外得之，又归春馥园观察，道光辛丑始归于余。"道光辛丑是二十一年，麟庆之子崇实著《惕盦自订年谱》道光二十一年条："父谕另买新宅，适有人言及弓弦胡同之宅，且半亩园久有微名，因亲定行止，奉谕云，此园三十年前曾经游览，大有因缘，而长亲瑞老太太方为四姊议婚来君名秀，法梧门先生之孙英煦斋太老师之外孙也。吾父亦以为有前缘，葬事毕，即料理姻事，并商之半亩园的主人桂云生主政，先让出园之一隅，以便新亲来宅。"崇彝《道咸以来朝野杂记》："宅第之园，当以弓弦胡同完颜氏半亩园为最负盛名，缘山池皆为李笠翁所造。道光末年，麟见亭河督得之，增修后半部，尤为深秀之致。"震钧《天咫偶闻》卷三："完颜氏半亩园在弓弦胡同内牛排子胡同，国初李笠

翁所创、贾胶侯中丞居之。后改为会馆，又改为戏园。道
光初麟见亭河帅得之，大为改葺，其名遂著。纯以结构曲
折，铺陈古雅见长，富丽而有书卷气，故不易得。"按麟
庆、崇实父子所记，半亩园在乾隆初归杨静荨员外，又归
春馥园观察，道光中归桂云生主政，半亩园这一段时间的
变迁已经清楚。但说康熙时为贾汉复中丞所创，李笠翁为
叠山引水，则都是传闻。张祥河《诗龄诗续》卷二《题麟见
亭河帅半亩园为李笠翁旧址》，亦正是宣扬传闻。康熙时之
贾胶侯即贾汉复，实有其人，正与李渔同时，李渔与之有
交往，《笠翁一家言全集》卷四有《蒲州贾水部园亭》题联
一首，序称其园亭"有山水自然之胜，疏泉入座，可以流
觞"。又有《赠贾胶侯大中丞》联一首，序称"公以绝大园
亭弃而不有，公诸乡人，凡山右名贤之客都门者，皆得而
居焉，义举也，仅事也，书以美之"。同书卷五又有《华山
歌寿贾大中丞胶侯》，是康熙六年出游陕西甘肃路过西安所
作，干谒贺寿是为的打抽丰，李渔实不曾入贾汉复幕。说
弓弦胡同半亩园原为贾汉复宅，后来改为会馆，又改为戏
园，亦皆非是。贾汉复是汉人曾在京为官，康熙初年汉人
一般不能在内城建宅建园，内城亦不得有会馆及戏园。陈
廷敬《午亭文编》卷三十八《三晋会馆记》："尚书贾公治第
京师崇文门外，以迎以劳，惠于往来，以馆曲沃之人，一
日牓其居第之门曰乔山书院，乔山者，古曲沃地也。"李渔
《赠贾胶侯大中丞》联序所称公以绝大园亭弃而不有公诸乡
人，山右名贤之客都门者皆得而居之，赠联云："未闻安石
弃东山，公能不有斯园，贤于古人远矣；漫说少陵开广厦，
彼仅徒怀此愿，较之今日何如？"李渔所指的贾胶侯以绝大
园亭公诸乡人，无疑正是后来改的三晋会馆，那里本是贾

胶侯所治京师之府第，有绝大园亭，地址本在京师崇文门外。内城弓弦胡同之半亩园后来说成是贾汉复宅园，李渔为其叠山引水纯属附会，原是没有，也不可能的事。

西城大木厂今二龙路原有郑亲王府惠园，相传亦是李渔所造。钱泳《履园丛话》卷二十《园亭》："惠园在京师宣武门内西单牌楼郑亲王府，引池叠山，饶有幽致，相传是园为国初李笠翁手笔。园后为雏凤楼，楼前有一池水，甚清冽，碧梧垂柳，掩映于新花老树之间，其后即内宫门也。嘉庆己未三月，主人尝招法时帆祭酒、王铁舟国博与余同游，楼后有漫布一条，高丈余，其声琅然尤妙。"郑亲王府惠园本是嗣简亲王德沛所建，昭梿《啸亭杂录》卷六《德济斋建园亭》条："德济斋夫子，嗣简亲王爵，时邸库中存贮银数万两，王见，诧谓其长史曰：此祸根也，不可不急消耗之，无贻祸于后人也。因散给其邸中人若干两。余者建别墅，亭榭轩然，故近日诸王邸中，以郑王园亭为最优，盖王时建造也。"惠园建于乾隆年间，德沛卒乾隆十七年，上距李渔入京已八九十年。钱泳称惠园相传为李渔所建，殊误。钱泳又有《己未三月望日郑亲王招游惠园因登雏凤楼即席赋诗应教二首》，来游惠园是嘉庆己未即嘉庆四年，上距德沛建园之时不是很远，不应有此之误。裕瑞《眺松亭赋钞》有《惠园赋》一首，序称"丁巳春初，惠园主人见招游于邸西别墅，见树石奇古，池台羃历，颇足赏心，遂归而赋之，以志一时之胜"。赋中有云："缅当年之肇创，亭高境敞，隔街之梵塔迎眸；岭峻墙低，远巷之行人入望。疏篱点景，仿石田之萧闲，层洞穿纤，本笠翁之意匠。"这里只是说，惠园当年之初创，假山和山洞的叠造，是本着李笠翁的意匠。"本笠翁之意匠"不过是行文中的泛文借义而已。

裕瑞应惠园主人之招游园作赋在嘉庆二年，钱泳应惠园主
人之招游园作诗在嘉庆四年，中间只隔一年，裕瑞与钱泳
相识，有唱和之欢，裕瑞有《赠梅溪》诗："梅溪工诗隶又
精，十载之前已闻名。今来重游京师道，坐我小窗当新
晴。"又有《和梅溪京师冬日八咏》诗，二诗中的梅溪都是
指钱泳。裕瑞和钱泳二人脚前脚后应招游惠园，裕瑞先有
《惠园赋》，钱泳不会不知道，裕瑞赋中那句关键的话"本
笠翁之意匠"，遣词命意都十分明白而又准确，可是到了后
来，钱泳把惠园的事写入《履园丛话》，却说是相传为国初
李笠翁手笔，李笠翁的生平年代与后来郑亲王德沛初建此
园的时间大不相合，他就置诸脑后而不顾了。

　　南城韩家潭芥子园相传亦是李渔所造。吴长元《宸垣
识略》卷十："芥子园在韩家潭，康熙初年，钱塘李笠翁寓
居，今为广东会馆。"下附长元按："笠翁芥子园在江宁省
城，有所刊画谱三集行业，京寓亦仍是名。"麟庆《鸿雪因
缘图记》云："忆昔嘉庆辛未余曾小饮南城芥子园中，园主
章翁言石为笠翁点缀，当国初鼎盛时王侯邸第连云，竞侈
缔造，多延翁为上客，以叠石名于时，内城为半亩园二，
皆出翁手。"崇彝《道咸以来朝野杂记》："南城韩家潭芥
子园，初甚有名，亦李笠翁所造者，后归广东公产，当年
沈笔香（锡晋，吏部郎中）、梁伯尹（志文，吏部主事）两
前辈皆曾寓焉。予造访者屡矣。看其布置，殊无足助，盖
屡经改筑，全失当年邱壑，不过敞厅数楹，东南隅略有假
山小屋而已。沈太守居时偶榜其门云：'老骥伏枥，流莺
比邻。'（即大门对）亦可资谈春明轶闻之材料也。"刘廷
玑《在园杂志》称李渔"昔寓京师，颜其旅馆之额曰'贱者
居'，有好事者颜其对门曰'良者居'，盖笠翁所题本自谦，

而谑者则讥其所携也”。李渔一生三次入京，顺治十五年，康熙五年，康熙十二年，《宸垣识略》说芥子园在韩家潭，康熙初李笠翁寓居，康熙初年李渔入京，南京还未建芥子园，康熙七年始有芥子园之名，韩家潭寓居称芥子园，可能是康熙十二年那一次，李渔来游京师来去匆匆，时间都很短，有可能传出风声卖芥子园的书，不可能在临时租住的寓居中再建一芥子园。《中国古典园林史》上说李渔“晚年定居北京，为自己营造芥子园”，更不可信。李渔实不曾定居北京。

李渔的事迹，自嘉道以来便在北京有种种误传，越晚传得越走样，清末民国年间已极甚。我曾偶然查见，民国二十二年《北平晨报》的《学园副刊》上有署名鹤鸿者，撰《内务府匠作考》，其中有云：“笠翁在清代，久为宫廷及各府邸累砌山石。如圆明……等园，皆有其遗迹。今尚存者，吾所知仅一郑王府之惠园（今二龙坑中大），乃笠翁为简仪亲王（即今郑王之祖德沛也）布置者。笠翁每布一石，内府匠役辄笔志其法，积久则成巨帙，即俗传之‘内府山石样册子’是也。”此人这些记载，真是痴人说梦，令人喷饭。为什么嘉道以降直到清末民初，李渔的声名越来越高，误传越来越多，这倒是一个发人深思的大问题。嘉庆十年成书的裕瑞《樊学斋诗集》有题为《余宅前小院逼仄点缀如盆景亦半亩园之意耳偶成十绝以记一时他日未知又增易何如也》一组诗。这个诗题中所说的“小院逼仄点缀如盆景”的确是记实，当时的北京已住得很挤，有个小院已经不错了，小院逼仄，还要建造第宅园林，只好建造如半亩园之意趣，点缀如盆景，本来很拥挤逼仄，还要标榜是小中见大，“芥子纳须弥”，布置成八景十景，烦琐堆砌，那情景也就不问可知了。弓弦胡同的半亩园正是一个典型的实例。麟庆说，内城有两个半亩园，同时法式善有陪铁冶亭侍郎裴子光谦员外修何兰士员外黄杏江主事游杨月峰潭主事半亩园诗。麟庆半亩园的名声一直到清末都很叫响。随着这种形势，李渔又在北京受到一些人的吹捧，还弄出许多捕风捉影的讹传，正是我国古典园林走向衰退没落，茶然疲役而不知其所归的表现。这种衰退没落，不用说又正是与封建社会走向衰退没落同步，是国家衰败、国力衰弱的一个标志。天地有大关节、大枢干，有大缺憾，这可是园林史上的一个极大的关节。

叶洮传考论

我研治园林史和美术史，不能不研究叶洮。叶洮平生有一首诗，尤其是"乐事须从物外求"那一句，更深深打动了我的心。

叶洮是清初康熙年间第一流的山水画家，第一流的造园叠山艺术家，又是著名的诗人，一次有二十二位名流的赏菊诗会，以叶洮诗为压卷。叶洮《清史稿》有传，入《艺术列传》，仅次于张涟之后。《清史稿》本传颇很简略，只有那么可怜巴巴的五十三个字，而且还有差错，甚至连传主本名本字居然也都给弄错了。这样一来就熔铸成一个很大的遗憾，令人惋叹不已，感慨生焉。

近人研究美术史，许多大小名家少不得都有人做过研究和炒作，可是我反复检索各种资料索引，各种有关刊物，竟未见到任何一篇专门研究或介绍叶洮的文章。近人研究园林史，发表不少文章，出过几部园林史，也很少有人提到叶洮。这又能怪什么呢？我国历史文化的积层沉埋太厚，我们对于历史文化的发掘破土可又太浅，所以连叶洮这样身兼诗画和造园三绝的大艺术家，居然也还是给埋没了。我现在考稽叶洮的生平事迹和情操襟抱，考查他的一身三绝，还是前人从不曾做过的课题，就算是头一次破荒发掘吧。这种发掘，我的想法很明确，就是要给叶洮一类的人物树碑立传，就是要在历史文化的沉积层里发现那些被埋没了的人才，给那些被遗忘被淡漠了的灵魂以一个小小的慰藉。这不但是为了他们，也是为着观照和安妥我们自己的灵魂。按照佛教的说法，做这种事情叫作"回向"，就是祈冥福。我不信佛教，更不相信还别有什么冥冥世界。我觉得这只是一种当代人的历史反思和学术探求，同声必感，异代相应，如至诚之见接，庶薠藻之可羞。我们应该给叶洮作一篇像样的考传，奏一曲动情的挽歌。历史是我们的昨天，而我们今天又正在写着明天的历史。我们考论历史上的人才，就会给我们现在还在艰难条件下为中华民族的复兴和重新崛起而努力拼搏的儿女，以一个很好的激励，使人们更加知道振奋精神，踔厉志行，忠实于自己的祖国和自己的事业，这才无愧于我们祖国悠久的雍容华贵的历史文化，无愧于我们中华民族历史上群星灿烂的英才人物。我们现在正处在学术低谷，要医治学风浮浅、学术腐败，首先得开悟士心，端正士习，倡导精神文明。

我这样想了，便这样做着。我披历数十年之风霜，锲而不舍，辛苦爬剔，在造园艺术领域，研究计成，挖掘张南垣及其子侄，挖掘戈裕良。二十年前陈志华先生予以推奖，说我研究明清造园大师计成、张南垣、戈裕良是鼎足而三。现在考论叶洮，又是由三而四。实际上叶洮的挖掘早已开始，差不多与挖掘戈裕良同时，已写出一篇题为《乐事须从物外求——叶洮传考论》的长文，因为一时还没能找到钱金甫的《保素堂稿》，不得不暂时搁浅起来。研究叶洮造园叠山作品的《自怡园》一文，反倒及时发出，排在前边了。我自律较严，一向不敢轻易动笔，读得《保素堂稿》后还想再求其他，加上生活坎坷，动荡不定，劳人草草，一直到最近才能够偿还这笔宿债。对于叶洮生平事迹的探索，和他的情操怀抱的蠡测，也许还能掘深和拓宽。现在写成此文，是希望能够引起美术史、建筑史和园林史界的重视，寻找知音同好，希望有人再从不同的角度，做进一步的挖掘和研究。

说起叶洮，特别是他那句"乐事须从物外求"，便难免动情，可惜这种情操现在是被人淡漠了，所以我才说了几句动情的话。下面便转入正题，转入正题还是要从《清史稿》说起。

《清史稿》卷五〇五《艺术列传》四《张涟传》附《叶陶传》云：

> 叶陶字金城，江南青浦人，本籍新安。善画山水，康熙中祗候内廷，奉敕作畅春园图本，称旨，即命佐监造。园成，赐金驰驿归。寻复召，卒于途。

今按叶陶本名洮，字秦川，《清史稿》作"叶陶字金城"，实两误，说详下文，这里却须首先予以正名，以便接着引述叶洮名下的其他材料。《清史稿》此传还有其他错误，亦容在下文陆续有以辨正。

叶洮的生平事迹应该从《清史稿》说起，但是叶洮的传记材料，传世还是很多，《清史稿》是最属晚近者。据我所知见，《国朝画征录》《国朝画识》《国朝耆献类征初编》《国朝书画家笔录》《清画家诗史》等书，都有叶洮或作叶陶的传。乾隆《青浦县志》、光绪《青浦县志》也有他的传。这些传记材料，一般都不长，为提供对比研究的方便，并免去重新翻检之劳，我这里也就不厌其烦，一一移录如下。

张庚《国朝画征录》卷中：

> 叶陶字金城，青浦人，其先新安籍也。善山水，喜作大斧劈。康熙中祇候内廷，诏作畅春园图本，图成称旨，即命监造。既成，以病赐金乘传归。寻复召入，以劳复卒于途。

冯金伯《国朝画识》卷八：

> 叶洮字金城，青浦人。善山水，喜作大斧劈。康熙中祇候内廷，诏作畅春园图本。图成称旨，即命监造。

窦镇《国朝书画家笔录》卷一：

> 洮字金城，号秦川，自称山农，工山水，纯用斧劈法。

李桓《国朝耆献类征初编》卷四二七：

> 叶洮字金城，青浦人，善山水，喜作大斧劈。康熙中祇候内廷，诏作畅春园图，进呈称旨，即命监造。既成，以病赐金乘传旧。寻复召入，以劳卒于途。

李濬之《清画家诗史》乙上：

> 叶洮，字秦川，号金城，上海人，居青浦，有年子。工山水，喜作大斧劈，康熙中供奉内廷，奏对时自称山农。以病乞归，赐金乘传，一时荣之。

乾隆《青浦县志》卷三十一：

> 叶洮（一作陶）字金城，有年之子，能世其画学。康熙中供奉内廷，诏作畅春园图称旨，奉命监造，赐金乘传，时人荣之。寻复召，得疾，卒于途。

光绪《青浦县志》卷二十二：

> 叶洮（一作陶）字金城，有年子，世其画学。康熙中供奉内廷，诏作畅春园图称旨，奉命监造。赐金乘传，时人荣之。寻复召，得疾，卒于途。

除了以上这些专门的传记材料之外，《青浦诗传》《国朝松江诗钞》《江苏诗征》等书，在存录叶洮诗作的时候，也都附有他的小传。这些所附小传，多是依据乾隆以来的画史或地方志以为加减，超不出上引材料的范畴，这里就不再一一引录。不过《国朝松江诗钞》所附小传转引了一段诗话记载，涉及叶洮生平事迹出处，极关重要又很精彩，更高出于上引传记材料之上，所以要在下文适当的地方加以引录并考述。

从以上引录的《清史稿》以及《国朝画征录》等八条材料来看，其中颇有异同，读者可自览之，这里不再一一比勘。应该提请注意的是，这些材料全都不是第一手材料，没有一件是叶洮同时人的记载。还要提请注意的是，这些材料除《清画家诗史》的一条别具一格以外，其余大同小异，互相转抄的痕迹很明显，而《清史稿》的记载，则完全本自《国朝画征录》。引出的这些材料当中，也以雍正十三年成书、自序于乾隆四年的《国朝画征录》为最早，后来不少误人害事的记载，直接间接都是从它那里生发出来的。

研究叶洮的生平事迹，显然不能依靠这些材料。现成

的路平坦直便好走，可是却不能走。为能正本清源，只有
另寻蹊径，从头搜求第一手史源学材料，进行史源学考证。
照抄照搬现成的东西，人云亦云，甚至不顾以讹传讹，只
能显出自己的浅薄和无聊，而徒贻后人的耻笑。可惜我们
现在抄来抄去的文章还是很为不少，从前《清史稿》等书的
抄成错误，我们今天应该引为深刻的教训。

据我多年爬剔搜求所见，叶洮同时人所写的第一手材
料，提到叶洮生平事迹出处的，当以钱金甫《题叶君山万
里归人图为秦川作》一诗为最早，又最为精彩和详明。此
诗题中的叶君山即叶洮之父叶有年，秦川不用说正是叶洮。
钱金甫的诗载在《国朝松江诗钞》卷十六，诗云：

> 君山山人画成癖，少日追随董宗伯。
>
> 宗伯潇洒如神仙，山人猛鸷若贲获。
>
> 同时声价驰鸡林，百缣不惜求真迹。
>
> 放浪江湖任曳裾，尺书远赴王门辟（肃王闻
> 名来聘）。
>
> 凤林宫阙郁崔巍，三百年中藩府开。
>
> 妙手烟云称上客，名园台榭出新裁（时命山
> 人按图构园，穷极胜概）。
>
> 兰皋移石凌云起，湟水分流涌雪来。
>
> 令节授衣颁火浣，良宵张宴赐金杯。
>
> 华林逸趣同濠濮，朝朝暮暮欢相逐。
>
> 花草萋迷面面峰，绛罗杂沓重重屋。
>
> 岂知世变有沧桑，旋见天心成倚伏。
>
> 白马黄巾一夜来，朱颜皓首千家哭。
>
> 山人归计促行装，尽散高赀存敝篾。

巢破真怜绕树乌，梦回止见眠蕉鹿。

横戈带甲正如麻，数口仓惶道路赊。

羯鼓静时行贼垒，村烟深处觅人家。

几度惊魂甘斧锧，一回笑口脱琵琶（山人为
贼所得，将就刑，闻琵琶声忽大笑，贼纵之令试
一曲，遂免于难）。

山人爱妾饶胆略，直入鸳帏开锁钥。

半夜潜偷田帅符，平明暗度昭关橐（贼帅拘留幕
中，山人妾黄氏入贼妻帏，窃令旗同山人乘马逸去）。

辛苦征途越二年，余生无恙谢烽烟。

还家已失田园计，教子仍将笔墨传。

颜生写照推神手，追忆犹能图叶叟。

怀抱蓬头黄霸儿，连翩椎髻梁鸿偶。

为检行囊叹息频，当年遗事从头剖。

龆龀曾经历战尘，如今喜作太平人。

携图到处堪弹铗，自在东西南北身。

这首诗正如诗题标出的那样，是为叶洮所作，但却涉
及父子两代事迹，等于是为叶有年、叶洮父子所作的一家
诗传，是极为难得的好材料，而且迄今也不见有人提起。
因此诗虽较长，还是应该全文转录，以存文献。钱金甫是
一位著名的诗人，其人笃于师友之谊，又是叶洮的同乡，
而且知交多年，莫逆甚深，对叶洮的家世生平了如指掌，
所以这首长诗才能写得娓娓动听，有声有色。

钱金甫这首长诗，我最先是从《国朝松江诗钞》上读
到而转录下来，当然接下来就要寻找钱金甫的诗文集，查
出原始记载。当时我在辽宁省博物馆工作，在本馆自然查

不到，在辽宁省图书馆也没有查到钱金甫的集子。出差到北京，在北京也没有查到。后来吉林大学副校长兼历史系主任林沄教授邀我去吉大历史系为考古班开授建筑考古学一课，始在吉大图书馆获见钱金甫的《保素堂稿》。此诗载在《保素堂稿》卷二，题作《为叶秦川题乃翁君山万里归人图》，不但标题不一样，诗中文句亦有异同。吉大所藏《保素堂稿》，扉页上题"嘉庆辛酉重镌"，是嘉庆六年重刊。这个刊本的后面附录有"壬申冬十有二月"通家眷弟吴骐撰《钱学士诔序》和"康熙甲戌秋九月"朱彝尊序，又有雍正四年王原的序，雍正九年杨椿的序，因知初刻本不早于雍正九年。《国朝松江诗钞》为嘉庆十三年刊本，可以引及嘉庆六年的重刻本，但是诗题和诗句都有不同，显然是另有所本，这首诗在嘉庆以前，应该有多种方式广为流传。

叶洮的父亲叶有年本是明末著名画家，又兼通造园叠山艺术，清初尚在世，活了八十岁。钱金甫写此诗时早已故去。叶有年的传记材料也很多，《国朝画识》《国朝书画家笔录》《国朝耆献类征初编》《上海县志》《青浦县志》等书，都有他的传。和叶有年同时的周亮工著《读画录》，也谈到他的一些事迹。《国朝耆献类征初编》卷二百七十六引《上海县志》："叶有年字君山，嗜画山水，足迹半天下，得名山大川之助。肃藩闻其名，礼聘至秦，有年为绘图筑苑，名胜甲于八郡（都），后归隐石笋里卒。"乾隆《青浦县志》卷三十一："叶有年字君山，由上海迁居县城。山水师董巨，参以米法，足迹半天下。得山水之助，所造愈工。董其昌、陈继儒俱重之。肃王闻其名，尝聘至秦，及归，四方争购其画无虚日，卒年八十，葬佘山。"光绪《青浦县志》所记略同。叶有年其他传记材料并与此大同小异，就不再一一转引。

礼聘叶有年到兰州藩邸的肃王即朱识铉。朱识铉是在万历四十六年其父朱绅尧亡故之后嗣为肃王的。崇祯十六年，李自成军攻破兰州，朱识铉被执，宗人皆死，见《明史》卷一百十七《诸王传》。这位肃王还知道爱重人才，当然更是由于叶有年才气特大，又是应聘前来，万里崎岖，举家迁依，因此朱识铉理所当然地应该礼遇有加。叶有年为肃王作画，并按图构园，叠山理水，穷极胜概。肃王赠金赠袍，还以爱妾相赠，钱金甫诗中提到的黄氏妾，窃了将军令旗与叶有年一同逃归的，无疑正是朱识铉所赠的女人。

叶有年具体是在哪一年应聘入肃王邸，因材料有间，一时不能详考。叶有年离开兰州的时间，却据钱诗可以得知。钱诗云："巢破真怜绕树乌，梦回止见眠蕉鹿。"显而易见，正是崇祯十六年冬天肃王被李自成军所执以后的事。"辛苦征途越二年，余生无恙谢烽烟。"叶有年一家长途跋涉，万里归人，路上跨越两个年头，及至辗转回到江南青浦老家已经荒废了的旧田园，该已是崇祯十七年，用统一的历史纪年，便是清顺治元年了。

钱诗称叶家从兰州回返青浦是"数口仓惶"，有的记载说是八口，有人作诗说"军中八口出刀头"。旧时一般习气好说一个小家庭为"八口之家"，实际上不一定正好是八口。从钱金甫诗和注里具体提到的情况判断，除了叶叟即叶有年和黄氏妾以外，还有"怀抱蓬头黄霸儿，连翩椎髻梁鸿偶"。说到叶有年的结发妻子，怀里抱着不到三岁的黄口小儿，还牵着一个"连翩椎髻"自己能走远道的大孩子。钱诗下文又有"龆龀曾经历战尘，如今喜作太平人"这两句，指的正是叶洮本人。叶洮当时正值龆龀之年，诗人着此一笔，对于我们的考证最有用处。"龆"是小孩下垂的头发，借指童年，"龀"指小孩换乳牙，两字合起来还是指童年。《后汉书·董卓传》："其子孙虽在髫龀，男皆封侯，女号邑君。""髫龀"即"龆龀"，这时就都作换牙解释。旧说男八岁换牙，女七岁换牙。《韩诗外传》卷一："男八月生齿，八岁而龆齿，十六而精化小通。女七月生齿，七岁而龀齿，十四岁而精化小通。"崇祯十六年叶洮正在"龆龀"之年，虽然不一定正好是八岁，但是在没有得到其他更为确凿的纪年材料之前，我们也不妨暂且认为那一年大约是八岁。以此上推则叶洮或当生于明崇祯九年，即公元1636年。

《青浦诗传》卷二十二叶洮小传引《蒲褐山房诗话》云："金城父有年，以工山水有名，明季董思白诸公皆推之。晚年应肃藩之招，携家西土，金城生于其时，故名。"《蒲褐山房诗话》实即纂辑《青浦诗传》之王昶所作。王昶家住青浦朱家角，有蒲褐山房，旧址今尚存。叶洮生在甘肃兰州，关于叶洮出生之地和取名的本意，《蒲褐山房诗话》这一交代，最为明白。

明太祖十四子朱楧初封肃庄王，洪武二十年改封肃王，二十六年诏之国驻平凉，二十八年始就藩甘州。建文元年乞内徙，遂移藩府于兰州，一直到朱识铉之世，所以钱金甫的诗里说"三百年中藩府开"。甘肃境内有洮河，是黄河上游的一个支流，流经今岷县、临洮，至永靖入于黄河。洮河是甘肃的水，而叶洮是叶有年应肃藩之聘，携家西土时出生的，因此取名洮，后来又取字秦川，使名与字义有连属，并为纪念出生甘肃之地。西汉置金城县，在兰州市西北，十六国前凉为金城郡治所，西秦曾在此建都，北魏废。隋大业初改子城县为金城县，治所在今兰州市，唐天宝至德时改兰州为金城郡，下至宋明，兰州一直是金城郡的治所。后来的一些文献材料多称叶洮字金城，也是纪念生在兰州，但是叶洮生前的早期文献皆称叶洮字秦川，洮字秦川，名与字正义有连属，金城可能是号，也可能是别字，名洮字金城也说得过去，终不如字秦川更可靠。叶洮名洮毫无疑义，但是后来的《国朝画征录》等之将"洮"作"陶"，以至一直影响到《清史稿》，应该是误用了一个同音字。这是一些后来文献的疏误，还是另有原因？叶洮于康熙中供奉内廷，他的名字当时必定曾写入满文档案或其他满文文件，后来在雍正乾隆年间再回译成汉文，译音无定字，译者又不了解叶洮这个人，遂将"洮"音记作"陶"，也是有可能的事。

钱金甫为叶洮作长诗，极为动情，这表明二人过从甚密。根据其他材料还可以得知，钱金甫曾延叶洮为上客，在京师有数年之交。钱金甫此诗从"携图到处堪弹铗，自在东西南北身"作结，足见作诗的时候，叶洮已游于京师，但是还没有供奉内廷。

叶洮到底是哪一年开始供奉内廷的？一般传记材料只说是"康熙中"。其说本不误，唯康熙纪元六十一年，是历史上年号最长的一个，这个"中"字毕竟太笼统。这件事又干系重大，必须考出具体年代，事实上还正有足够的材料可考，只不过要绕一阵弯子。

揆叙《益戒堂自订诗集》卷一有《夏日园居杂兴八首》，其七云：

> 指点园林旧画师，天涯孤棹再来迟。
> 伤心盛夏成迁逝，回首芳春忆别离。
> 累石崚嶒犹故物，种桃夭袅又新枝。
> 羁魂零落知何在？归向华亭鹤唳时。

诗末自注云："云间叶洮为余家筑园，归后再至京师，殁于涿州。"

《益戒堂自订诗集》是揆叙本人按年代先后自编的，卷一"起康熙壬申正月，尽癸酉十一月"。以《夏日园居杂兴八首》在卷中的次第考之，当为壬申即康熙三十一年夏天所作，当时叶洮已殁去。叶洮是"盛夏"即五月迁逝的，而《夏日园居杂兴八首》之一有云："近秋渐懒鸣蝉意，入夜初停吠蛤声。"作诗的时候已是夏末近秋，树上的蝉鸣已懒，水国黄昏已是蛙声一片，物候任时，正是五月的景象。由此可见，叶洮的逝去和揆叙作诗伤悼他的迁逝，前后衔接，论情论理都是同一年的事。

揆叙为相国明珠之子，叶洮为明珠家所造的园林，就是揆叙《夏日园居杂兴八首》所咏的园子，名叫自怡园，是康熙时赐与的地段，位在海淀东北水磨村，离畅春园不远。明珠的宅第本在城内什刹海之后海，后来相继为成亲王府、醇亲王府。宅第本附有傍宅园，即后来一时被人附会为大观园或大观园粉本者。自怡园则是明珠家的另一处郊外别墅园，不过人们很少知道。康熙将畅春园附近地段分赐与王公大臣们建造私家园林别墅，显见是为的使他们在扈跸畅春园时能再有一个登临游赏和落脚休息的近便之地，养尊处优，可谓恩宠备至。自怡园选的是一段郊野地，可利用玉泉山水系，并有天然叠水，又能借景西山，还是请造园高手叶洮为之精心规划设计和建造的，其造园艺术的水平，自然还要在什刹海傍宅园之上。明珠家的自怡园是当时北京最负盛名的私家园林之一，也是叶洮造园叠山艺术的代表作之一。关于自怡园，我已做过专门的研究，写有《自怡园》一文，载在《圆明园》第四辑，这里不再多说，热心的读者自可参看。叶洮在北京为王公大臣所造的私家园林，不止自怡园这一处，还有海淀的佟氏园，是为康熙时的皇亲国戚佟国维所造，也是在畅春园旁边。关于佟氏园，下文还要说到。

自怡园为叶洮所造，揆叙诗写得明明白白，只是没有交代出建造时间。查慎行《敬业堂诗集》卷八《人海集》有《相国明公亲筑别业于海淀旁既度地矣邀余同游诗以纪之》一诗，此所谓"新筑别业"正是指的自怡园。查慎行自康熙二十五年入馆于明珠相国家，《人海集》的编年"起丙寅十一月，尽戊辰正月"。以此诗之在集中之编年和次第考之，是为丁卯即康熙二十六年春三月所作，当时叶洮正在为明珠家经营规划自怡园，已经度地，明珠邀查慎行一道去看。这时畅春园已经建成，二月下旬康熙已经在园中驻跸了九天，直到月末才进城回宫。当时的叶洮还没有供奉内廷，仍然是"自在东西南北身"。

据揆叙诗已可初步判定，叶洮很可能是在康熙三十一年故去的。但是我们做考证却应当极其缜密，还不可就这样最后论定。不然的话，也许有人就会发出疑问，康熙二十六年人还在，三十一年人已卒，假如卒在这中间，过后一两年揆叙才写诗伤悼，凑巧遇上夏天也可能是纪念故去一周年两周年，那样的可能也不是一定会没有的罢。为此我们就得再做进一步的考证。

《国朝松江诗钞》卷二十四叶洮小传引《诗话》云：

> 秦川父君山，在明肃藩府中有按图构园，俾司监造事。至秦川则奉命绘畅春园图称旨，屡奉宸游，荷赐金绮，又奏对时尝自称山农。在京邸八年，与钱越江最契，越江绘《濯足图》，旁著秦川半面，与为相向，故越江诗云："濯足图成泼墨浓"，"终朝相对叶山农"。及秦川卒于途，而越江亦以是时卒，故□□□挽诗云："想因天上楼成后，一召填词一补图。"

钱越江即钱金甫。根据这一记载，可知叶洮与钱金甫是同年而卒，钱工诗而叶善画，故□□□作挽诗有以云然。作此挽诗之人的姓名已不存，不知招了什么忌讳，他的名字被整个涂成一片死黑的墨钉，诚可惜也已。

钱金甫，字越江，上海人，居青浦。成进士，以博学宏辞荐为翰林，一主江西试，为编修，再迁为侍讲学士，卒，年五十有五，见王原《西亭文钞》卷四《钱学士保素堂集序》。钱金甫为一代名士，王原序说及他得年五十有五，卒在哪一年仍无明确交代。钱金甫又与朱彝尊友好，有唱和迹。朱彝尊《曝书亭集》有与钱金甫交游唱和诗多首。同书卷三十七又有《钱学士诗序》云："予既返里，是夏，君以疾殒京师。冬，孤子长涵扶丧归。逾年，始哭君于黄浦之东高桥里。荒沟古水，莫有田父可问途者。"由此我们可以得知，钱金甫是卒在朱彝尊返里那一年。《曝书亭集》卷十六有《出都王山人犟画山水送别》《入汴过胡司臬（介祉）》，集中编年俱为康熙三十一年所作。这年朱彝尊离京返里，故又有《寄陆侍御（陇其）》诗云："主恩先后逐臣还，羡尔幽栖泖一湾。"嘉庆重刻本《保素堂稿》卷首收杨椿序云："壬申夏先生卒于官，先大夫哭之恸。"卷尾附录有吴骐《钱学士诔（有序）》云："玄黓涒滩之岁，律中蕤宾，奉政大夫翰林院侍讲学士越江钱公卒于位。""玄黓涒滩"当壬申岁，正是康熙三十一年，"律中蕤宾"是五月。再证以《国朝松江诗钞》卷十六所附钱金甫小传，说他"康熙己未举鸿儒，旋中北闱"，"十四年始迁侍讲学士，以病卒"。钱金甫于康熙十八年己未举博学鸿儒，十四年后病卒，推算也正是康熙三十一年。至此终于最后弄清，叶洮确是在康熙三十一年盛夏五月，也就是揆叙作伤悼诗前不久的同一个月内，卒在

涿州的。今暂以叶洮生当明崇祯九年往下计算，到清康熙
三十一年卒去，享年五十有七，他比钱金甫大约年长两岁。

《国朝松江诗钞》所引某诗话提到叶洮"在京邸八年，
与钱越江最契"。"京邸八年"之说是根据钱金甫诗，详见
下文。钱金甫说起两人在京的交情，年头不会有误，而且
一定是说起最长的岁月，从首尾两端算起，如果中间有一
时离别，也会略去不计。叶洮是康熙三十年请假返里，明
年再召卒于途中，从康熙三十年反推八年，然则叶洮便是
康熙二十三年以一介布衣游于京师，而跻身于都城人海的。
钱金甫康熙十八年成进士，改庶吉士，从此留京居家。数
年后叶洮入京，《题叶君山万里归人图为秦川作》一诗，很
可能就是叶洮初游京师时钱金甫为他所作。当时叶洮的名
声在京师还没有鹊起，因而钱金甫为之作诗，以为延誉。

钱金甫为叶洮作的那首长诗，载在《保素堂稿》卷二。
同书卷六又有《送叶秦川南归》诗十首，诗云：

> 燕台并辔看花骑，江渚连床下水船。
> 踪迹八年形共影，忍教独客向南天。
>
> 清和一路绿阴浓，千里山光翠且重。
> 屈指过江当竞渡，洪波万叠拥苍龙。
>
> 三载心交半别离，短亭相送马迟迟。
> 未知白苎传觞会，可忆金台被酒时。
>
> 宸游到处奉恩辉，辞阙仍携文绮归。

偏是山人甘野服，还家拟制芰荷衣。

由拳城外小茅茨，初卸征鞍乐不支。
浊酒三升鲑菜美，豆花棚下抱孙嬉。

赐衣赐钞诏初颁，亲拜重瞳返故山。
多少遐方游宦客，一生曾未近天颜。

可怕金吾禁再严，欢场无复夜厌厌。
输君烂醉清溪道，谯鼓三通月挂檐。

千层积翠百株松，濯足图成泼墨浓。
最喜丁郎传阿堵，终朝坐对叶山农。（余邀丁
汉公写濯足小照旁著秦川半面与余相向秦川为补
图山农秦川奏至尊时自称也。）

上苑风光属畅春，亭台林麓画难真。
世间欲识仙家事，须问曾游蓬岛人。

瓠系时时忆敝庐，素园松菊尚萧疏。
他时烦造云台手，布置东皋一亩居。（余家有
荒圃拟造素园其间秦川常预为筹画故云。）

　　钱金甫与叶洮二人的交谊，最令人感动。钱为叶作了
那么一首长诗和这么一些短诗，钱请人画濯足图，又旁著
叶洮半面，说是为的"终朝相对叶山农"。□□□挽诗两句
颇富浪漫色彩，想象丰富。事实上当然不会有什么天堂天

国，若容许驰骋想象，那么为天上宫阙赋诗作画之余，这两位同年而卒的同乡好友，自然也会是"终朝相对"，形影不离的罢。人间的沧浪有清有浊，时清时浊，天上的水定会永远清净，叶洮可也就再不必旁看钱金甫濯足了。《江苏诗征》卷三十六引王屋云："钱金甫工诗文，不谒权贵，名重一时，尤笃师友之谊。"常言道"物以类聚，人以群分"，钱、叶二人那样情投意合，两个人的志节情操都不难想见。

叶洮卒后，友人陈坦有《哭叶琴川》诗二首，载见《国朝松江诗钞》卷三十四。诗云：

乱离生日记兰州，一展遗图泪暗流。
天际万山凭马足，军中八口出刀头。
时时歌哭原非醉，处处风流总是愁。
剩有赤心酬帝子，蓁莪几欲废王褒。

伤心空忆旧游踪，白苎青豀屡过从。
斜月坐沉邻院杵，残灯挑说隔村钟。
半生浪迹依长铗，三载承恩近九重。
北望旅魂招不得，涿州城下草蒙茸。

陈坦诗称叶洮生于兰州，这与前引钱金甫诗的描述，以及《蒲褐山房诗话》的记载相符。陈诗中所称之"遗图"，则正是指颜某所绘，而经钱金甫题咏过的那幅叶君山万里归人图。陈诗又称叶洮卒在涿州，这又和揆叙诗注相合。陈诗还用了西汉王褒的典故：汉宣帝时方士言益州有金马碧鸡之宝，可祭祀致也，宣帝命褒往祀焉，"褒于道病卒，上悯惜之"。（见《汉书•王褒传》）叶洮也是"于道病卒"，而康熙亦悯惜之，故陈诗有以比用焉。

最有史料价值的是，陈诗还交代出叶洮之供奉内廷是"三载承恩"。古人纪历年，一般都是连头带尾，从康熙三十年逆数三年，则叶洮之供奉内廷，原来是从康熙二十八年开始的。陈诗给定这样一个年代坐标，真是十分之重要，一个老大难的历史疑团，即迄今为止一直被人们误认误传的所谓叶洮设计监造畅春园的问题，便可因此而得以彻底澄清。为了说清这个问题，还需要先把"三载承恩"这个事实进一步验证和肯定下来。

叶洮卒后，知交好友为作哭诗的，还有王时鸿。王时鸿有《夜次涿鹿吊故友叶秦川》，载见《国朝松江诗钞》卷十八，又见《江苏诗征》卷四十九。诗前并有小序，语及叶洮生前及身后事迹，亦最关重要。序云：

> 秦川以丹青名京师，儒冠野服与王公大人游。今天子召见畅春园，自称山农，因命点染上林，甚称旨。明年假归，昨岁应诏北上，夏五月次涿鹿，病疽道卒。友人路苍霖、钱鹤来经纪其丧于涿之城南僧舍。事闻，上悯然，敕南邦织造使资其丧归，仍赐葬金四十两，命有司恤其家。

诗云：

> 点染灵台水与丘，山农日日捧（奉）宸游。
> 布衣存殁君恩渥，何事浮生感去留？

以王时鸿诗序所提到的"天子召见""明年假归"和"昨岁应诏"这三个年次事历，对证陈坦"三载承恩"的诗句，可以进一步明确，叶洮是在康熙二十八年召见，奉诏作畅春园图，康熙三十年畅春园图绘成后，便以病乞归，康熙三十一年复应诏北上，盛夏五月卒于涿州。王时鸿此诗为康熙三十二年所作，这时叶洮的丧柩正要从涿州发回江南，故王时鸿前往涿州奔丧并作诗吊唁，生死之义备至。

叶洮的遗体迁回江南安葬十余年之后，揆叙曾前往凭吊，作有《云间悼叶秦川二绝句》，载在《益戒堂诗后集》卷一，诗云：

> 曾共郊园把酒卮，湖山胜处约追随。
> 五茸春草幽寻遍，不见当年老画师。
>
> 夜台沦落旧丹青，邻笛声残不忍听。
> 千载鹤归知有日，未妨华表是华亭。

以此二诗之编年次第考之，为康熙四十四年所作，上去叶洮为他家造自怡园，已经十八个年头了，可是揆叙回忆起来，还是那样一往情深。

我们知道，康熙二十七年《御制畅春园记》已称园"既成，而以畅春为名"。而《康熙起居注》《康熙实录》俱有二十六年二月二十二日开始"驻跸畅春园"的记载，可见康熙二十六年春畅春园确已建成。现在学术界对于畅春园的研究还很不够，今本《辞海》这样的权威辞书上居然连畅春园的词条都没有，所有提到畅春园建造年代的论文、文章或科普书籍甚至相关的园林专著，差不多都众口一声地说畅春园是康熙二十九年建成。凡是说起畅春园作者的，也差不多全都说是叶陶或叶洮经手设计。究其致误的根源，都是未加深考，也就辗转相抄人云亦云。康熙二十九年建成之说，仅是根据《清史稿》有在这一年设畅春园总管大臣之记载，说叶陶或叶洮设计，则显然是根据《清史稿》之类的误说。实际上，畅春园的总体规划是康熙亲自过问并拍板定案的，负责具体设计，并主持叠山理水，相当于皇家总园林师的，则是著名的造园叠山艺术家张然。张然，字铨侯，号陶庵，为我国首屈一指的造园叠山大师张南垣之子。顺治末年有人推荐张南垣入内廷，南垣以老辞，而遣其仲子行，仲子盖即张然。张然供奉内廷前后断续三十余年，南海瀛台、玉泉山静明园和畅春园，都是张然所造。畅春园建成后，然以年老，赐金驰驿归，康熙二十八年卒于家。现在知道，畅春园康熙二十六年已建成，而叶洮则是在康熙二十八年才开始供奉内廷，那么叶洮之奉诏绘制畅春园图，显然应该是园子建成以后的表现图，相当于现在的竣工图，而不是建园之前的设计图。说是图成以后即命其监造，也只能是张然离开畅春园并卒去以后，叶洮随即供奉内廷绘制园图并命其监造，正是接替已经卒去的张然，是在康熙二十八至三十年间。叶洮接手的应该是畅春园建成使用以后的整修增建工程，不能说成畅春园全是叶洮规划设计，也不能混在一起，说畅春园是叶洮绘图设计，张然监造施工。诸书记载叶洮绘制畅春园图称旨即命监造，一说即命佐监造，《清史稿》称作"佐监造"，"佐"即辅佐、辅助，负责监造的可能另有其人。张然离开畅春园并卒去之后，其子张淑继续供奉内廷，即著名的"山子张"传人，后来京师有称"山子张"者，世业百余年未替。《国朝松江诗钞》引某《诗话》记载，秦川父君山在明肃藩府中有"按图构园，俾司监造事，至秦川则奉命绘畅春园图称旨，屡奉宸游，荷赐金绮"。明清时候的园林建设，往往是先由设计者绘制出园图，业主认可，即由设计绘图者为之监造。叶洮在康熙二十八年至三十年之间供奉内廷绘成畅春园图，同时即命监造或佐监造，康熙三十年请假赐归，三十一年再征召，自然还是请他回来监造畅春园的整治增建工程，只是因为他在应召北上的途中卒于涿州，请他继续监造的计划也就未能实现。

至此我们还得回头再来讨论王时鸿的诗序。诗序最后说，叶洮卒在涿州以后，为康熙闻知，遂为之悯然，并"敕南邦织造资其丧"以归。这里所说的南邦织造，指的是曹寅。曹寅为《红楼梦》作者曹雪芹的祖父，于康熙二十九年以内务府广储司郎中外放为苏州织造郎中，三十一年十一月又调为江宁织造。曹寅为内务府广储司郎中时主管过畅春园和西花园工程的财务账目。叶洮在涿州卒去的时候，曹寅还在苏州织造任上。及至后来丧柩自涿州发引的时候，曹寅已到南京改任江宁织造了。王时鸿既不说苏州织造，也不说是江宁织造，却浑括以"南邦织造"而称之，遣词命意可谓严谨缜密。我们只有把它读通弄懂，这才能见微知著，于是也就可以知道，叶洮的遗体正是康熙三十二年，即权厝涿州城南某僧舍的第二年，运回家乡，安葬于青浦。这样，一只华亭倦鹤的零落羁魂，终于还是飞回故土，永远安息了。

王时鸿诗序之极关重要，还有一点，就是明确指出，康熙召见畅春园，叶洮"自称山农"。前述《国朝松江诗钞》所引某诗话也有这个说法。这一说法并为后来成书的《清画家诗史》所本。某诗话之成书年代与作者，一时未详，推测仍在康熙年间，仅比王时鸿诗序稍晚，也许是叶洮同时人所作，所以才深知内情。诗话转引的钱金甫诗又有"终朝相对叶山农"之句，钱金甫诗注称"山农，秦川奏至尊时自称也"。可见叶洮之自称山农，并不是一般谦比于山野农夫那样的泛称。叶洮自号山农，应该是与叠山种树的说法有

关。叠山种树在当时已是造园艺术的代称，而叶洮当年是
颇以自己能兼长造园叠山艺术而自豪。我们知道，张南垣
是我国首屈一指的造园叠山艺术大师，顾师轼《梅村先生年
谱》顺治三年条记载，王时敏治西田别业于太仓西北归泾
之上，"约张南垣叠山种树"，吴梅村为作《归村躬耕记》。
我们还知道，后来常州又出现了一位著名的造园叠山艺术
家戈裕良，当时著名诗人和学者洪亮吉尝赠之以诗，诗题为
《同里戈裕良世居东郭以种树累石为业近为余营西圃泉石饶
有奇趣暇日出素笺索书因题三绝句赠之》。再对证前面引出
过的撰叙诗，撰叙悼念叶洮，咏及叶洮为其家所造自怡园，
是"累石峻嶒犹故物，种桃夭袅又新枝"。恰是以种树与累
石相对举，不过是把种树列举为观赏花木之一种而已。叶洮
自号山农，还叫人不免联想起《红楼梦》里设计大观园的胡
老明公，别号"山子野"，以及张然子孙张淑以下继续供奉
内廷而称作"山子张"。"山农"和"山子"都是指的造园叠山
种树，叶洮是第一流的造园叠山艺术家，因此自称"山农"，
可以看作是奏对时的谦称。古有司农寺、司农卿，下管御
苑监。康熙征召叶洮主持畅春园御苑造园工程，奏对时自
称"山农"，冠一"山"字，意味深长。钱金甫赠诗又有"偏
是山人甘野服"之句。实际上康熙二十八年至三十年叶洮应
召入宫，担任重要职事，正是相当于宫廷总园林师。叶洮一
向不谒权贵，不慕官职，在康熙面前自称"山农"，是连宫
廷中的恩宠殊荣也不贪恋，情愿以民间造园匠师自居。叶洮
本是第一流的山水画家，后来即以山水画意为人筑圃叠石，
而身兼为第一流的造园叠山艺术家，他自号"山农"，也是
宁愿强调自己造园叠山艺术的专长，撰叙称他为"老画师"，
那也是把他当作画家脱胎出来的造园叠山艺术家而看待了。

康熙三十一年叶洮卒去。一息不还,千秋长往,其人已矣。许多人为他作哭诗、悼诗,我们亦已考述过了。但是叶洮生前还有一些重要关节,仍须回头追述。如潘肇振有《送叶秦川入都兼怀钱太史越江》一诗,内容颇为丰富,是有关叶洮生平事迹的重要史料。诗云:

> 君家阿翁如虎头,笔力遒劲凌沧州。
> 当年藩邸最恩幸,赠以爱妾神仙俦。
> 闻道崎岖走关陇,高歌慷慨无全牛。
> 归来泼墨益奇放,磊落万象恣冥搜。
> 秦川丹青本天授,风华胜事成箕裘。
> 闲来林塘缀小景,有时巨幅千峰稠。
> 胸中岩壑不知几,意气直欲横九州。
> 忆昔轻装游帝里,京华故旧垂青眸。
> 盛名直达天子听,烟驱墨染风云浮。
> 上林长杨饶气色,至尊含笑黄金投。
> 今兹再向君王侧,恩荣宁许寻常侪。
> 愧我菰芦日潦倒,驽驷焉敢希骅骝。
> 燕台主人我旧游,年来音问成阻修。
> 矫首北望心悠悠,相逢道我多穷愁。
> 倘得山赀买西畴,种瓜五色东陵侯,
> 乐哉便拟终斯邱。

此诗载在《青浦诗传》卷二十二。题称送叶秦川入都,诗中有"今兹再向君王侧"之句,因知是康熙三十一年饯送叶洮再赴征召时所作。潘肇振这时还是慷慨高歌,为叶洮送行,殊不知这一去便成为生死存殁的永诀,而这诗也就成为叶洮生前友人赠篇的最后之作了。潘肇振，字文起，号毅远，青浦诸生，有《遗安堂稿》。与钱金甫交游，诗中之"燕台主人我旧游"即指钱金甫。潘肇振此诗写得很好，而且内容很丰富，可以看作是开头所引钱金甫那首诗的姊妹篇。钱诗侧重于叶洮的家世出身，下限写到他业游四方，东西南北；潘诗则侧重于叶洮本人的生平事迹、艺术成就和社会声望，一直写到他临死那一年。将钱诗与潘诗合起来看，叶洮一生事迹，便已大体完备。还应指出的是，钱诗是在京师所作，潘诗是在青浦所作，这又表明，叶洮这人，无论是在京师旅邸还是江南故乡，都一样地受人敬重，名望甚高。

潘诗对叶洮的艺术事业有所描述。"闲来林塘缀小景，有时巨幅千峰稠"。以"林塘"与"巨幅"对举，前句说的是造园，后句说的是绘画。"胸中岩壑不知几，意气直欲横九州"，说的是艺术造诣之高深和境界的广远。潘对叶的艺术成就，佩服得五体投地，誉之为骐骥，而自比为驽骀，亦可见钦崇之至。

叶洮是一位具有多方面造诣，才华横溢的艺术家。他工山水，喜大斧劈，畅春园建成，康熙不找别人，专叫他来绘制园图，其人在山水画界的地位也就不难想见。他又能以山水画意通之于造园艺术，为人叠山理水，营构园林，他在参与畅春园后期整治增建工程之前，已为明珠相国家建造了自怡园，又为国戚佟国维家在海淀造了佟氏园。叶洮为明珠揆叙父子家造自怡园，我已写有一篇《自怡园》，做了专门的考证，上文亦已说及。关于海淀佟氏园，钱金甫曾为作《佟园记》，载在《保素堂集》卷九。记云：

今上临御日久，仁风翔洽，海内乂安，万机少暇，于玉泉山之东为畅春园以备游豫，诸王公

大臣亦命名选胜置园，为扈从登临地。国戚佟公
独密迩御园，踞最胜。其下以次棋布，皆上意也。
万泉庄活水初达御园，次即至公园，一泓澄碧，
视他园尤洁，地可数百亩，先是有亭有屋，有树
木墙垣，规模略具，而一望平衍，无曲折之致，
公乃延松江叶生授以意指，重加整顿，益置屋
三十余间，亭子四，土山十余所，树数百株，桥
梁三，堤一，水廊二，假石为峰峦凡数处，此园
乃廊（廓）然成大观矣。

园记较长，不能一一转引，下文详述各处景观如"门临大
道名桃霞村"，桃霞下有酒垆，从花而转绿柳干云，入门诸山横
列，若不知有园者。渡小桥东北行始有亭，名"戴天"，亭下广石
仿虎丘千人坐，从亭而西为敞屋，下临澄潭可垂钓，从土山之背
至东北有翠微亭，逶迤宛转，又有夹镜居、奇翠、拂云堂、射圃
等，不一而足。园记一一铺叙各处景观之后，又总揽而述云："盖
其地宽广而布置曲折有如此，园之形左实而右虚，左多山而右
多水，左与泉远，园外无山，无山则一览易尽，故宜实。右与
泉近，且园以外皆山，故宜虚。独于水厅外筑遥堤以通西南隅，
垒土为山造亭其上，颜曰啸亭。园之西南尽于此。此皆丹青烘染
之法，叶生工于画，又善体公意，宜其经营尽善，与诸生不相雷
同，今上每顾之，而嘉赏不置也。"此园只称佟氏园，园主为"国
戚佟公"，记末又称"今公以两朝懿亲眷顾，俾置园林以休沐"。
佟姓国戚有佟国纲、佟国维兄弟，按《清史稿》卷二一四《后妃
传》，"孝懿仁皇后佟佳氏，一等公佟国维女，孝康章皇后侄女
也"。《清史稿》卷二八七《佟国维传》，佟国维为"图赖次子，孝
康章皇后幼弟，孝懿仁皇后父也……（康熙）二十八年推孝懿仁

皇后恩，封一等公"。"两朝懿亲"正是指佟国维。戴璐《藤阴杂记》卷十二："海淀佟氏园有董文敏书瑞园石刻，申拂珊副宪甫寓园时搜剔于墙东草棘中，为赋长歌移寓过园诗，诗云'偶寻断石留书法，即论栽松仿画家'。"佟氏园发现瑞园石刻，是明代董其昌手笔，"即论栽松仿画家"，则是指叶洮为佟氏造园种树之事。《藤阴杂记》卷四又载："佟国纲赐第在灯市口东街佟府夹道，后改同福夹道，有野园，池亭佳胜，汪由敦有诗。"佟国纲之野园不知是否为叶洮手笔。又据钱金甫《送叶秦川南归》诗注称"余家有荒圃，拟造素园其间，秦川常预为筹画"。青浦钱金甫家的素园请叶洮为之规划筹建，但是不久之后，叶洮与钱金甫便先后故去，素园的规划和设计未能实现。前引潘肇振赠叶洮诗有"闲来林塘缀小景，有时巨幅千峰稠"之句，可见叶洮在入京之前在江南故乡一带也曾为人建造林塘小景、小型私家园林。潘诗结尾又说："倘得山赀买西畴……乐哉便拟终斯邱。"言下之意，也是想买一地段，请叶洮建造私家小园。

　　叶洮为第一流的山水画家，康熙二十九年征召入内府为画畅春园图，此畅春园图今未见。《中国古代书画目录》著录，北京市文物商店收藏有叶洮山水十二开册纸，设色，题丙寅款，为康熙二十五年（1686）所绘，据北京文物商店有关负责同志见告，为十二页自然山水，有雪景。原作我尚未见，今按康熙二十五年叶洮正在北京，此十二开册纸又有雪景，或是在北京所作。美术史上很少提到叶洮，《中国大百科全书·美术卷》亦无叶洮的条目。叶洮的绘画作品传世不多，这十二开册纸实属难得，希望有关方面能够尽早发表出来，以便研究并飨读者。

　　叶洮不仅是著名的山水画家，著名的造园叠山艺术家，同时还是一位很有造诣，很有特色，而且颇有一定影响的诗人。他有一首著名的《西泾赏菊》诗，颂在人口。诗云：

秋光九十犹潇洒，言寻芳菊东篱下。

华灯夜灿张琼筵，入座幽香自盈把。

按拍同听白雪吟，飞筹共醉黄金罍。

忆我频年赋浪游，日向长安策疲马。

清溪回首多故人，襟抱无由得抒写。

相逢今昔开欢颜，万斛离愁尽倾泻。

尊前击钵还催诗，春容翰墨扬风雅。

街鼓声稀客未归，城上栖乌啼哑哑。

乐事须从物外求，车尘鹿鹿何为者？

　　这首诗收在《青浦诗传》卷二十二。诗前附作者小传，传并附引《蒲褐山房诗话》的一段记载，诗话的前一半略记叶洮生平，前文已有转引，后一半又云："此诗盖假归时所作，其倦游之意可见矣。时孙思九为西泾之会，赏菊者凡二十二人，当以金城诗为压卷。"孙思九即孙铉，曾游于徐乾学、汪琬、宋实颖之门，为当时著名诗人，并曾偕内侄黄朱荤辑《皇清诗选》行于世。孙思九的沙龙诗会，高手云集，叶洮诗能夺得压卷状元，其人之诗才可以略见。《西泾赏菊》这首诗，不仅选收于《青浦诗传》，还选收于《国朝松江诗钞》(卷十八)、《江苏诗征》(卷一百六十)、《清画家诗史》(乙上)，亦可见其流传之广。

　　诚如王昶所指，这首诗是叶洮"假归时所作"，具体写作时间则显然是康熙三十年秋九月。诗写的是秋天赏菊的盛会，本来是个欢快的场面，可是字里行间却流露出那么一种业游已倦的情怀，还夹杂着一种秋肃之气，写得有些凄婉。陈坦后来作哭诗所谓的"时时歌哭原非醉，处处风流总是愁"，正是指他这一类长歌当哭的感伤作品。叶洮以一介平民出身的布衣画家，儒冠野服而与诸王公大人游，后来更由于王公大人等之举荐，得供奉内廷，享受宠恩殊荣，局外之人不知内情，往往投之以艳羡的青眸，以为他春风得意，可是他本人却有一种抱负不得施展，倦鹤不得飞还的感喟。叶洮并不贪恋那东西华门的软红尘土，却羡慕江南水乡的青溪故人。他虽被荐供奉于畅春园，得近九重，可是奏事仍自号山农，康熙也竟以客卿让其礼，就是这样，他也还是很快便乞归了。这样一位终生以自己的手描绘大自然山水之美的画家，又是能以自己的手移天缩地，再现大自然山水之美的造园叠山艺术家，两种艺能的造诣都达到了炉火纯青的程度，可他自己却还以为是"襟抱无由得抒写"，这一方面说明他襟抱宽阔，"意气直欲横九州"，他还要无休止地创造、突破；另一方面也说明当时的社会对他还有很大的束缚和压抑，频年浪游，长安疲马，他累了，实在太累了，他需要休息一下，可是还没等他缓过乏来，就又被征召，他病倒在被征召的道上，就再也起不来了……

人们尊敬他，羡慕他，可是并不见得都能了解他。康熙召用，荷赐金绮，享受宠荣，可是在他看来，物质报酬，精神荣誉，那能算得什么？于是他引吭高唱："乐事须从物外求。"他以艺术为唯一追求，这是他作为一个纯粹的知识分子，一个纯粹的艺术家的高尚情操，可也正是他所以能取得成功的关键。

叶洮的一生是可歌可泣的。叶洮这样的人物，值得我们永远纪念。

　　1984年4月20日初稿写于沈阳，是日谷雨，预报有雨而好雨不来。

　　2004年12月31日改定于北京，天气奇寒。

戈裕良传考论——戈裕良与我国古代园林叠山艺术的终结

　　现在学术界一般都说戈裕良是清代乾隆时期的造园叠山大名家，是因为没有弄清戈裕良的生平时代。据我新近考证，戈裕良生在乾隆中，卒在道光中，他一生造园叠山艺术的实践，主要是在嘉庆和道光年间，下限已靠近1840年鸦片战争，古代史结束。一部园林史上，戈裕良可算是最后一位造园叠山名家，戈裕良的故去，标志着我国古代园林叠山艺术的终结。

　　关于戈裕良，前人只给我们留下一些零星材料，他的生平事迹，半已湮没不彰。本文根据目前已钩稽到的断简残篇，力图为戈裕良做出一个较为全面的、历史性的评传。这是建筑史和园林史上的一个重要课题。

　　戈裕良为清代中晚期最杰出的造园叠山艺术家，和他同时的著名思想家、文学家和地理学家洪亮吉，把他和明末清初最杰出的造园叠山艺术家张南垣并提，称之为"三百年来两轶群"。戈裕良确是张南垣之后又一位出类拔萃的造园叠山大名家。张南垣一生所造名园甚多，据我考知，有明确记载的，就有十三四处之多，可惜的是一处也没有留下来，张南垣的造园叠山风范，如今只能从大量的文献材料中考知梗概。戈裕良一生所造名园和假山，有记载可考的，迄今已知有八处共十个子项，其中苏州环秀山庄和常熟燕谷两处，居然保留至今，基本完好。环秀山庄假山更被一致公认为我国现存名园假山中的神品。张南垣的传记材料留下来很多。张南垣为华亭人，后迁嘉兴，又为嘉兴人。《华亭县志》《娄县志》《嘉兴县志》《松江府志》《嘉兴府志》《浙江通志》都有他的传，《清史稿》也为他列有专传。张南垣同时的著名思想家、文学家和史学家黄宗羲、吴伟业和谈迁等人，也都曾为他立传。戈裕良因有作品传世，他的生平事迹一直为研究者所关注，但是遗憾得很，迄今为止，谁都没有发现任何一篇戈裕良的正式传记。戈裕良为常州阳湖县人，《常州府志》现存只有康熙以前所修者，道光以后所修《武进阳湖县合志》《武进阳湖县志》也没有他的传。道光、咸丰以来的文人别集中也没有发现他的传记。

有关戈裕良生平事迹的原始材料，现在为人所知的，只有钱泳《履园丛话》中的一条。《履园丛话》卷十二《艺能》篇《堆假山》条：

> 堆假山者，国初以张南垣为最。康熙中则有石涛和尚，其后则有仇好石、董道士、王天於、张国泰皆为妙手。近时有戈裕良者，常州人，其堆法尤胜于诸家。如仪征之朴园、如皋之文园、江宁之

五松园、虎丘之一榭园，又孙古云家书厅前山子一座，皆其手笔。尝论狮子林石洞皆界以条石，不算名手，余诘之曰："不用条石，易于倾颓奈何？"戈曰："只将大小石钩带联络，如造环桥法，可以千年不坏。要如真山洞壑一般，然后方称能事。"余始服其言。至造亭台池馆，一切位置装修，亦其所长。

这一条材料，又别见于桐西漫士《听雨闲谈》。《听雨闲谈》一书比较冷僻，仅存抄本，为谢国桢先生珍藏，书后有徐康手跋。戈裕良《堆假山》这一条，谢先生已据《听雨闲谈》辑入《明代社会经济史料选编》。钱泳生于乾隆二十四年，卒于道光二十四年，《履园丛话》述德堂本初刻于道光十八年。桐西漫士系道咸间人，生卒年不详，《听雨闲谈》的成书年代也不详，但是书中《堆假山》这一条，必定是出自《履园丛话》。这是因为，第一，钱泳为园林鉴赏家，《丛话》除这一条以外，卷二十《园林》篇详记各地园林，戈裕良所造的仪征朴园、如皋文园、江宁五松园等都另有记载，与《堆假山》条都能对得上号，《园林》篇还记载常熟燕谷有戈裕良叠石一堆，可见钱泳对戈裕良和他的作品都很熟悉。第二，《履园丛话》卷六《耆旧》篇"秋帆尚书"条云："余少负戆直，一日同坐观剧，谓先生曰：'公得毋奢乎？'先生笑曰：'吾尝题文文山遗像，有云：自有文章留正气，何曾声妓累忠忱。所谓大德不踰闲，小德出入可也。'余始服其言。"这一段记载的文章体式，设问设答，间架结构与《堆假山》条中的一段完全相同，两处都用了"余始服其言"一句作结，更是一字不差。根据以上这两点事实，戈裕良《堆假山》一条的著作权，无疑应该判归钱泳，桐西漫士《听雨闲谈》是转抄而未注明出处。当时的笔记闲谈之类，像这样全文抄录而又不注出处的情况，很是不少。

《履园丛话》中《堆假山》这一条，从清初的张南垣说起，接着列举石涛、仇好石、董道士、王天於、张国泰诸名家，然后才说到"近时"的戈裕良。推本溯源，自张南垣至张国泰一段，基本上是出自李斗《扬州画舫录》。《画舫录》卷二：

> 扬州以名园胜，名园以垒石胜。余氏万石园出道济手，至今称为胜迹。次之张南垣所垒白沙翠竹江村石壁，皆传诵一时。若今董道士垒九狮山，亦藉藉人口。至若西山王天於、张国泰诸人，直是石工而已。

拿这一段与《丛话》比较一下，就会发现，《丛话》虽有所本，但却没有生吞活剥，而是经过了加工，使之具有一番新意。第一，《画舫录》列张南垣于石涛之后，而《丛话》则相反，首称"国初以张南垣为最"，接着才说起"康熙中则有石涛和尚"。这一改写，无论从时代先后来说，还是从成就和影响大小来说，都更为确当。第二，《画舫录》称王天於、张国泰"直是石工而已"，对王、张有微词，同时贬抑了石工，《丛话》则将王天於、张国泰与仇好石、董道士等一视同仁，都称为妙手。

《听雨闲谈》以后，又有李放《中国艺术家征略》卷上《石类》，也是全文转录了《履园丛话》这一条，但已注明系出自《艺能》篇。唯《征略》的转引，误戈裕良为戈裕长，以致近时又有人沿袭其误，如《光明日报》1961年8月19日《漫话中国美学》一文，即引作戈裕长，《厦门大学学报》1956年1期《骨董琐记质疑》一文，也以为应作戈裕长，还以此向《骨董琐记》作者提出质疑，实际上《琐记》作戈裕良，根本没有错。

邓之诚先生《骨董琐记》卷六《叠石》条记清代叠石名家云：

> 扬州名园以叠石胜者，余氏万石园出释道济手，白沙翠竹江村石壁出张南垣手，怡性堂宣石山出仇好古手，九狮山出淮安董道士手。乾隆时有王天於、张国泰亦以叠石著，唯划俗类石工所为，不为士大夫所称道。嘉、道时常州戈裕良叠仪征朴园、如皋文园、苏州五松园、虎丘一榭园，又孙古云家书厅前山子一座，能不界条石而叠石洞。按太仓王奉常别业薋贺园假山亦南垣遗制，后归毕秋帆，更名静逸园。大江以南园亭得南垣叠石而显者，有李工部之横云、卢（虞）观察预园，吴吏部竹亭。南垣名涟，华亭人，子然继之，游京师，瀛台、玉泉、畅春园及王宛平怡园，皆其手制。

《琐记》这一条，系综合李斗《扬州画舫录》、钱泳《履园丛话》、袁枚《随园诗话》和阮葵生《茶余客话》诸书有关条文而成。其中叙述戈裕良堆假山这一段，就是本自《履园丛话》，但是却将"江宁五松园"误为"苏州五松园"。苏州的五松园即狮子林，因为其中"有合抱大松五株"，所以"又名五松园"。钱泳还曾转述过戈裕良批评狮子林石洞的话，苏州五松园即狮子林的山石堆叠，与戈裕良了不相干。

《履园丛话》一书，在清代的笔记中公认是较为翔实的。钱泳是具有多方面才能的文士，光绪重修《常昭合志稿》卷四十一《人物·流寓》："钱泳字立群，号梅溪，金匮人，五岁即能楷书，稍长工篆隶，年十七游吴门，诸先达多折行辈与之交。毕沅抚豫，延入幕，与孙渊如、洪稚存诸人论金石学，学大进。"钱泳一生长期为人作幕，到处游历，见闻甚广。《丛话》所用材料，都是得自所见所闻，又经过归纳耙梳，与那些仓促谋篇，东抄西袭的笔记不同。所记戈裕良叠山事迹，系以同时人记同时事，戈裕良所造的几处园林与假山，钱泳也都游历过，与园主人又都有很好的交往，并且还亲自向戈裕良采访，和他辩难堆叠石洞的技术问题，所以《丛话》中的这一部分记述，无疑应是很可靠的材料。《丛话》所记戈裕良《堆假山》这一条，史料价值很高，后人每喜辗转引用，戈裕良能不界条石而叠石洞，甚至竟成了鉴定假山石洞年代早晚的圭臬，不时为人称道。

有关戈裕良生平事迹的材料，除了人们习知的《履园丛话》一条以外，我还查到另一种材料，更为重要，而且迄今为止这一材料尚未见有笔记丛谈之类的书籍加以转引，更未见近时的建筑史、园林史研究者提到。

洪亮吉《洪北江诗文集》《更生斋诗》卷第七《西圃疏泉集》有赠戈裕良诗三首，诗题为《同里戈裕良世居东郭以种树累石为业近为余营西圃泉石饶有奇趣暇日出素笺索书因题三绝句赠之》，诗云：

奇石胸中百万堆，时时出手见心裁。
错疑未判鸿濛日，五岳经君位置来。

知道衰迟欲掩关，为营泉石养清闲。
一峰出水离奇甚，此是仙人劫外山。

三百年来两轶群，山灵都复畏施斤。
张南垣与戈东郭，移尽天空片片云。

洪亮吉，字稚存，常州阳湖县人，乾隆十一年生，嘉庆十四年卒。据其门人旌德吕培等同编次的《洪北江先生年谱》，嘉庆八年洪亮吉五十八岁，是岁在里门，"于宅西西圃小筑泉石，创曙华台、更生斋"。洪亮吉的三首诗作于嘉庆八年，从诗集的编年次序上很容易看得出来。从诗集的编排次序上还可以进而看出，洪亮吉为戈裕良题诗，是在这一年八月中秋的略前，因为此三诗以下紧挨的一首题为《中秋夜月》，又下一首题为《八月二十日抵宁国同年鲁太守诠邀游北楼并留饮桂花树下赋赠二首》。当时西圃已将次建成，此三诗之前已有《近筑西圃将次落成偶赋八截句》。

洪亮吉这三首诗对于探讨戈裕良的生平事迹极为重要，它提供出以下几个方面的情况：

第一，关于戈裕良的里贯。戈裕良为常州人，这一点人们一直都是依据《履园丛话》。《丛话》记载戈裕良的里贯，或曰常州（卷十二《艺能》），或藉古称曰晋陵（卷二十《园林》），其实都是一回事。清初沿袭明制，常州设府，领五县，倚郭为武进县。雍正二年，两江总督查弼纳以苏、松、常三府赋重事繁，奏请置县升州，多设官吏，故析武进置阳湖，析无锡置金匮，析宜兴置荆溪，雍正四年照准实行。雍正四年分县以后，常州府共辖八县，倚郭仍为武进、阳湖二县。武进居西，阳湖居东。洪亮吉为阳湖县人，居阳湖左厢花桥里。洪亮吉称戈裕良为"同里"，古人重乡谊，不只是同里巷的人，而且同县的人也可称同里，甚至邻县或近县而属于同一州府的，也可以称为同里。洪亮吉称戈裕良为"同里"，又说戈裕良"世居东郭"，称戈裕良为"戈东郭"，而洪亮吉所住的"阳湖左厢花桥里"，正是在常州城内东部。戈裕良即使不是同住花桥里，也是住在东城内外附近，离洪亮吉家不远。清代常州城沿袭明代之旧，明初朱元璋在常州设驻重兵东御吴越，守御官中山侯汤和因五代十国时吴天祚二年所筑的罗城大而难守，于是收缩东南西三面，在罗城内改筑新城，周十里二百八十四步。新城之内又设有外子城和内子城。武进未析县前，城内七厢，城外三厢，雍正四年分隶阳湖县的，有城内三厢，城外一厢。据道光二十三年《武进阳湖县合志》记载，左厢"北至北城，东至东水门，东南至东右厢界，南至中右厢界，西至武进县子城厢二图界"。这就是说，阳湖左厢的范围包括常州新城东北后河以北及外子城东部。花桥里的范围不详，花桥即水华桥，在东水门内的后河上，后河现已改建成马路，桥已不存，其遗址位置大约北对西狮子巷口。洪亮吉故宅今尚存，就在西狮子巷东，现在的门牌号码为解放路824号。洪亮吉的后人，我国现代著名戏剧家洪深，就曾居住于此，现在是洪深的侄子及其亲属居住。戈裕良为洪亮吉所造的傍宅园西圃，现在仍有遗迹可寻，其中的收帆港二楹尚存，屋内北墙上嵌有《皇清诰授奉直大夫翰林院编修加三级洪君墓志》志盖及志文各一方。洪亮吉旧宅的发现，表明东水门内水华桥北东西狮子巷一带无疑就在清代乾嘉时期的阳湖左厢花桥里的范围内。这里靠近常州外城即所谓新城的东城墙，古人所称的郭，一般指外城的城墙，洪亮吉称戈裕良"世居东郭"，又称戈裕良为"戈东郭"，当然应该是指新城东城墙，而不会是指早已废弃三四百年的罗城。所以我认为戈裕良旧居之地，如果不在东水门内水华桥一带，就一定在东水门外距城不远的天宁寺一带。戈裕良故去至今大约只有一百五十年，很可能现在还有戈裕良的后人住在原处。去年我到常州很容易就找到了洪亮吉的旧宅，这对下一步寻找戈裕良旧居之地和戈家后人，无疑是一个重要的线索，也是一个很大的鼓舞。洪亮吉是几经搬迁，最后定居在阳湖左厢花桥里的，戈裕良"世居东郭"，是花桥里或其附近东水门外的老户。

第二，关于戈裕良的职业。洪亮吉称戈裕良"以种树累石为业"，当时所说的"种树累石"，正是相当于我们现在所说的造园林叠假山。"种树累石"这个提法，我们并不陌生，顾师轼纂《梅村先生年谱》顺治三年丙戌条记事云："王烟客治西田于归径之上……约张南垣叠山种树，钱虞山作记，先生为作《归村躬耕记》。"张南垣"叠山种树"，戈裕良"种树累石"，表明他们一样都是职业的造园叠山匠师。按明吴省曾《吴风录》记载，叠山石种花木这种职业的造园叠山匠师，称之为"花园子"，是挟一技之长而自食其力的劳动者，这种职业的造园叠山家，也需要在诗文绘画方面有广博的知识和精深的造诣，所以往往也都是知识分子出身，但是他们与文人画士而兼工造园叠山的周时臣、文震亨、李渔、王石谷等人毕竟是有所不同。戈裕良的家世出身，原来不是很清楚，洪亮吉称他"世居东郭"，"以种树累石为业"，则已较明白。洪亮吉第三子符孙娶妾戈氏，不知是否即"同里"戈氏族女，以情理推断，一位官僚士大夫之子，娶"种树累石"为业的"花园子"族女为妾，也算是符合两家门庭等第的关系罢。洪亮吉与戈裕良除了同里之外，可能还有某种姻戚关系，一时不能详考。从洪亮吉赠诗的口气上看，二人的关系较为亲切，颇不寻常。

第三，关于戈裕良的师承。洪亮吉的诗中说："张南垣与戈东郭"，"三百年来两轶群"。将戈裕良与张南垣并列，称他们为三百年当中两位出类拔萃的造园叠山艺术家，这

个看法精辟又确当。张南垣是我国造园叠山史上首屈一指
的大名家，经我考证，张南垣生于明万历十五年（1587），
卒在康熙十年前后。戈裕良大约生于乾隆中，卒于道光
中。如果从戈裕良的生年逆推到张南垣的生年，中间大约
是一百八十年，还不到二百年。如果从洪亮吉题诗的嘉庆
八年（1803），逆推到张南垣的生年，则有二百一十七年，
也还不到三百年。但是古人习气，以为人生要活过一百岁，
就可以说是"人生二百年"，那么过了二百年，也就不妨说
成是三百年了罢。当然，洪亮吉很可能并不知道张南垣之
生年，举出"三百年"，只不过是约略说在二百多年。和洪
亮吉约略同时的赵翼有"江山代有才人出，各领风骚数百
年"之句（《瓯北诗钞》卷二十八《论诗绝句》），洪亮吉所
说的"三百年"，大约也可以理解成很长一段时间，是只
可意会，而不可存舟剑之见。值得注意的是，从张南垣到
戈裕良这一段时间，正是我国古典造园叠山艺术发展到最
后成熟，后来又随着封建社会一起走向衰落。张南垣以后
的造园叠山艺术家，《扬州画舫录》和《履园丛话》举出不
少，他们活跃于扬州和江浙一带。数起清代的造园叠山名
家，张南垣之后，他的子侄张熊、张然、张鈇等也都名重
一时，后来成就最高、造诣最深，可推为张南垣父子之后
劲的，则是戈裕良。张然早期曾随其父在江南为人造园叠
山，后期则主要活动在北京，北京的皇家园林如南海瀛台、
玉泉山静明园和畅春园，私家园林如王熙的怡园、冯溥的
万柳堂皆其手制。张然造了怡园和万柳堂以后，北京诸王
公园林皆成其手，张然子孙在北京衣食其业，有称"山子
张"者，"世业百余年未替"（《清史稿·张南垣传》）。但是
到了洪亮吉为戈裕良题诗的嘉庆年间，北京"山子张"的兴

旺发达也早已过去，这时崛起于南方的叠山名家，则首推戈裕良。洪亮吉称戈裕良为张南垣以后的又一位出类拔萃的造园叠山名家，这对于戈裕良来说，一方面是信非虚誉当之无愧，一方面又恰好表明戈裕良的师承有自衣钵得传。戈裕良继承和发扬了张南垣的造园叠山艺术，成就甚高。

第四，关于戈裕良的叠山技艺。洪亮吉的诗对戈裕良的叠山技艺备极推赏，称戈裕良的作品"饶有奇趣"，又描述其绝技云："奇石胸中百万堆，时时出手见心裁。错疑未判鸿濛日，五岳经君位置来。"本来，在有限的空间范围内，用特定的艺术手法，移天缩地，模山范水，再现出高山大壑一般的无限意境，乃是所有叠山艺术家都在追求的一致目标，但是，正如李渔所说："余遨游一生，遍览名园，从未见盈亩累丈之山，能无补缀穿凿之痕，遥望与真山无异者。"（《闲情偶寄·山石第五》）李渔在叠山艺术方面有一些成就，在园林叠山理论方面也颇有造诣，尚且发出这样的感叹，足见叠山艺术要达到出神入化的境界，真是谈何容易的事情。戈裕良所叠山石，能够叫人"错疑""五岳"，有真山大壑一般的磅礴气势，这从现存环秀山庄的假山来看，可以说是果然名不虚传。王培棠《江苏乡土志》云："戈氏堆假山极著名，不落常人窠臼，乃直接取法于洞府，若能融洽泰、华、嵩、衡、黄、雁诸奇峰于胸中，布之于堆砌假山，使游人恍若登泰岱履华岳者然。入山洞如疑置身桂粤，已忘其尚在苏州城中，诚奇手也。"陈继儒有《张南垣移居秀州赋此招之》诗云："指下生云烟，胸中具丘壑。"洪亮吉赠戈裕良诗云："奇石胸中百万堆，时时出手见心裁。"和张南垣一样，戈裕良对于叠假山有精湛的造诣，所以能够得心应手。戈裕良能够融洽天下奇峰于胸中，胸中装着奇峰百万，随时一张袖子，一甩手就可以抛得出来，叠山艺术进入这样一个境界，怎能不令人叹为观止、夸为神奇呢。

第五，关于戈裕良的时代。戈裕良生卒年代未见记载，他的生活时代近人有种种推测，有的不贴边，有的虽差或近之，但终多是不得要领。《履园丛话》记出戈裕良所造园林所叠假山多处，却没有一处记出绝对纪年。洪亮吉三诗作于嘉庆八年，当时戈裕良正在为他建造西圃，并将次建成，西圃就在这一年落成。从戈裕良请洪亮吉题诗，洪亮吉当仁不让，以及洪亮吉诗题诗句的语气来看，戈裕良的年岁比洪亮吉要小。参证以其他材料，我以为戈裕良很可能比洪亮吉小十多岁。戈裕良本是嘉庆道光时候的叠山名家，现在人们多以为戈裕良是乾隆时的叠山名家，实际上是弄错了。

戈裕良一生所造园林所叠假山，见于记载的，据我考知，迄今为止一共有八处，共十个子项，实际上可能还不止于这些，以后多方面留心查找，或许还能续有发现。

这八处当中，见之于《履园丛话》卷十二《艺能》篇《堆假山》条的，一共有五处，即仪征朴园、如皋文园、江宁五松园、虎丘一榭园和孙古云家书厅前的假山一座。另有常熟燕谷一处，《艺能》篇不载，而见载于《丛话》卷二十《园林》篇。此外则常州西圃见之于洪亮吉题诗，扬州意园见之于小盘古题跋和嘉庆《江都县续志》。还有一位园主一处地方分建两所的，如改建如皋文园同时又为汪为霖新建了绿净园，为孙星衍筑五松园之后，又为他造了五亩园。现依其先后次序，一一排比考述如下。

虎丘一榭园

一榭园见载于《履园丛话》的《艺能》篇,《园林》篇则不载。按民国《吴县志》载:"一榭园在斟酌桥,嘉庆三年任太守兆炯购得薛文清公祠废址改筑。后为常州孙观察星衍所得,改名忆啸园,中有授书堂,后为其大母许太夫人节孝祠,其左即孙武子祠。"民国县志所载此条,本出自光绪《苏州府志》,但府志未记任兆炯改筑一榭园具体在哪一年。任兆炯为山东聊城人,洪亮吉称他为同年,任兆炯不曾中过进士,洪任二人应是乡试同年,因知任兆炯为乾隆四十五年举人。任兆炯在嘉庆元年出任苏州知府,到嘉庆七年离任。改建一榭园,正是他在苏州知府任上的时候。唐仲冕《陶山文录》卷七《虎丘一榭园记代》:"予领郡之二年,既濬城河修塘路,思香山遗爱专建白文公祠,祠故塔影园也。名胜鼎新,游舫麛集,乃于祠之东岸得隙地,辟为园,额以一榭名,其堂曰思白,为余休沐游憩之所,暇则偕宾僚饮谯其中!"唐仲冕不曾为苏州知府,文题下有"代"字,显然是代任兆炯所作。任兆炯,嘉庆元年知苏州,领郡二年建一榭园,正是在嘉庆三年。

孙星衍《芮船咏史集》有题为《庚申冬日同人集一榭园阅十年矣偶属吴山尊学士鼐题册有感旧游率赋二律即用唐陶山刺史仲冕元韵并寄之时己巳年七月五日》诗二首,庚申为嘉庆五年,这时一榭园已经建成,诸名流已在此宴集赋诗。光绪《苏州府志》卷三十:"孙子祠在虎丘山浜内,祀吴将孙武子,国朝嘉庆十一年孙星衍即一榭园改建。"一榭园改建为孙武子祠,事在嘉庆十一年,亦见于孙星衍《冶城絜养集》卷下《巫门访墓》诗序。孙星衍《平津馆文稿》卷下收有《虎丘新建吴将孙子祠堂碑记》，未署年月，但《平津馆文稿》为嘉庆十一年编成，光绪《府志》引此文，末题"嘉庆十一年仲秋记"。《冶城絜养集》卷上《郭文学麐以神庐图属题》之二云："蓬庐是处可容身，眼见朱门易主频。我亦山塘新卜筑，未妨舍宅学王珣。"诗后注云："予买虎丘一榭园建吴将孙子祠。"孙星衍买得一榭园的时间，推测在嘉庆七年任兆炯离任以后，得一榭园之后，孙星衍即以"一榭园"为别号。光绪《府志》记一榭园曾改名忆啸园，"忆啸"为"一榭"之谐声，又切用本家历史人物孙登长啸的著名典故，但忆啸之名终不显，嘉庆十一年一榭园已改建孙武子祠，嘉庆十四年孙星衍仍有宴集一榭园诗，石韫玉《独学庐三稿》卷六有《春日重过一榭园》诗，为嘉庆二十年所作，这表明后来虽建了孙武子祠，可是一榭园之名并没有废掉。

一榭园初为任兆炯所建，后归孙星衍，《履园丛话》只记戈裕良曾为一榭园叠石，而没有记出开工时间和委托时的园主人为谁。孙星衍为戈裕良同县人，任兆炯为洪亮吉同年，洪亮吉也是戈裕良同县人，任与孙、洪二人为知交好友。戈裕良叠石究竟是为任兆炯，还是为孙星衍，因材料有间，一时不能详考。两种可能虽然都有，推测前一种可能为大，因为任兆炯是将薛瑄祠堂的废址改筑成园林，而孙星衍则正好相反，是将现成的园林改为孙武子祠堂。

扬州秦恩复意园小盘谷

扬州意园小盘谷为戈裕良所造，见于朱江先生《扬州园林实录》（油印本），说是据小盘谷题跋。陈从周先生《苏州环秀山庄》一文，也提到此事，说是据秦氏藏意园图记。意园图我尚未见，图上的题跋也未见著录。《扬州园林实录》云：

> 秦氏意园在旧城堂子巷六号住宅之西南隅，清代乾隆年间太史秦恩复所筑。园中叠湖石为山，名曰小盘谷。据《小盘谷题跋》叙述，系出自常州叠石名工戈裕良之手笔，史望之为书额。园内旧有五箭仙馆、享帚精舍、知足不知足轩、石砚斋、居竹轩与听雪廊诸胜迹，后毁于火。同治年间秦氏后人于园址随地补栽竹石，广植花木，并筑草堂数间，为春秋佳日盘桓或筵宴之所。今时唯有意园东北墙上尚嵌有史望之书题的小盘谷石额，残存一个"谷"字，就别无其他的遗留了。

朱江先生为扬州博物馆老馆长，为当地文物考古耆宿。先前我在辽宁省博物馆工作，到扬州考察，他和我一见如故，交为好友。他这段记载有根有据，显然是见过《小盘谷题跋》。

我后来又查到，嘉庆十六年《江都县续志》卷五记载："小盘谷秦太史恩复筑，即在所居书堂内，方庭数步，架岩潴水，为常州戈裕良所构。戈工累石，近今之张南垣也。"这条记载更加明确，当时的志书，对戈裕良的叠山艺术，评价甚高，也最中肯。

秦恩复为江都人，字近光，号敦夫，生于乾隆二十五年，卒于道光二十三年。《碑传集补》卷八有传。传载秦恩复为乾隆五十二年进士，改庶常，授编修，"嗣丁内艰，服阕将入都，疽发于背，医治就痊，而体弱不支，由是闭门养疴，构屋东偏，筑室三楹，颜曰五箭仙馆，藏书极富。家居几十载，宿疾尽蠲，嘉庆十一年入都供职，逾岁回里，明年游浙，阮文达公时抚浙，延主讲诂经精舍，十四年两淮盐政又延主讲乐仪书院，二十年复聘校刊钦定《全唐文》，一时名流咸集唱和谯聚，称极盛焉。二十三年入都，阅四年仍乞假归，晚年自号狷翁，明其志也。"以秦恩复一生事迹考之，改筑意园，请戈裕良叠小盘谷，应在嘉庆初年"闭门养疴"，到嘉庆十一年"宿疾尽蠲""入都供职"以前这一段时间，"家居几十载"，即不到十年，也就是从嘉庆三四年至嘉庆十一年间。秦恩复与孙星衍同年，秦请戈造园叠山，很可能是经孙介绍。秦氏小盘谷为史望之题额，史望之名致俨，江都人，字容庄，号望之，又号问山，《续碑传集》卷九有传。史致俨中嘉庆四年进士，为小盘谷题额应该是在他中了进士以后，秦氏小盘谷初建成的时候。太行山有盘谷，唐韩愈序之，黄山亦有盘谷，称小盘谷，"别之以小者，因前人之名志谦也"，见清初杜濬《小盘谷记》（《变雅堂集》文七）。意园小盘谷用黄石堆叠，应该还是仿的黄山小盘谷。

常州洪亮吉西圃

　　西圃是洪亮吉的傍宅园，洪亮吉宅在常州阳湖县左厢花桥里，旧址在今解放路824号。嘉庆八年西圃将次建成，戈裕良请洪亮吉题诗三首，已见前述。洪亮吉《更生斋文甲集》卷三《西圃记》云：

　　　　西圃者，余所居西偏隙地，岁戊午自京师乞假归，以厅事隘，因即其地构屋三椽，随墉之南北而六之，前疏为小池，环以峭石，墉之北则列竹焉，今澹香斜月西堂是也。未落成，即入都，又远戍绝域，往返者二年，既归，杜门省愆，不更远出。邻有废圃，友人复为购得之，距堂北仅数武，遂筑楼三楹，楼之后架平台以眺东北巽宫楼、玉梅桥及杨园、陆园诸胜。名台曰曙华，名楼曰卷施阁，名楼以下曰红豆山房。楼前皆叠石为小山，石径数折，莳古梅及红豆、金粟、青桐、紫薇共十数株，春秋二时可慰岑寂，左右廊通西堂，发曙即乾鹊噪其上，遂名乾鹊廊，迤西南得平屋二层，因其旧而新之，名其北曰更生斋，斋有后楹，列架藏所著地理书木刻于内，名曰墨云轩。墨云轩之右，复道以通于南，亦二楹，名收帆港，盖于惊涛骇浪中得归藏息于此，是以名也。

此记中之戊午即嘉庆三年，洪亮吉就是在这年请假归里时，开始建造西圃的，第二年西圃未成，洪亮吉入都，旋以直言得罪，免死发配伊犁，嘉庆五年召还后即家居不出。《更生斋文乙集》卷三《戒子书并诗》云："承恩返里，已属更生，忧患备尝，庶谋行乐。"所以才又买了邻人废圃，扩大了西圃的规模。嘉庆八年，西圃将次建成，洪亮吉有《近筑西圃将次落成偶赋八截句》，其一云："堆胸奇气渐消磨，山不嶙峋水不波。只有露台高百尺，偶然平视到羲娥。"其六云："人说池台入画图，临流时悼影形孤。防他春到鸠鸣急，巢好先无妇可呼。"嘉庆七年洪亮吉死了妻子，所以西圃将次落成的诗里便有悼亡的词句。洪亮吉的妻没有跟他享过福，洪发配伊犁，她更是提心吊胆、痛不欲生。妻子故去以后，洪亮吉很是伤感，友人复为购得邻人废园扩建西圃。这样看来西圃第二期工程似开始于嘉庆七年，而于嘉庆八年秋建成，将成的时候，洪亮吉应戈裕良之请为他题了上述那三首诗。

西圃第一期工程在嘉庆三至四年，那时也已有叠山疏池之举，以情理推断，也应是请戈裕良经手的，不过没有明确记载。

如皋汪为霖文园、绿净园

如皋文园为戈裕良所造，见之于《履园丛话》卷十二"堆假山"条。同书卷二十《园林》篇又有文园的详细记述。《园林》篇云：

> 如皋汪春田观察少孤，承母夫人之训，年十六以资为户部郎，随高宗出围，以较射得花翎，累官广西、山东观察使，告养在籍者二（汛按：二字疑衍，说详下）十余年。所居文园有溪南、溪北两所，一桥可通，饮酒赋诗，殆无虚日，惟求子之心甚急，居常于邑不乐。道光壬午三月，余渡海游狼山，将至扬州，绕道访文园，时观察年正六十，须发皓然矣。余有诗赠之云："问讯如皋县，来游丰利场。两园分鹤径，一水跨虹梁。地僻楼台静，春深草木香。桃花潭上坐，留我醉壶觞。""曲阁飞虹雨，闲门漾碧流。使君无量福，乐此复何求？阔别成清梦，相思竟白头。挂帆吾欲去，海上月如钩。"

汪春田，名为霖，字傅三，号春田，如皋丰利场人，候选道之珩子，同治《如皋县续志》卷七有传。传载为霖由贡生援例为比部郎中，历湖广奉天司，总办秋审，为宰辅所重，随围热河阅射，赏戴花翎，授广西思恩守，调镇安守，嘉庆元年升苍梧道，后护送阮藩进京，奏对称旨，返粤时病于湖南道中，获请回籍。愈后因母老告近，补山东兖州守，历署督粮道及兖沂曹济道，"顷以母病，陈情乞归，问视之暇，怡志林泉。文园北构绿净园，当时名流觞咏无虚日"。嘉庆《如皋县志》卷二十二："文园在县东丰利场，汪之珩读书处，海内名流来皋寻水绘园故址者，必东之古丰，游文园访主人，诗酒唱酬，江干车马常络绎不绝也。"汪之珩，字楚白，号朴庄，嘉庆《如皋县志》卷十六有传。传载之珩工诗，与海内英流擘笺分韵，其见于甲戌（乾隆十九年）春吟文园六子诗中者，颇为名流所赏，又尝征辑乡人诗为《东皋诗存》四十八卷。文园本为汪家旧园，县志载为之珩读书处，实即之珩乃父澹庵所辟课子读书处，见汪承镛《文园绿净园图记》。《图记》记载，文园始建于雍正年间，规模宏敞，主堂题曰"假年课子读书堂"。园和堂的取名有一桩典故。雍正十三年，澹庵寝疾，"梦之高山谒文昌，文昌曰：'汝行善，宜延寿一纪。'顾左右遣归，蘧然而悟（寤），疾遂愈，故以是名堂，而并祀文昌其中"。整个一处园林通名为文园，即是如此。之珩早卒，为霖四岁而孤，后事母以孝闻，粤西归里之后，于文园之北"筑垣浚池，莳花木构亭馆"，以为事母养老之所，称为北园。北园与文园仅一河之隔，曾议合两园为一，建桥以通往来，为忌者所尼而止。洪亮吉来游，取韩昌黎"绿净不可唾"之句，书而榜于北园之门，遂名绿净园。季学耕为汪承镛所绘文园图有十景，即课子读书堂、念竹廊、紫云白雪仙楼，韵石山房、一枝龛、小山泉阁、浴月楼、读梅书屋、碧梧深处和归帆亭，绿净园图有四景，即竹香斋、药栏、古香书屋和一篑亭。

钱泳所记"文园有溪南、溪北两所"，是包括文园与绿净园两园而说的。孙星衍有《赠汪春田太守南归》诗云：
"板舆无恙鹿东（车）存，试检奚囊句又新。肯费心神婴世
务，半园花石待经纶。"一般将两园统称为文园，那么孙诗
所指的半个园子，显然是指绿净园，即溪北一所。文园始
建于汪为霖祖父之世，汪为霖时做了一些修补改建，同时
增筑了绿净园。汪为霖有《葺补绿净园》诗二首，诗云：

> 荒径支筇仔细看，一花一石要求安。
> 良医良相心同苦，当局方知下手难。

> 旷补花篱曲补阑，改园更比改诗难。
> 果能字字吟来稳，小律千秋亦耐看。

汪为霖工诗善画，绿净园之建躬自实践，苦心经营，
边建边改，精益求精，他自己是深有体会。

汪为霖营构绿净园的时间，未见有确切记载。其子汪
承镛《文园绿净园图记》云："昔先大夫自粤西请假归，辟
废地于盐渠之北，筑垣浚池，莳花木、构亭馆，以奉板
舆。"明确是自粤西归后。《如皋县续志》载汪为霖是护送
越南阮藩使者进京，返粤时病于湖南道中，因而获请归籍
的。按《清史稿》卷五二七《越南传》："嘉庆七年十二月阮
福映灭安南，遣使入贡。"卷十六《仁宗本纪》："嘉庆八年
六月己丑，封阮福映为越南国王。"故知汪为霖途中因病回
籍，亦当在嘉庆八年。《文园绿净园图记》所附《绿净园唱
和》有汪为霖《甲子冬自扬州归坐绿净园梅花下作》诗二
首，此甲子是为嘉庆九年，这年冬天绿净园当已建成。汪
承镛《文园绿净园图记》云："时洪太史稚存主讲扬州，舣

棹来访，见而乐之，取韩昌黎'绿净不可唾'之句书而榜之门。"洪亮吉应醩政额勒布之聘主讲扬州梅花书院，事在嘉庆八年，这年闰二月始至梅花书院，四月"以扬州讲席酬应较繁，辞之而归，仍赴洋州书院"。见门人吕培等编次之《洪北江先生年谱》。在这三个月之内洪亮吉并无如皋之行。洪亮吉东游如皋，是在嘉庆九年十月，《年谱》载："嘉庆九年十月，如皋汪观察为霖邀游北园，遂偕登狼山绝顶望海，访水绘园故址。"此时的洪亮吉仍主讲详川书院，《图记》谓"主讲扬州"，实一时误记。嘉庆八年汪为霖告病回籍，九年十月邀洪亮吉游北园，洪为北园题名"绿净"，应该是北园刚刚建成不久。这与汪为霖《甲子冬自扬州归坐绿净园梅花下作》的时间是一致的。绿净园于嘉庆九年建成，很可能是经始于嘉庆八年。嘉庆八年秋，戈裕良为洪亮吉造西圃完工，紧接着就被洪亮吉介绍到汪为霖这里来了。赵怀玉《汪大观察为霖招游文园夜话有作》诗云："命驾近原无百里，看花迟也过三春。"（《亦有生斋诗集》卷二十三）此诗在集中编年为"疆圉单阏"，即丁卯年，是为嘉庆十二年所作，说是看花迟了三春，正表明园已在嘉庆九年建成。

绿净园建成后，汪为霖一度复官，"因母老告近，补山东兖州守，历署督粮道及兖沂曹济道"，据民国《山东通志》卷五十二所载，俱在嘉庆十三年。汪为霖在兖州任上有"止酒苦无医睡药，盼归如望救生船"之句，不得已而出来做官，做官这一年还梦寐以求地盼望着回家享受园林之乐，可见汪为霖确是那种具有所谓烟霞痼疾、泉石膏肓的人。嘉庆十四年汪为霖又以母病陈情予归，赵怀玉有《汪太守为霖乞养归里以书见招却寄》，孙星衍有《赠汪春田太守南归》五首，都是当年所作。道光二年春，钱泳往访文园，有《过如皋访汪氏文园赠春田观察》二首，原载《梅花溪续草》卷一，后又录入《履园丛话》的《园林》篇。这时汪为霖年已六十，"须发皓然"，随后就在这一年内故去。从嘉庆十四年至道光二年前后十四年，与《园记》称"先大夫自山左乞养旋里，洎壬午捐馆舍，徜徉林下者十有四年"之说恰合，钱泳说他"告养在籍者二十余年"，"二"字当为衍文。后来这十四年间，绿净园并没有什么大的建筑活动。

苏州孙均书厅前假山，即今环秀山庄

《履园丛话》记戈裕良叠山作品有"孙古云家书厅前山子一座"，即今苏州环秀山庄，孙古云家书厅即今补秋山房的前身。光绪《苏州府志》卷四十五《第宅园林》："申文定公时行宅，在黄鹂坊桥东，中有宝纶堂，后裔孙继揆筑蘧园，中有来青阁，魏禧为之记。飞雪泉在申衙前，先为景德寺，后改学道书院，再改为兵备道署，又废而为申文定公宅，乾隆间刑部蒋楫居之，后归太仓毕尚书沅，继为孙建威伯宅，道光末归汪氏为耕荫义庄。"冯桂芬《显志堂稿》卷四《汪氏耕荫义庄记》："今建祠之地，相传即宋时乐圃，后归景德寺，为学道书院，为兵巡道署，为申文定公祠。乾隆以来蒋刑部楫、毕尚书沅、孙文靖公士毅迭居之、东偏有园，奇礓寿藤，奥如旷如，为吴下名园之一。蒋氏掘地得古甃井，名之曰飞雪泉，今尚存。"环秀山庄又名颐园，王培荣《江苏乡土志》第二十章《江苏省之名胜古迹》："颐园在城西景德路，本为明申时行故宅，后归汪氏，立为义庄，故俗名汪义庄，一名环秀山庄。园中房舍不多，但高下疏落有致，位置相宜。中间假山一座，山下一洞，为前清常州戈裕良所造。"根据以上三条记载，环秀山庄自清代乾隆以后，至道光末汪氏立为义庄以前，已一再易主，先归蒋楫，叠石疏泉，已有改建，蒋楫从兄恭棐有《飞雪泉记》记其事，记云："从弟方楣比部新居厅事之东为楼五楹，以贮经籍，名求自，于楼后叠石为小山，畚土有清泉流出，迤逦三穴，或滥或汱，不灖不匮，合而为池，酌之甚甘，导之行石间，声潡潡然，因取坡公试院煎茶诗中句题曰飞雪而属余记之。"后来到了毕沅手中，又有改建，《履园丛话》卷二十《园林》篇《乐圃》条："秋帆尚书为陕西巡抚时尝买得宋朱伯原乐圃旧地，引泉叠石，种竹栽花，拟为老年退息之所，余为辑《乐圃小志》二卷赠之。尚书殁后家产入官，无托足之地，一家眷属尽住圃中，可慨也已。"毕沅以后，《苏州府志》谓归孙建威伯，《汪氏耕荫义庄记》谓孙文靖公士毅居之，《履园丛话》则谓孙古云家。孙士毅，字智冶，号补山，乾隆进士，官至文渊阁大学士，封三等男，卒赠公爵，谥文靖，以其孙均袭伯爵，命入汉军正白旗，授散秩大臣，寻以幼罢，嘉庆十一年自陈废疾，请以同祖弟玉墀袭爵，仁宗谕曰："均既病废，士毅原授伯爵当裁撤。"并令均出旗归原籍，事见《清史稿》卷三三〇《孙士毅传》。孙士毅卒于嘉庆元年，毕沅卒于嘉庆二年，嘉庆四年奉旨查抄家产，此后毕家还在环秀山庄里住了一段，这才入官迫卖。因此《府志》所载归孙建威伯，应指袭伯爵的孙均，《履园丛话》记为孙古云家是完全正确的。《汪氏耕荫义庄记》谓孙士毅曾居之，实传闻之误。环秀山庄的假山为戈裕良所叠，始见于《履园丛话》，《江苏乡土志》也有明确的记载。这一假山气势磅礴，非高手莫能为，山洞不界条石，"只将大小石钩带联络"，"入山洞如置身桂粤"，如"真山洞壑一般"，更足证是戈裕良的手笔。需要进一步探讨的问题是它的建造年代，戈裕良为叠此山时候的园主人为谁。蒋楫的时间较早，为其撰《飞雪泉记》的蒋恭棐系康熙六十年进士，卒于乾隆十九年。毕沅生于雍正八年，钱泳记载他在任陕西巡抚时买得乐圃，毕沅自乾隆三十八年补授陕西巡抚，至乾隆五十年离任。毕沅有《灵岩山人诗集》四十卷，所收诗至乾隆五十九年为止，但是集中没有一首诗提到此事。钱泳虽记其买得乐圃"引泉叠石"，但并未指出是戈裕良经手，而在著录戈裕良的叠山作品时，却指出有"孙古云家书厅前山子一座"，这正表明环秀山庄假山应是戈裕良为孙古云所叠，而不是为毕沅所叠。毕沅初任陕西巡抚的时候，戈裕良尚未长大成人。孙古云即孙士毅之孙均，《清代画史增编》卷十："孙均字古云，仁和人，初袭祖荫伯爵，善花卉，用笔潇洒古雅，汉隶极有古韵，精篆刻、富收藏，辞爵奉母归，日与名流酬唱。"《清史稿》载孙均自陈疾废请归，事在嘉庆十一年，当时谕命"归原籍"，但是实际上他却没有归杭州。叶铭《广印人传》："文靖孙均字古云，袭伯爵，官散秩大臣。工篆刻，善花卉。中年奉母南归，侨寓吴门，所交多名流，极文酒之盛。"据此可知，孙均请归后侨寓在苏州。冯桂芬《汪氏耕荫义庄记》云："余尝僦于孙，家此者数年，通籍之岁始舍之北行。闻诸故老，毕尚书宅之入官也，孙氏售诸官，愿隐其姓，县令信笔署以汪，今终为君家有，从前更徙，及兹而定。"冯桂芬生于嘉庆十四年，道光二十年会试中试，殿试一甲第二名，赐进士及第，授翰林编修，这年他才离开环秀山庄。冯桂芬租园居住的那几年，去孙均初买此园为时不远，得以"闻诸故老"，所记当属可信。《汪氏耕荫义庄记》中的这一段话很重要，孙均报病请归，皇

帝谕命"归原籍"，他却跑到苏州侨寓起来，买得毕沅入官
宅园，"愿自隐其姓"，原来是为此，所以一般也就不大为人
所知了。总而言之，环秀山庄到孙均手中，是在嘉庆十一年
或稍后，戈裕良为孙均叠造假山，也应该是在这个时候。

近年发现一段重要史料，补录于此。陈文述《颐道堂文
钞》卷十三《孙古云传》："君讳均，字诒孙，一字古云，浙江
仁和人。大学士赠公爵四川总督文靖公冢孙，赠建威将军小山
公子也……性爱宾客，在京师若姚春木、查南庐、家荔峰、查
梅史、严丽生、高爽泉、朱素人及余，皆尝假馆桂香东、秀楚
翘、果益亭、玉赐山、法梧门、吴谷人、杨蓉裳、孙渊如、秦
小岘、伊墨卿、张船山、吴山尊、舒铁云、王仲瞿、孙子潇、
许青士、吴兼山、朱野云文谦往来，多多酬唱。所居云绘园在
太平湖上，多嘉树奇石，春明诗社比之西园雅集南湖乐事焉。
及来吴门，所居为毕秋帆尚书旧宅也，高台曲池，君复加以营
建，属兰陵戈山人叠石仿狮子林百一山房，规模不减京师。郭
频伽彭甘亭东南名宿也，君皆延之别馆，京师故人官江南者过
君，仅一投谒，其不至者君亦绝不一往，亦从不通要津贵人
书……（道光丙戌二月二十五日卒，六年道光末归汪氏义庄）。"

江宁孙星衍五松园、五亩园

江宁五松园为戈裕良叠石，亦见载于《履园丛话》的
《艺能》篇，《园林》篇却没有将五松园列为专条，但于江宁
《张侯府园》条中有云："其他如邢氏园、孙渊如观察所构之
五松园，皆有可观。邢氏园以水胜，孙氏园以石胜也。"

光绪《续纂江宁府志》卷十四之九下："孙星衍，字渊
如，一字季述，阳湖人。筑五松园于明王府东北隅，极水

木明瑟之致。"孙星衍《嘉谷堂集》卷一《江宁忠愍公祠堂记》："祠在江宁城中,旧吴王府二条巷内,地近四象桥,南至针口巷,西至府门口,东至洞神宫,地方三亩,东南有阁三间,以奉祖像及木主,西有堂,堂北有楼,西南有园,有树石池塘廊榄,有轩亭馆舍,以为子弟藏书读书之处。园后有楼三间,以藏祭器,从人庐舍门堂庖溷具焉。外近市而内爽垲,因程氏之故居,不侈不隘,不加缘饰。"可见这时的忠愍公祠虽有树石池塘,却均系仍旧。《嘉谷堂集》是在嘉庆十四年订成,改建五松园应在嘉庆十六年告归定居南京之后。孙星衍《冶城䰟养集》卷下《题吴君文征为予画江湖负米图六帧》之三《青谿卜宅》诗序云:"予以丁巳岁南归,侨居金陵旧吴王府,有古松五株,因建祠祀明功臣燕山忠愍侯讳兴祖。侯故祀鸡笼山功臣庙,岁久倾圮,今栗主附祀曹王庙,至是始申明有司建立专祠。"诗云:"古松五株何代遗?后映钟阜前青谿。"又云:"松涛声起万壑喧,石骨叠作群山根。"《冶城䰟养集》卷上《唐太守仲冕石殿撰韫玉先后假馆五松园有诗赠予次韵答之》云:"小筑数间同传舍,一年几度值花晨。"又云:"几凭钟阜为图障,直接青谿作钓汀。"五松园巧于因借,前临青谿、后映钟阜,又以古松及叠石为胜,幽趣大体可以想见,不过大多又都是从前的基础。石韫玉《独学庐三稿》卷五《假馆孙氏五松园和唐陶山太守题壁诗韵三首》云:"地当钟阜多林壑,客就庞公忘主宾。"又云:"设棘安篱成小隐,艺花莳竹夹长汀。"诗为嘉庆十九年所作。赵怀玉《亦有生斋集诗》卷三十一《舟中立春》云:"梅留荒径宜含雪,松种名园合作鳞。"句下注云:"孙渊如卜居白下之五松园,著录颇富,欲访未果。"赵诗也是嘉庆十九年作。嘉庆十九年孙星衍改建五松园已经落成,并已接待来访友人。

同治《上江两县志》卷五《城厢》记东南第四甲有五亩园，引《白下琐言》云："阳湖孙星衍始乔居旧内之五松园，园有古松四（五）株故名，后复就菜圃隙地叠石穿池，莳花种竹，曰五亩园。有窥园阁、小芍陂、廉卉堂、留余春馆、啸台、鸥波舫、大观台、蔬香舍、蒹葭亭、枕流轩、绿斐茨、映雪亭、奥室诸胜。"孙星衍《青谿卜宅》诗云："校书更上三层阁，载酒仍过五亩园。"自注："园在祠右。"《冶城絜养集》卷上有《五亩园看罂粟花》，为嘉庆十九年作，又有《五亩园落成口占》十二首，为嘉庆二十年作。《冶城遗集》又有《乙亥花朝同人集五亩园吴思亭有诗见诒次韵奉答》，乙亥正是嘉庆二十年。石韫玉《独学庐三稿》卷六有《孙渊如五亩园图》四首，也是嘉庆二十年所作，嘉庆二十年五亩园已落成，在其中邀集友人，并画出图来请人品题。从以上的考述中可以看出，燕山忠愍公祠即是五松园，祠右又附有五亩园，因此有些材料所说的五松园，就也可能是将五亩园包括在内。五松园的改建，暨五亩园的扩建，是在嘉庆十九至二十年相继完成的。孙星衍《五亩园落成口占》十二首之四《廉卉堂》有小序云："唐太守仲冕题额云：辛未之岁渊如观察归自东省，官橐萧然，不受属城馈赆，越数年，人思乐易之德，多寄土物，因以曹南牡丹植于后庭，爰取郁林廉石之义，无忘清白之传。"辛未是嘉庆十六年，"越数年"五亩园落成，正与嘉庆二十年相合。孙星衍《青谿卜宅》诗云："卅载作官徒壁立，垂橐仍为白门客。"孙为乾隆五十二年进士，嘉庆十六年告归，前后阅二十五年，作诗约举整数，便说三十年。

吴蔚《吴学士诗集》卷四《题孙渊如五亩园》："藩篱不设屋疑舟，近市偏逢十二楼。一塔正如山对面，四时长有

月当头。江湖易作苍茫想，风露休嫌汗漫游，各有旧单天
上在，怕寻春梦见吟秋。"

仪征巴光诰朴园

仪征朴园为戈裕良所造，亦见载于《履园丛话》的《艺
能》篇，《园林》篇又列有专条，《园林》篇"朴园"条云：

> 朴园在仪征东南（按："东南"为"东北"之误，
> 说详下）三十里，巴君朴园、宿崖昆仲以其墓旁余地
> 添筑亭台，为一家子弟读书之所，凡费白金二十余万
> 两，五年始成。园甚宽广，梅萼千株，幽花满砌，其
> 牡丹厅最轩敞，吴山尊学士书楹帖一联云："花候过
> 丁香，喜我至刚逢谷雨；仙根依丙舍，祝君家看到仍
> 云。"有黄石山一座，可以望远，隔江诸山，历历可
> 数，掩映于松楸野戍之间，而湖石数峰洞壑宛转，较
> 吴阊之狮子林尤有过之，实淮南第一名园也。道光癸
> 未秋九月，余自邗上往游，与童君石林、张君石樵辈
> 信宿其中，得十六景，有梅花岭、芳草坨、含晖洞、
> 饮鹤涧、鱼乐溪、寻诗经（径）、红药阑、菡萏轩、宛
> 转桥、竹深处、识秋亭、积书岩、仙棋石、斜阳坂、
> 望云峰、小鱼梁诸名目，各系一诗，刻石园中。

朴园的建造花了白金二十余万两，用了五年时间，规模甚
大，名胜甚多，园中假山洞壑宛转，更为奇绝。钱泳推为淮南
第一名园，信非虚誉。钱泳游朴园所作《朴园十六咏》，载在
《梅花溪续草》卷一，有小序云："朴园在仪征东南三十里，巴
君朴园、宿崖伯仲所筑墓庐地。楼台池馆，秀甲淮南，园中名

胜甚多，于未经诸公品题外又得十六景，各系一诗，乞同志者继声焉。"卷中编年为壬午，即道光二年。《履园丛话》的《园林》篇所记游园赋十六景诗在"癸未秋九月"，实有一年之差。

道光三十年《重修仪征县志》卷六："朴园在东北乡三十里，即用道巴光诰筑于宗祠之旁。"夹行子注引钱塘沈恩培记曰："巴朴园、宿崖昆季先生之望重江淮久矣。培馆其家十年，心相契也。近筑亭林于欧阝之旁，既落成，朴翁自为之记，而让斋鲍君跋之，以为水山土木之华，一归于朴实，梅花溪居士遂以朴翁之号署其园，此名所由昉也。培以己卯春流连信宿，得其大概，归而笔之，以志胜游。"沈恩培的记文，一共描述了二十七景。《县志》此条下子注又引邑人张安保记曰："岁在乙卯，月在季秋，凉信已深，微霜清晓，朋俦忽聚，游兴斯发，爰命筍舆，策羸马；出北郭，遵古逵，旭日新霞，沙路明净，远看黄叶，密围数邨，遥隔红尘，已越三十里，乃望朴园而憩焉。朴园者，巴副使之号，而钱梅溪取以名其园者也。"张安保的记文散骈兼行，奇偶迭用，文笔摇曳生姿，惜文长不能备录。园主巴光诰，《重修仪征县志》卷三六《人物志·义行》有传，传云："巴光诰字北野，以赀捐纳道员，世业鹾，凡地方公事，有关鹾务劝捐者，光诰皆为之倡首。尝延四方名士客其家，敬礼弗衰。"朴园的位置所在，《履园丛话》记为"仪征东南三十里"，诗集所收《朴园十六咏》小序亦称"仪征东南三十里"，但是县志则记载"在东北乡三十里"，县志所引巴光诰自序亦谓"北乡距城市几三十里"。县志卷三《津梁》的"卢家桥"条："在北门外二十五里，巴园介其侧。"这和巴光诰自序所称"北乡距城市几三十里"之语恰合，朴园应在仪征城北偏东，大约三十里以内，二十五里开外。钱泳说在城东南三十里，所记方位有误，所以陈从周先生按钱泳时误记到仪征东南去寻找朴园遗址，也就未能找到。

朴园的建成时间，未见有明确记载。巴光诰自序云："无河梁可通舟楫，砖瓦竹木诸料物皆由陆运，山石花木则购自远方，故不能刻岁月以告竣云。"巴光诰的自序写于建成之前，建成日期还无法预测。沈恩培记作于己卯春，为嘉庆二十四年，记中说"近筑亭林于欧阡之旁"，可见沈氏游园时，朴园刚建成未久。县志附收沈记、张记之后，又附收仁和王墉《游朴园》诗二十首，各以朴园著名景观为题，为彝福堂、钼径、留仙小馆、秋水读书轩、得月楼、远香书屋、涵碧斋、留云榭、修到吟到之馆、花韵栏、有真意轩、水木清华之阁、可窗、饮渌亭、小有清虚、组织烟霞、曼陀罗室、岑华亭、棣萼相辉之室、诵芬书屋。王墉题诗的这二十景名，全部见之于沈恩培记中提到的二十七景之内。可见王墉也是朴园建成后不久就去游过，和沈恩培游园是仿前仿后。钱泳所咏十六景，不在二十七景之内，自称是"未经诸公品题者"。钱泳题诗在道光二年，已是沈恩培、王墉来游之后。王墉《游朴园》二十首之十二《水木清华之阁》云："水木湛清华，芙蓉两度花。"之七《涵碧斋》云："两三人可共，七八月之秋。"王墉也是嘉庆二十四年秋天来游，园中的荷花已开过两度，那么朴园的建成约在嘉庆二十二三年。朴园五年建成，以此上推，则始建于嘉庆十八九年。舒位《瓶水斋诗集》卷十六收有《岁暮自真卅还吴下留别巴朴园副使宿崖观察》，编年为阏逢阉茂，即甲戌年，为嘉庆十九年，诗中已称巴光诰的园名别号为朴园。《重修仪征县志》卷十七《学校志·学制》载："嘉庆十九年职员巴光诰捐浚瀛洲堤外泮池。"卷十九《祠祀志·城隍庙》载："嘉庆二十三年巴光诰独立翻盖大殿，修理群房。"卷十八《学校志·书院》载："道光三年职员巴光诰捐修，前后一律新之。"可见嘉庆十九年、二十三年、道光三年这一段时间里，正是巴光诰财力最富、捐资最盛的时候。朴园在嘉庆十八九年始建，二十二三年建成，也正在这段时间。县志载张安保自记来游朴园的时间为乙卯季秋，乙卯的年份有误。张安保，字怀之，号石樵，仪征人，岁贡生，候选训导，少力学，有文誉，交游多贤豪士，同治《续纂扬州府志》卷十三有传。张安保生于乾隆五十七年，卒于同治二年，他一生遇两个乙卯，一为乾隆六十年，他才四岁。一为咸丰五年，太平军已于两年前即咸丰三年二月二十日攻下仪征，朴园遂被毁。因知张安保记中之乙卯，应是己卯之误，正是嘉庆二十四年。同治《续纂扬州府志》卷五："朴园在县东北乡三十里，道光十年邑人巴光诰筑于宗祠之旁，山石花木购自远方，料物皆由陆运，缔造费至六十万缗，极后来之壮丽。嗣被'贼'毁，悉就圮废，惟余颓垣荒径而已。"此载朴园筑于道光十年亦大误。嘉庆二十四年沈恩培、王墉、张安保等已有记文记诗，道光二年钱泳又有题诗，都是在道光十年之前。

常熟蒋因培燕谷

燕谷假山为戈裕良所造，《履园丛话》戈裕良堆假山一条不载，而见载于《园林》篇"燕谷"条：

燕谷在常熟北门内令公殿前，台湾知府蒋元枢所筑。后五十年，其族子泰安令因培得之，倩晋陵戈裕良叠石一堆，名曰燕谷。园甚小，而曲折得宜，结构有法，余每入城亦时寓焉。

燕谷又名蒋园，光绪《苏州府志》卷四十八："蒋园在北门内，文恪第四子台湾知府元枢所居，族子泰安令培购得之，倩晋陵戈裕良叠石为燕谷，园甚小，而曲折得宜，结构有法。"府志这一条基本上引自《履园丛话》，"泰安令培"一句脱一"因"字。光绪《重修常昭合志稿》卷四十二："屯田侍郎蒋洞宅在炳灵公殿西，从子台湾守元枢亦居之。其东偏为园，中建西洋（向）楼，棂槛悉以檀楠为之，奉天妃于其中，以元枢渡台时屡获灵应也。后为蒋大令因培所有，易名曰燕园，有一瓻阁、十愿楼、诗境、梅崖诸胜，今归氏居之。"

蒋因培，字伯生，常熟人。幼聪迈，年十七以国子监生应顺天乡试，为法式善激赏，由是知名。嘉庆二年援投效例得县丞，分发山东，权黄县巡检，补阳谷县丞，累署汶上、金乡、峄、滕、高密、钜野诸县事，真授泰安令。在县多有善政，民情爱戴，有古循良风。丁母忧归，服阕补齐河县，旋以直言忤上官，道光元年遣戍军台，未及期，蒙恩释回，游豫楚闽粤归，遂杜门不出，放怀山水，寓意诗酒，道光十八年卒，享年七十一，见黄安涛《山东齐河县知县蒋君墓志铭》，载在《续碑传集》卷四十。《国朝耆献类征初编》卷二四五亦载此篇，光绪《重修常昭合志稿》卷二七蒋瞻岵传附其子蒋因培传即节录此篇。《墓志铭》又云："同时名公以学术著称者如协揆百文敏公，金尚书光悌，制府方勤襄公，刘学使凤诰，吴方伯俊，孙观察星衍，皆倾心下交，或以案牍垂谘，或以文字商榷，一日数至，从容裁答，不少淹晷，咸服其当而叹其敏。"蒋因培工诗文，一生所作诗数千首，悉随手散佚，晚年乃掇失残剩，辑为

《乌目山房诗存》八卷。

按道光八年《泰安县志》卷一《职官表》，蒋因培于嘉庆十八年任泰安知县，去任时间无载，孙星衍有《蒋大令因培官泰安令浚岱顶玉女池得秦相李斯篆字残石见寄榻本索诗》，石韫玉有《蒋伯生大令浚玉女池获秦碑残字拓本见贻走笔作长歌记之》，各以其在集中的编年次序考之，俱为嘉庆二十年所作，这时蒋因培还在泰安任上。证以道光二十年《济南府志》卷三十一，蒋因培于嘉庆二十三年七月出任齐河知县，民国二十二年《齐河县志》卷二十一同，唯别作蒋茵沛，又误为进士出身。同书卷二十二蒋茵沛传云："治齐数年，胥役乏食相率告退，囹圄为空，几至无讼。惟不肯通赂上宪，竟以清白去职，惜哉！"蒋因培罢官并发戍军台，事在道光元年，蒙恩提前释回，又在外面游历了一阵，之后"遂杜门不复出，放怀山水"，买得族人蒋元枢的宅园，请戈裕良叠石，改建为燕园，应该就在这个时候，大约为道光三至四年以后。《履园丛话》记燕谷原为台湾知府蒋元枢所筑，"后五十年"蒋因培得之。蒋元枢，字仲升，蒋溥第四子，乾隆二十四年举人，任福建知县，历升台湾知府，光绪《重修常昭合志稿》及《苏州府志》俱有传。可惜都过于简略，对于我们来说，最关键的是蒋元枢自台湾归来的时间，传中都未载。今查得同治《重纂福建通志》卷一一〇、一一三和一一七，知蒋元枢于乾隆三十一年任建宁府崇安县知县，乾隆三十四年任泉州府晋江县知县，乾隆三十七年升任泉州同知，乾隆四十年升任台湾知府。台湾知府三年一任，蒋元枢的下一任为万绵前，乾隆四十三年到任。《甲午新修台湾澎湖志》卷十三，载有蒋元枢《创建西屿灯塔碑记》，末题"大清乾隆四十三年岁次戊戌清和月记"。乾隆四十三年蒋元枢自台湾卸任归来，在炳灵公殿旁建小园，"后五十年"归蒋因培，如果按整五十年推算，就到了道光七年。钱塘钱叔美曾为蒋因培作燕园十六景图，钱叔美即钱杜，原名榆，字叔美，晚岁以字行，号松壶，又号壶公，生于乾隆二十八年，卒于道光二十四年，为嘉道年间一位著名山水画家。蒋因培《乌目山房诗存》卷五载有《钱松壶为余作燕园图十六帧书此奉酬》一首，诗的开头说："我交壶公今七年，不得公画心悁悁。一日粲然向我笑，知君供养需云烟。冻手寒皴不容惜，夜趁昏灯扫残墨。食叶春蚕如有声，一十六图成顷刻。"据此可知钱叔美为蒋因培作燕园十六景图，是在二人定交第七年的冬天。《乌目山房诗存》以年代先后编排，此诗之前一首为《丙辰生辰自述》，诗云："弹指流光到六旬，天涯犹自作劳薪。"蒋因培生于乾隆三十三年，卒于道光十八年，七十一年当中只遇到一个丙辰，是为嘉庆元年，时年二十九，与诗中的"到六旬"不合，故知诗题丙辰应为丙戌之误，丙戌为道光六年，这时蒋因培五十九岁。《钱松壶为余作燕园图十六帧书此奉酬》一诗，与《丙戌生辰自述》紧挨紧相排，亦应是同年所作。这个时候自然应该是蒋因培请戈裕良改建燕园刚完工以后，或过后不久。这与《履园丛话》所记燕园本为"台湾知府蒋元枢所筑"，"后五十年"归蒋因培"倩晋陵戈裕良叠石一堆"的记载完全吻合。

戈裕良为蒋因培叠造燕谷，约在道光五至六年，这在已知戈裕良的造园叠山作品中，便是年代最晚的一处了。

戈裕良所造园林和所叠假山，目前所能考知的，共八处地方十个子项，已分别考述如上。这八处当中，实物现存保存基本完好的，有苏州环秀山庄及常熟燕谷两处。这两处，陈从周先生都有专文介绍，前一处刘敦桢先生《苏州古典园林》又有详细介绍，读者尽可参看。其余六处，实物不存，扬州意园、常熟燕谷和如皋文园都有图传世，仪征朴园、常州西圃都有记文传世，各园也多有一些诗篇传世，这些图文之类的材料虽然间接一些，也都是难能可贵的描绘和描述。戈裕良的专长是建造园林和堆叠假山，清代中晚期的江南私家园林，一般规模不大，又多半是"城市山林"，园中结构常以假山为主体，戈裕良亦以堆叠假山最为出名，是为当时首屈一指的叠山名家，所以钱泳《履园丛话》的《艺能》篇"堆假山"条为作详细报道。因为该条是专门说起戈裕良的叠山艺术，所以后面又追加了几句，说他"至造亭台池馆，一切位置装修，亦其所长。"戈裕良本来正是一位全能的造园和叠山艺术家。他为人所造园林，有一些是在旧园基础上更新改造，也有的是完全新起。平地而起，规模最大，历时最久，诗人吟咏有四十余处景观，"楼台池馆，秀甲淮南"的朴园，被钱泳盛推为淮南第一名园。不仅如此，它还应该是当时江南甚至全国也得数为第一的私家名园。它的选址又是一处如《园冶》所说的郊野地，可以"依乎平冈曲坞，叠陇乔林"，"水浚通源，桥横跨水"，可谓得天独厚，造园家可以因地制宜，大显身手。这处朴园虽早已不存，地上的遗迹遗址，还是有进一步调查研究和考证的必要。有人根据钱泳的误记，到仪征东南去寻找而大失所望，我弄清这个误会，就很想到仪征东北卢家桥一带，再作寻找。朴园有那么多那么好的诗文描述传留于世，不仅撩逗人们的遐思，更是进一步考证的真实线索。如皋汪为霖绿净园，是戈裕良为其新辟的一处全园，园主人工诗善画，精通和喜好园林，正是《园冶》上所说的

"能主之人"。他能够积极配合，热情参与，不但自己动手，还把这方面的体会写出诗来。在建造绿净园的时候，戈裕良和汪为霖一定是配合得很好。绿净园建成后，亦颇负盛名，"当时名流觞咏无虚日"，主人自己则徜徉园中十四年，主客双方留下了大量的诗篇，又有文园、绿净园图卷传留于世，这处文园、绿净园也是一个很好的研究课题，虽已不存，我也很想去现场调查遗址，作深入考证。

戈裕良活跃在大江南北，除故里常州之外，所造园林假山，分布在苏州、扬州、南京、常熟、仪征、如皋等地。戈裕良所造八处园林假山的主人任兆炯、孙星衍、秦恩复、洪亮吉、汪为霖、孙均、巴光诰、蒋因培，以及在诗文中颂扬和评价过戈裕良造园叠山艺术的洪亮吉、钱泳等人，都是当时的知名人士。戈裕良为常州阳湖县人，"世居东郭"，洪亮吉称他为"同里"，孙星衍也是阳湖人，洪、孙二人为一生好友，二人还一同给毕沅做过幕僚，钱泳则是他们二人在毕沅河南幕府中的同僚。任兆炯为洪亮吉乡试同年，秦恩复为孙星衍会试同年。汪为霖与孙星衍、洪亮吉交游，汪、孙都在山东做过官，蒋因培亦与孙星衍交游，蒋在山东做县令时，孙曾是他的上司。这些人不仅都是当时知名之士，有的还是知名的学者，这些人居官每多有善政，如蒋因培为官多有建树，称循吏，竟因不肯通贿上宪，以清白去职。巴光诰为徽州大盐商，占籍仪征，本系素封之家，但是颇能留心文化，教子课书，"尝延四方名士客其家"。巴光诰建朴园的时候，秦恩复正为两淮盐政曾燠延请主讲乐仪书院，巴光诰随后不久就有捐修书院之举。这些园主人交相请托，延请戈裕良为之造园叠山，归根到底可能都和洪亮吉、孙星衍有关。洪亮吉为戈裕良作了三首诗，对戈裕良的造园叠山技艺备极推赏，更使戈裕良名声叫响，对戈裕良的事业发展，起了推动作用，这时的戈裕良，正进入中年的成熟时期，随后才有了更多的机遇，造出了更精彩更成熟的作品。

从以上考述戈裕良的八处作品来看，年代最早的一处，为苏州虎丘一榭园，成于嘉庆初年；年代最晚的一处，为常熟燕谷，成于道光初年。这里可以按年代先后为戈裕良的八处作品列出一个总表（见下表）。戈裕良从开始建造一榭园，到燕谷建成，前后大约是三十年的时间。按着一般常情推断，一位造园叠山艺术家一生的创作实践，创作活力

戈裕良造园叠山作品简明年表

序号	园主人	园主人生卒年或有关事历纪年	园址	园名	建造年代
1	任兆烱	乾隆四十五年（1880）举人，嘉庆元年（1796）至七年（1802）苏州知府	苏州	一榭园	嘉庆三年（1798）
	孙星衍	乾隆十八年（1753）—嘉庆二十三年（1818）		一榭园（又名忆啸园）	嘉庆七至十一年间（1802—1806）
2	秦恩复	乾隆二十五年（1760）—道光二十三年（1843）	扬州	意园小盘谷	嘉庆三至十年间（1798—1805）
3	洪亮吉	乾隆十一年（1746）—嘉庆十四年（1809）	常州	西圃	嘉庆七至八年（1802—1803）
4	汪为霖	乾隆二十八年（1763）—道光二年（1822）	如皋	文园	上世旧园，嘉庆八至九年改建（1803—1804）
				绿净园	嘉庆八至九年新建（1803—1804）
5	孙均	嘉庆元年（1796）封伯爵授散秩大臣，十一年（1806）告归寓苏州	苏州	书厅前假山（今环秀山庄）	嘉庆十一年始（1806）
6	孙星衍	乾隆十八年（1753）—嘉庆二十三年（1818）	南京	五松园	嘉庆十六至十九年间（1811—1814）
				五亩园	嘉庆十九至二十年（1814—1815）
7	巴光诰	嘉庆十九年（1814）、二十三年（1818）、道光三年（1823）均在地方捐资	仪征	朴园	嘉庆十九至二十三年（1814—1818）
8	蒋因培	乾隆三十三年（1768）—道光十八年（1838）	常熟	燕谷	道光五至六年（1825—1826）

最旺盛的时期，所谓黄金时代，大约也就有那么三十年的时间罢。我国的造园艺术，博大精深，尤其是左右造园大局的叠山理水，更叫人觉得是莫测高深。在有限的空间内，模山范水，再现出意境无限的山林气势，"眼中忽见山峰青，一朵芙蓉落庭际"。其高而大者，磅礴浏漓，有拔起千寻之势，令人愕眙惶恍，仿佛雷电交作，不可逼视，及夫敛险就夷，一归平淡，"陵阜陂陀""曲岸回沙"，又如空山鼓琴，沉思独往，萧寥旷远，烟火尽绝。叠山艺术的创作要进入这样的境界，达到出神入化，没有高深的素养，没有游历过一些天下名山而又下过一番镕铸概括的工夫，没有长期的钻研和磨炼，那是绝对办不到的。叠山通于画理，但是远比山水画为难，因此叠山艺术家往往比画家成熟为晚，这也是人们一致公认了的。我国首屈一指的造园叠山大师张南垣是三十多岁成名的，像戈裕良这样出类拔萃的造园叠山名家，当然也要过了"而立"之年，才能成名，被社会承认，才能不断地被人延请，为人造园林叠假山。我们看到，从嘉庆初到道光初，这二十八九年的时间，戈裕良几乎是一个接一个地为人造园叠山，产品密度较大，这期间当然还可能有一些未见记载和未被发现的叠山活动，仅就这八处来看，也可以说是排得相当满了。这将近三十年的时间，正是戈裕良叠山创作的旺盛时期。假定嘉庆初年他为任兆炯、孙星衍叠造一榭园假山是三十多岁，那么到道光初年为蒋因培叠造燕园假山该是六十多岁。其中最为精彩的代表作品，实物现存，令人叹为观止的环秀山庄假山，和实物虽已不存，却被当时的评论家誉为"淮南第一名园"的朴园，都是四五十岁戈裕良中年最成熟时期的作品。基于这样的认识，我才能明确断定，戈裕良生于乾隆中，卒于道光中。提供戈裕良生平事迹第一手原始材料的洪亮吉、钱泳，都是戈裕良同时代的人。洪亮吉生于乾隆十一年，卒于嘉庆十四年。钱泳生于乾隆二十四年（1759），卒于道光二十四年（1844），从种种迹象来看，戈裕良可能是生在钱泳之后，卒在钱泳之前。

戈裕良的时代，是园林史上的一个重要课题。刘敦桢先生《苏州古典园林》一书，潘谷西先生《我国古代园林发展概观》一文，都说是"乾隆间的戈裕良"；教材本《中国建筑史》潘谷西先生执笔的第六章也说是"乾隆时的戈裕良"，陈从周先生《扬州片石山房》一文，说戈裕良比石涛稍后，"为乾隆时著名叠山家"，《苏州环秀山庄》一文又说"乾、嘉间"的戈裕良。这些说法都不正确，只有邓之诚先生《骨董琐记》称他为嘉道时叠山家才是对的。

探讨戈裕良的生卒年，限于材料有限，一时还有一定困难，要推定出准确的年头，更加困难，但是我们倒也不必知难而退，回避这个问题。而从戈裕良叠山实践的时间，判断其生活时代，推测出约略的生卒年，虽不敢说全然尽合，恐怕上下都不会相差太多。戈裕良生在乾隆中，一生造园叠山活动主要是在嘉庆年间，下限并已到道光中。不是像现在一般人所说的乾隆时期的造园叠山家。所以出现这样一个误认误定，其实说起来也很简单，就是因为环秀山庄假山公认为戈裕良的作品，而环秀山庄假山旁边现存有乾隆十二年蒋恭棐所撰《飞雪泉记》，提到这里的假山。殊不知那是以前蒋楫为园主时的事，不是指的现存戈裕良为孙均家所叠的假山。这个问题弄清楚之后，不仅对于探讨清代的造园叠山艺术是一个很好的断代依据和标准，而且对于研究我国整个一部叠山艺术史，也是一个十分重要的问题。这就是我在本文开头所指出的，戈裕良的造园叠山艺术，继承张南垣，而集最后之大成，是我国造园史上最后一位大家。综观我国古代的园林叠山艺术，我曾在一篇专文中说过，那是千岩竞秀、万壑争流。就中数起著名的造园叠山艺术家，我又曾在另一篇专文中说过，那也是人才辈出，各不相让。远的不说，就以明、清两代而论，明代有陆叠山、许晋安、陆清音、周秉忠、周廷策、张南阳、顾山师、曹谅、高倪、张南垣、计成、文震亨、陆俊卿、张昆岗、陈似云等等，清代张南垣以下有张然、张熊、张鉽、李渔、王君海、王石谷、龚筠谷、龚璜玉、朱维胜、张淑、仇好石、董道士、张国泰、王天於、张南山、姚蔚池、牧山和尚等等。载籍失传，事迹不彰，被埋没了的造园叠山艺术家，更是不知其凡几。在这样一个长长的名单之中，戈裕良应该是排在最后的一位。道光以后，我国的造园叠山艺术随着封建社会的衰退而急剧衰败下来，戈裕良以后便再也不会产生出造园叠山的名家了。1840年爆发鸦片战争，古代史结束，我国沦为半殖民地半封建社会，陷入痛苦的深渊，传统的造园叠山艺术从此一落千丈、一蹶不振。所以我说，戈裕良的卒去，标志着我国古代造园叠山艺术的最后终结。

1982年春初稿写定

2004年秋原稿修整

追发旧作《戈裕良传考论》后记

这里追发的《戈裕良传考论》是我的一篇旧作，迁延已经二十余年，不能不做个交代。

这篇文章原是1982年春天写成，随后寄给当时建筑历史学术委员会主办的刊物《建筑历史与理论》，已于1983年下稿，编入第五辑，即1984年度应出的一本。该刊由江苏人民出版社出版，已出了第一、二辑，和第三、四合辑共三本。到第五辑，应该是第四本，也已打样，编辑同志且已看过校样，但是却迟迟印不出来。说是还需要拿出五千元经费，拿不出来就一直没能印行，拖了很长一段时间，后来看着是没有希望了，我才想把稿子追回来，另行发表。但是从前负责的年轻编辑又已出国，那一辑的善后事宜没有人管，我这篇稿子已经是泥牛入海，再也追不回来了。最初投稿之时，我还在辽宁省博物馆工作，还是用的老办法，定稿时用复写纸写出两份，自己留了一份。文章较长，引用的都是辛苦爬剔搜求出来的第一手资料，全文约二万七八千字。文章考证的问题，非常重要，稿子寄出以后，1984年在安徽凤阳召开的建筑历史学术研讨会上，我曾就此文的观点和材料，做了一个简短的发言，引起与会同志的关注，大家都希望早点发表出来，看到全文。卡壳在江苏的全文迟迟发不出来，我的观点已经讲出，就会在社会上流传和扩散，为了把这个专题研究引向纵深发展，又怕流传扩散中难免走样，不得已的情况下，我又另外写出一篇材料和观点都相同的短文，也可以说是这篇长文的缩写或节本，大体上是凤阳学术会上说起过的那么多吧。这篇后来改写的短文，题为《叠山名家戈裕良》，发表在《中国园林》1986年第2期上，全文仅有二千八百字，大约是原来长文的十分之一，所以只能说出考证的梗概和最后结论。现在回想起来，幸亏当时发了那篇短文，要不然就会误了一件大事。我在那篇短文的最后说，"洪亮吉称戈裕良为'同里'，又说他'世居东郭'，又称他为'戈东郭'，戈裕良即使不住在花桥里，也一定是住在常州新城东水门一带，距洪亮吉家不远。戈裕良故去距今只有一百多年，也许还有他的后人住在老地方，知道这个根，还希望当地有关部门能够给予注意，帮助查找"。这篇小文刊出后，很快引起当地同志的注意，常州市园林管理处的同志来信说，很愿意"助一臂之力"，帮助查找。为了得到各方面的援助，我又给常州市委宣传部写去一封信，宣传部很重视，把我的信和所附《叠山名家戈裕良》一文转给有关部门传阅，当时的宣传部长李文瑞同志并加批语说，"盼能和作者联系，彼此协作，可做出许多成绩"。过后不久，我便收到罗君明同志的信，提供出一个重要线索。罗君明当年已是78岁的老同志，参加过市里的文物普查，关心乡土文献和乡邦人物。他说常州东南25公里洛阳镇戈氏后人手中收藏有《洛阳戈氏宗谱》，谱上有戈裕良的名字，和生卒时间以及上世父祖下世子孙的详细记载。谱上记出的戈裕良生卒年代，与我的考证结论正好相合，希望我去鉴定验看。我写的《戈裕良传考论》没能发表出来，外间无从读到，幸好我在《中国园林》上所发的《叠山名家戈裕良》一文，已经明确记出戈裕良生于乾隆中，卒于道光中。常州园林局的同志是直接读了《中国园林》，罗君明同志则是读了我寄给宣传部的那篇文章的复印件，李部长批示转发给有关部门，这才引起注意。我收到罗君明的来信，得知《戈氏宗谱》一事，决定立即前去常州洛阳镇。罗君明不顾年高和腿脚不便视力不好，还陪我乘车去。在洛阳镇，得到横林区洛阳乡的书记、乡长和文化站文化宫负责同志的热情接待和支持，顺利地看到这份宗谱。我认定了宗谱的重要价值，决定住下来，三更灯火五更鸡，连夜通宵把一部宗谱看个明白，做了摘录，请得他们的同意，并将部分内容复印下来。这一宗谱中的戈裕良，正是我要寻找和研究的，我国造园史上应该有鼎鼎大名，重重写上一大节的造园叠山术大名家戈裕良。以前他们对宗谱上所记的戈裕良是半信半疑，我当即拍板认定，当地同志非常振奋和高兴。这份《戈氏宗谱》早已发现，很多人知道。谱中有戈裕良的名字和生卒年月日时，以及父祖子孙的辈分关系，但是按着宗谱的统一体例，没有记出他的职业和生平事迹。当地有心的同志知道戈裕良，把宗谱的事向外界说了，并且请了著名园林学家陈从周教授、潘谷西教授前来看过。因为谱上看不出戈裕良是造园叠山家，两位教授又囿于戈裕良为乾隆时叠山家的旧说，便以为谱上的戈裕良年代不合，身份不明，不过是偶尔重名的另一人，就把事情否定了。常州人士半信半疑，读了我的文章想到要找我去重做鉴定，我那时是人微地远，年纪也不大，但是宗谱上所记出的戈裕良生卒年，居然与我的考证结果正相合。他们发信找我去时是1986年秋天，我到洛阳镇看到这份宗谱是同年11月4日。根据我在《戈裕良传考论》中的原始考证，和《叠山名家戈裕良》一文的传述，从戈裕良的八处造园叠山作品的年代排比，已知最早的作品为嘉庆三年（1798），最晚的作品为道光五至六年（1825—1826），由此推测，戈裕良应该是生于乾隆中，卒于道光中，他不是乾隆时候的造园叠山家，而是嘉道时候的造园叠山家。现在发现《戈氏宗谱》上明确记出戈裕良"生于乾隆甲申十月十一日寅时，卒于道光庚寅三月十九日酉时，享寿六十七岁"。甲申为乾隆二十九年（1764），庚寅为道光十年（1830）。乾隆建元六十年，道光建元三十年。我的推断可以说是正好相合。我读到《戈氏宗谱》喜出望外，随即写了一篇专门的长文，题为《戈裕良家世生平材料的新发现——二论戈裕良与我国古代园林叠山艺术的终结》，全文三万多字，发表在《建筑史论文集》第十辑上。文章是1986年12月写成，发表出来已是1989年。这篇文章受到陈志华教授的推奖，文章用了"二论戈裕良与我国古代园林叠山艺术的终结"作副标题，正是为了照应这篇先已写成的《戈裕良传考论——戈裕良与我国古代园林叠山艺术的终结》。"一论"迟迟没有发表出来，"二论"倒及时发表，反而抢在"一论"的前面了。不知细情的读者，当时一定还不知道这"二论"的话头是从何说起。"二论"发表之后，早就送在《建筑历史与理论》上的"一论"已没有再发的可能，我就想紧跟着再把这"一论"也在《建筑史论文集》上补发出来，好做个交代。不巧《建筑史论文集》出到第十辑也停刊了，而我这篇积压下来的《戈裕良传考论》也因年深日久，诸事忙乱，一再搬家，又不幸迷失，一时也找不到了。后来调转北京，没有住宅，蛰居筒子楼和简易房，又一再搬家，终于又在旧纸旧稿当中重新发现了这篇旧稿的复写本。仔细翻看，上面加了部分改动，还有添记在旁边的需要补入的材料，可见迷失之前等待发表的那段时间，我还一直关怀着它的发育和完善。因为时过境迁，还是诸事忙乱，这篇失而复得的旧稿，就又搁置在一边。近日董理和回顾自己学做史源学年代学考证的学术历程，这才想到，这篇写成于1982年的旧文，原来是我较早的花了很大气力的一篇年代学考证文章。那时我还年轻，刚学了陈垣先生的史源学年代学不久。当时写作这篇文章，花了一年多的时间，读了许多的书，引用文献百余种，而且第一次学着陈垣先生的方法，不在文章之后单列注释，而是把引文和引文出处，以及相关的考释和解释，一股脑儿写入正文之中，这就会给读者的阅读带来方便，不至于中间打断，不停地翻看文末的注释。那时候年轻，颇多激情，许多精彩的文句也得以写入文中，比如"其高而大者，磅礴浏漓，有拔起千寻之势，令人愕眙惶恍，仿佛雷电交作，不可逼视，及夫敛险就夷，一归平淡，'陵阜陂陀''曲岸回沙'，又如空山鼓琴，沉思独往，萧寥旷远，烟火尽绝"。我当年研究计成、张南垣及其子侄和戈裕良，还写过几篇专门研究造园叠山艺术的论文，对叠山艺术绝技的出神入化，才能有这样的领悟和概括。文章考证戈裕良的生平事迹和八处园林叠山作品，进而推断出戈裕良的生平年代，颇为可信，最后论到戈裕良与我国古代园林叠山艺术的终结，更是一个精心构思又颠扑不破的独到结论。这篇文章通篇都是用的史源学年代学的考证方法，八处作品的一一考证，更是按编年史的脉络写起来的。以史源学年代学的考证方法，从戈裕良造园叠山作品的年代，推考出戈裕良的约略生卒年份，居然能与后来发现的《戈氏宗谱》上记出的确切生卒年正好相合，这正表明史源学年代学考证，如果运用得法，一定会攻无不克、无往不胜。这篇文章从写成到现在正式刊出，已经二十多年，现在因为写了《走进年代学》一文，所以立即想到这篇旧文，还是应该追发出来，历史做证，记下了我自己自学史源学年代学考证的早期的脚步和后来的一部分历程。这次正式发表，只在个别地方做了一点技术上的修整，还保留着它二十多年前的原真性，没有因为后来发现了《戈氏宗谱》而有意做些向宗谱靠拢的改动，那篇节本《叠山名家戈裕良》，完全可以做证。热心的读者，还是在读了本文之后，再去找来《叠山名家戈裕良》和《戈裕良家世生平材料的新发现》，前后关系也就可以怡然理顺了。三篇文章的前后因果关系，我在《戈裕良家世生平材料的新发现》一文的开头，也曾简略地做过一点说明。

这篇长文当年没能及时发表，但是它的节本，那篇《叠山名家戈裕良》却很快在学术界，尤其是当地人士中产生很大影响，一度被否认了的洛阳《戈氏宗谱》又重新被认定，我后来写了《戈裕良家世生平材料的新发现》，戈裕良家世生平和生卒年代，都得以明确，不同的认识也得到了统一。当地人士和学术界人士受我文章的影响，在1989年以后，发表了不少有关戈裕良的文章，如陈肃在《毗陵散笔》上写的《叠石家戈裕良》，吴之光在《武进文史资料》第15期上写的《奇石胸中百万堆——杂谈叠石名家戈裕良》，戴博元在常州《文博之友》上写的《叠山大师戈裕良家乡访问记》，钱民在《常州古今》名胜古迹专辑上写的《常州园林》也重点写了戈裕良的生平事迹。一度错认戈裕良的时代和否认过宗谱的陈从周教授，后来也在常州《文博之友》上发表了《叠山家戈裕良的生卒》。我一共写了三篇关于戈裕良的文章，在当地和学术界引起较大反响的，只能是《叠山名家戈裕良》和《戈裕良家世生平材料的新发现》那两篇，但是归根到底，那两篇文章都是因为有了最初的这篇《戈裕良传考论》。不少人后来知道还有这篇原初的重要文章而无从过目，现在追发出来，算是做个交代，也是为了答谢学术界以及常州当地关心戈裕良生平事迹的各界人士，我将设法和他们联系，把这篇文章寄给他们。大家还要继续寻找戈裕良的故居、墓地和后裔。

2004 年 7 月 16 日

本书得到北京林业大学建设世界一流学科和特色发展引导专项（2019XKJS0405）资助